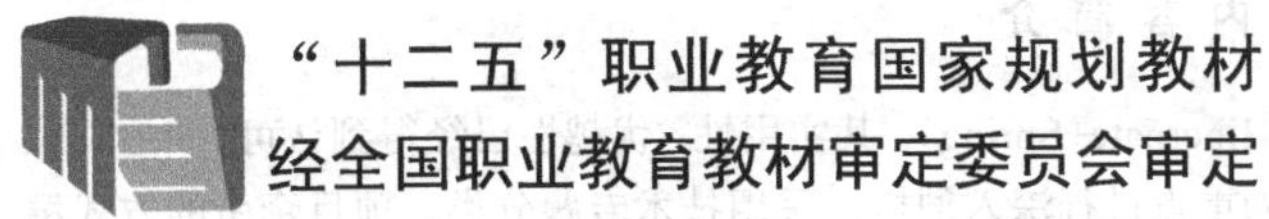
"十二五"职业教育国家规划教材
经全国职业教育教材审定委员会审定

基于 Struts、Hibernate、Spring 架构的 Web 应用开发

（第 2 版）

范新灿　主　编
刘凯洋　聂　哲　黄　新　副主编

U0412880

電子工業出版社
Publishing House of Electronics Industry
北京 · BEIJING

内容简介

作为当今最为实用的框架组合SSH（Struts+Hibernate+Spring），其实用性、优越性已经得到认可，并在Java Web应用开发中得到广泛应用。本书以Struts 2为重点进行深入剖析，采用技术专题分类、项目牵引的方式撰写，注重实例与应用技术点的结合。Hibernate章节的讲解以实际项目的应用展开，Spring技术讲解抽取核心的IOC、AOP、Spring MVC技术通过实例解析，并实例讲解了Spring与Struts的整合开发。

本书适用于中、高级系统程序员，可作为高职或本科教材使用，也可作为有一定经验的Java Web编程者和学习者的参考书。

图书在版编目（CIP）数据

基于 Struts、Hibernate、Spring 架构的 Web 应用开发 / 范新灿主编. —2 版. —北京：电子工业出版社，2014.9
“十二五”职业教育国家规划教材

ISBN 978-7-121-24133-8

Ⅰ. ①基… Ⅱ. ①范… Ⅲ. ①软件工具—程序设计—高等职业教育—教材②JAVA 语言—程序设计—高等职业教育—教材 Ⅳ. ①TP311.56②TP312

中国版本图书馆 CIP 数据核字（2014）第 191947 号

策划编辑：徐建军（xujj@phei.com.cn）
责任编辑：郝黎明
印　　刷：北京盛通商印快线网络科技有限公司
装　　订：北京盛通商印快线网络科技有限公司
出版发行：电子工业出版社
　　　　　北京市海淀区万寿路 173 信箱　邮编 100036
开　　本：787×1 092　1/16　印张：19.75　字数：505.6 千字
版　　次：2011 年 8 月第 1 版
　　　　　2014 年 9 月第 2 版
印　　次：2022 年 1 月第 9 次印刷
定　　价：39.00 元

凡所购买电子工业出版社图书有缺损问题，请向购买书店调换。若书店售缺，请与本社发行部联系，联系及邮购电话：（010）88254888，88258888。

质量投诉请发邮件至 zlts@phei.com.cn，盗版侵权举报请发邮件至 dbqq@phei.com.cn。

本书咨询联系方式：（010）88254570。

前言

在基于 J2EE 应用程序开发过程中，难于控制开发进度、开发效率低下、部署环境复杂、维护困难等问题层出不穷。对于中小企业，使用完整的 J2EE 实现过于庞大，最终常导致开发的失败。J2EE 轻量级框架 Struts+Spring+Hibernate 应运而产生，并逐渐流行。表现层用 Struts，Struts 充当视图层和控制层；业务层用 Spring，Spring 通过控制反转让控制层间接调用业务逻辑层；持久层用 Hibernate，Hibernate 充当数据访问层。每个层在功能上职责明确，不应该与其他层混合，通过通信接口而相互联系。

本书的组织结构。

本书共 10 章，从内容安排上可以分为六个部分。

第一部分是第一章，该章首先对软件架构进行定义，并系统阐述了 Web 应用发展的进程，从 JSP 开发的 Model 1、Model 2 讲解到 MVC 的开发思想。重点对 J2EE 轻量级框架 Struts+Spring+Hibernate 进行介绍，从结构到各层的技术实现进行深入剖析。

第二部分是第二章，该章讲解了 SSH 框架技术的应用开发环境安装和配置，该章首先介绍了 MyEclipse 开发平台的安装和配置，并以用户登录程序的开发过程，实例演练了如何熟练利用 MyEclipse 平台进行开发。

第三部分包括第三、四、五、六、七章，这五章以技术专题的方式讲解了 Struts 2 关键技术，包括框架拦截器、类型转换、国际化、输入校验。通过这些技术的实例学习，读者不仅从理论上认识和理解 Struts 2，并能实际进行 Struts 2 的基本开发。

第四部分是第八章，该章首先通过 ORM 和数据持久化来帮助读者认识 Hibernate，并通过开发关键技术的讲解和留言板程序的开发，掌握 JDBC 主流持久化框架。

第五部分是第九章，该章阐述了控制反转（IOC）和面向切面编程（AOP）思想，并通过实例讲解了如何进行开发。对于 Spring 的关键组成 Bean 和容器的实例化和生命周期实例解析。该章重点实例演练了 Spring 的 MVC 框架开发和 Spring 与 Struts 2 的整合开发。

第六部分是第十章，该章采用 SSH 开发框架组合，开发了怀听音乐网站，网站功能完善，设计合理，性能稳定，读者可以在实例实现中进一步锤炼 SSH 开发能力。

本书的特色。

1．丰富的实例引导知识点，将繁杂枯燥的概念融入到实例中，以项目驱动教材的延伸。

2．抽取典型应用，进而以点带面，以面贯穿知识体系。

3．注重启发性、实用性、渐进性

4．适合高职学校教材，将高职教育的理念融入教材的编写中，各章节注重内容的取舍与教学学时、能力点培养的对应

致谢

本书的编撰花费了一年多的时间，在这期间感谢家人的支持，感恩女儿出生带给我的快

乐，感谢同事无私的帮助。赵明与我一起奋斗，编写了第一章和第十章，参加本书编写工作的还有聂哲、徐人凤、袁梅冷、曾建华、陈健、刘凯洋、肖正兴等老师。

内容编排

代码导读。对于代码比较重要而不容易理解的内容，在代码前使用标注文字，然后在代码导读中进行解释。

代码导读

①

②

注意。用于强调当前问题的附加信息和注意事项。

注意

技巧。提供编程捷径、技巧和经验。

技巧

链接。对于实例或知识点涉及的内容，为了避免重复，又能让读者方便找到相关的技术解答。通过链接提供对重复内容的快速索引。

链接

技术细节。重点介绍开发过程中用到的关键技术或方法。

技术细节

为了方便教师教学，本书配有电子教学课件，请有此需要的教师登录华信教育资源网（www.hxedu.com.cn）注册后免费进行下载，有问题时可在网站留言板留言或与电子工业出版社联系（E-mail:hxedu@phei.com.cn）。

由于对项目式教学法正处于经验积累和改进过程中，同时，由于编者水平有限和时间仓促，书中难免存在疏漏和不足。希望同行专家和读者能给予批评和指正。

编　者

目 录

第 1 章 Web 应用开发

软件架构（Software Architecture）是一系列相关的抽象模式，用于指导大型软件系统各个方面的设计。Web 应用的发展也经历了不同的阶段，Web 开发框架技术的出现，促进了项目的开发效率。读者通过本章的学习可以掌握以下内容：

- 了解软件架构的定义。
- 了解 Web 应用的发展。
- 掌握 SSH 框架技术的模型及设计。

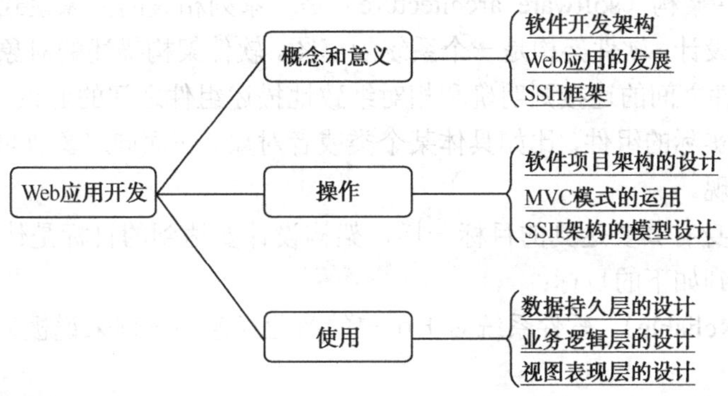

1.1 软件开发架构

1．软件架构的历史

早在 20 世纪 60 年代，诸如 E·W·戴克斯特拉就已经涉及软件架构这个概念了。自 20 世纪 90 年代以来，部分由于在 Rational Software Corporation 和 MiCROSoft 内部的相关活动，软件架构这个概念开始越来越流行起来。

卡内基梅隆大学和加州大学埃尔文分校在这个领域作了很多研究。卡内基·梅隆大学的 Mary Shaw 和 David Garlan 于 1996 年写了一本叫做 Software Architecture perspective on an emerging DIscipline 的书，提出了软件架构中的很多概念，例如软件组件、连接器、风格等等。加州大学埃尔文分校的软件研究院所做的工作则主要集中于架构风格、架构描述语言以及动态架构。

计算机软件的历史开始于20世纪50年代，历史非常短暂，而相比之下建筑工程则从石器时代就开始了，人类在几千年的建筑设计实践中积累了大量的经验和教训。建筑设计基本上包含两点，一是建筑风格，二是建筑模式。独特的建筑风格和恰当选择的建筑模式，可以使得一个建筑独一无二。几乎所有的软件设计理念都可以在浩如烟海的建筑学历史中找到更为遥远的历史回响。

图1-1所示为中美洲古代玛雅建筑——Chichen-Itza大金字塔，9个巨大的石级堆垒而上，91级台阶（象征着四季的天数）夺路而出，塔顶的神殿耸入云天。所有的数字都如日历般严谨，风格雄浑。与此类似地，自从有了建筑以来，建筑与人类的关系就一直是建筑设计师必须面对的核心问题。

图1-1　位于墨西哥的古玛雅建筑

软件与人类的关系是架构师必须面对的核心问题，也是自从软件进入历史舞台之后就出现的问题。与此类似地，自从有了建筑以来，建筑与人类的关系就一直是建筑设计师必须面对的核心问题。在软件设计界曾经有很多人认为功能是最为重要的，形式必须服从功能。与此类似地，在建筑学界，现代主义建筑流派的开创人之一Louis Sullivan也认为形式应当服从于功能（FORMs follows function）。

2. 软件架构的定义

软件架构（software architecture）是一系列相关的抽象模式，用于指导大型软件系统各个方面的设计。软件架构是一个系统的草图。软件架构描述的对象是直接构成系统的抽象组件。各个组件之间的连接则明确和相对细致地描述组件之间的通讯。在实现阶段，这些抽象组件被细化为实际的组件，比如具体某个类或者对象。在面向对象领域中，组件之间的连接通常用接口来实现。

正如同软件本身有其要达到的目标一样，架构设计要达到的目标是什么呢？一般而言，软件架构设计要达到如下的目标：

（1）可靠性（Reliable）。软件系统对于用户的商业经营和管理来说极为重要，因此软件系统必须非常可靠。

（2）安全性（Secure）。软件系统所承担的交易的商业价值极高，系统的安全性非常重要。

（3）可扩展性（Scalable）。软件必须能够在用户的使用率和用户数目增加很快的情况下，保持合理的性能。只有这样，才能适应用户的市场扩展。

（4）可定制化（Customizable）。同样的一套软件，可以根据客户群的不同和市场需求的变化来进行调整。

（5）可扩展性（Extensible）。在新技术出现的时候，一个软件系统应当允许导入新技术，从而对现有系统进行功能和性能的扩展。

（6）可维护性（Maintainable）。软件系统的维护包括两个方面，一是排除现有的错误，二是将新的软件需求反映到现有系统中去。一个易于维护的系统可以有效地降低技术支持的花费。

（7）客户体验（Customer Experience）。软件系统必须易于使用。

（8）市场时机（Time to Market）。软件用户要面临同业竞争，软件提供商也要面临同业竞争。以最快的速度争夺市场先机则非常重要。

基于 Java 技术的软件开发架构，宏观上的层次如图 1-2 所示。

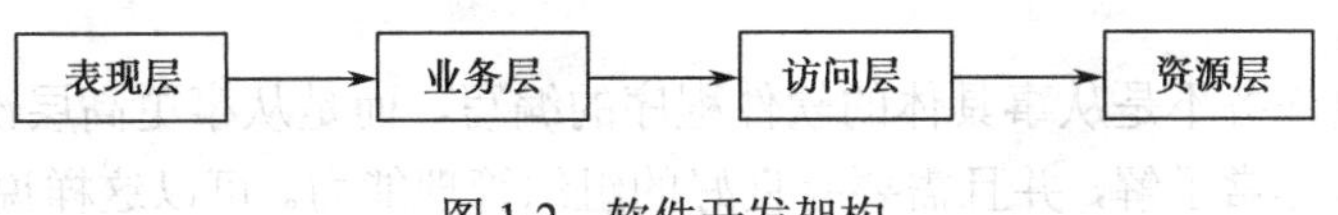

图 1-2　软件开发架构

在具体的实现中，表现层可为 Struts/JSF 等，业务层、访问层可为 JavaBean 或 EJB 等，资源层一般为数据库。

3. 种类

根据我们关注的角度不同，可以将架构分成三种：

■　逻辑架构

软件系统中元件之间的关系，比如用户界面，数据库，外部系统接口，商业逻辑元件，等等。

系统被划分成三个逻辑层次，即表象层次，商业层次和数据持久层次。每一个层次都含有多个逻辑元件。比如 Web 服务器层次中有 HTML 服务元件、Session 服务元件、安全服务元件、系统管理元件等。

■　物理架构

软件元件是怎样放到硬件上的。一般包括网络分流器、代理服务器、Web 服务器、应用服务器、报表服务器、整合服务器、存储服务器、主机等等。

■　系统架构

系统的非功能性特征，如可扩展性、可靠性、强壮性、灵活性、性能等。

4. 软件架构师

软件架构师（Software Architect）是软件行业中一种新兴职业，工作职责是在一个软件项目开发过程中，将客户的需求转换为规范的开发计划及文本，并制定这个项目的总体架构，指导整个开发团队完成这个计划。主导系统全局分析设计和实施、负责软件构架和关键技术决策的人员。

（1）能力要求

软件架构师能应技术全面、成熟练达、洞察力强、经验丰富，具备在缺乏完整信息、众多问题交织一团、模糊和矛盾的情况下，迅速抓住问题要害，并做出合理的关键决定的能力，具备战略性和前瞻性思维能力，善于把握全局，能够在更高抽象级别上进行思考。主要包括如下：

① 对项目开发涉及的所有领域都有经验，包括彻底地理解项目需求，开展分析设计之类软件工程活动等；

② 具备领导素质，能在各小组之间推进技术工作，并在项目压力下做出牢靠的关键决策；

③ 拥有优秀的沟通能力，用以进行说服、鼓励和指导等活动，并赢得项目成员的信任；

④不带任何感情色彩地以目标导向和主动的方式来关注项目结果，构架师应当是项目背后的技术推动力，而非构想者或梦想家（追求完美）；

⑤ 精通构架设计的理论、实践和工具，并掌握多种参考构架、主要的可重用构架机制和模式（例如 J2EE 架构等）；

⑥ 具备系统设计员的所有技能，但涉及面更广、抽象级别更高；活动包括确定用例或需求的优先级、进行构架分析、创建构架的概念验证原型、评估构架的概念验证原型的可行性、

组织系统实施模型、描述系统分布结构、描述运行时刻构架、确定设计机制、确定设计元素、合并已有设计元素、构架文档、参考构架、分析模型、设计模型、实施模型、部署模型、构架概念验证原型、接口、事件、信号与协议等。

（2）主要任务

架构师的主要任务不是从事具体的软件程序的编写，而是从事更高层次的开发构架工作。他必须对开发技术非常了解，并且需要有良好的组织管理能力。可以这样说，一个架构师工作的好坏决定了整个软件开发项目的成败。

- 领导与协调整个项目中的技术活动（分析、设计和实施等）
- 推动主要的技术决策，并最终表达为软件构架
- 确定和文档化系统的相对构架而言意义重大的方面，包括系统的需求、设计、实施和部署等“视图”
- 确定设计元素的分组以及这些主要分组之间的接口
- 为技术决策提供规则，平衡各类涉众的不同关注点，化解技术风险，并保证相关决定被有效传达和贯彻
- 理解、评价并接收系统需求
- 评价和确认软件架构的实现、专业技能

1.2 Web 应用的发展

1.2.1 Web 技术的发展

随着 Internet 技术的广泛使用，Web 技术已经广泛应用于 Internet，但早期的 Web 应用全部是静态的 HTML 页面，用于将一些文本信息呈现给浏览者，但这些信息是固定写在 HTML 页面里的，该页面不具备与用户交互的能力，没有动态显示的功能。

于是，人们希望 Web 应用里包含一些能动态执行的页面，最早的 CGI（通用网关接口）技术满足了该要求，CGI 技术使得 Web 应用可以与客户端浏览器交互，不再需要使用静态的 HTML 页面。CGI 技术可以从数据库中读取信息，将这些信息呈现给用户；还可以获取用户的请求参数，并将这些参数保存到数据库里。

CGI 技术开启了动态 Web 应用的时代，给予了这种技术无限的可能性。但 CGI 技术存在很多缺点，其中最大的缺点就是开发动态 Web 应用难度非常大，而且在性能等各方面也存在限制。到 1997 年，随着 Java 语言的广泛使用，Servlet 技术迅速成为动态 Web 应用的主要开发技术。与传统的 CGI 应用相比，Servlet 具有大量的优势：

（1）Servlet 是基于 Java 语言创建的，而 Java 语言则内建了多线程支持，这一点大大提高了动态 Web 应用的性能。

（2）Servlet 应用可以充分利用 Java 语言的优势，如 JDBC（Java DataBase Connection）等。同时，Java 语言提供了丰富的类库，这些都简化了 Servlet 的开发。

（3）除此之外，Servlet 运行在 Web 服务器中，由 Web 服务器去负责管理 Servlet 的实例化，并对客户端提供多线程、网络通信等功能，这都保证 Servlet 有更好的稳定性和性能。

Servlet 在 Web 应用中被映射成一个 URL（统一资源定位），该 URL 可以被客户端浏览器

请求，当用户向指定 URL 对应的 Servlet 发送请求时，该请求被 Web 服务器接收到，该 Web 服务器负责处理多线程、网络通信等功能，而 Servlet 的内容则决定了服务器对客户端的响应内容。

图 1-3 所示为 Servlet 的响应流程，浏览器向 Web 服务器内指定的 Servlet 发送请求，Web 服务器根据 Servlet 生成对客户端的响应。

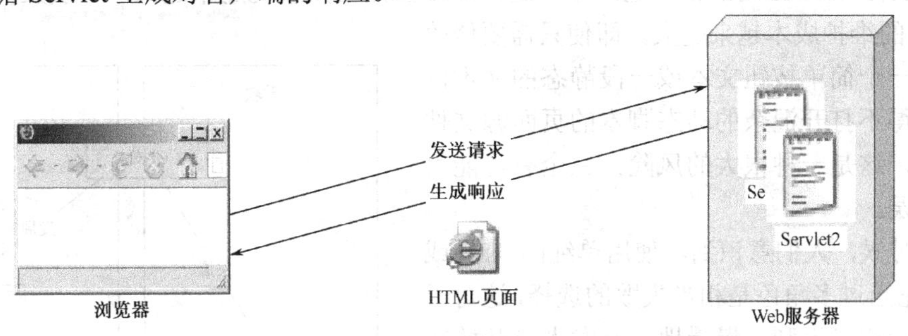

图 1-3　Servlet 的响应流程

实际上，这是后来所有的动态 Web 编程技术所使用的模型，这种模型都需要一个动态的程序或一个动态页面，当客户端向该动态程序或动态页面发送请求时，Web 服务器根据该动态程序来生成对客户端的响应。

到了 1998 年，微软发布了 ASP 2.0，它是 Windows NT 4 Option Pack 的一部分，作为 IIS 4.0 的外接式附件。它与 ASP 1.0 的主要区别在于它的外部组件是可以初始化的，这样，在 ASP 程序内部的所有组件都有了独立的内存空间，并可以进行事务处理。这标志着 ASP 技术开始真正作为动态 Web 编程技术。

当 ASP 技术在世界上广泛流行时，人们很快感受到这种简单技术的魅力：ASP 使用 VBScript 作为脚本语言，它的语法简单、开发效率非常高。而且，世界上已经有了非常多的 VB 程序员，这些 VB 程序员可以很轻易地过渡成 ASP 程序员。因此，ASP 技术马上成为应用最广泛的动态 Web 开发技术。

随后，由 Sun 带领的 Java 阵营，立即发布了 JSP 标准，从某种程度上来看，JSP 是 Java 阵营为了对抗 ASP 推出的一种动态 Web 编程技术。

ASP 和 JSP 从名称上如此相似，但它们的运行机制存在一些差别，这主要是因为 VBScript 是一种脚本语言，无需编译，而 JSP 使用 Java 作为脚本语句，但 Java 从来就不是解释型的脚本语言，因此 JSP 页面并不能立即执行。JSP 必须编译成 Servlet，也就是说：JSP 的实质还是 Servlet。不过，书写 JSP 比书写 Servlet 简单得多。

JSP 的运行机理如图 1-4 所示。

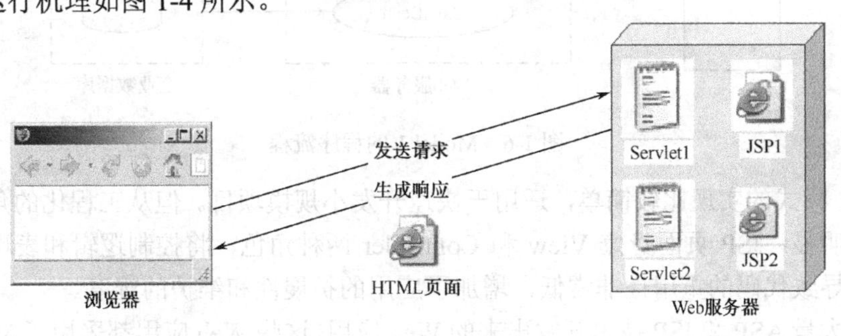

图 1-4　JSP 的运行机理

对比图 1-3 和图 1-4，发现无论是 Servlet 动态 Web 技术，还是 JSP 动态 Web 技术，它们的实质完全一样。可以这样理解：JSP 是一种更简单的 Servlet 技术，这也是 JSP 技术出现的意义——作为一个和 ASP 对抗的技术，简单就是 JSP 的最大优势。

随着实际 Web 应用的使用越来越广泛，Web 应用的规模也越来越大，开发人员发现动态 Web 应用的维护成本越来越大，即使只需要修改该页面的一个简单按钮文本或一段静态的文本内容，也不得不打开混杂的动态脚本的页面源文件进行修改，这是一种很大的风险，完全有可能引入新的错误。

这个时候，人们意识到，使用单纯的 ASP 或 JSP 页面充当过多角色是相当失败的选择，这对于后期的维护相当不利。慢慢地，开发人员开始在 Web 开发中使用 MVC 模式。

随后 Java 阵营发布了一套完整的企业开发规范：J2EE（现在已经更名为 Java EE），紧接着，微软也发布了 ASP.NET 技术，它们都采用一种优秀的分层思想，力图解决 Web 应用维护困难的问题。动态 Web 编程技术的发展历史如图 1-5 所示。

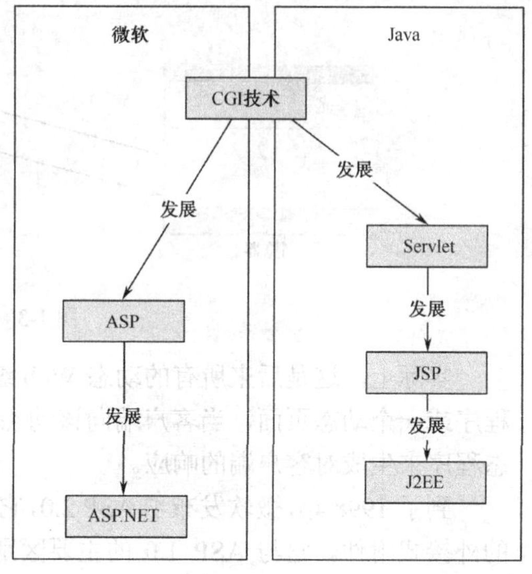

图 1-5　动态 Web 编程技术的发展历史

1.2.2　Model 1 和 Model 2

Java 阵营的动态 Web 编程技术经历了所谓的 Model 1 和 Model 2 时代。

Model 1 就是 JSP 大行其道的时代，在 Model 1 模式下，整个 Web 应用几乎全部由 JSP 页面组成，JSP 页面接收处理客户端请求，对请求处理后直接作出响应。用少量的 JavaBean 来处理数据库连接、数据库访问等操作。

图 1-6 所示为 Model 1 的程序流程。

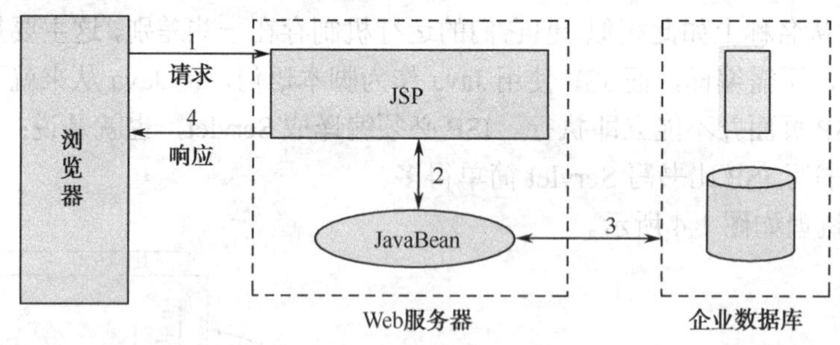

图 1-6　Model 1 的程序流程

Model 1 模式的实现比较简单，适用于快速开发小规模项目。但从工程化的角度看，它的局限性非常明显：JSP 页面身兼 View 和 Controller 两种角色，将控制逻辑和表现逻辑混杂在一起，从而导致代码的重用性非常低，增加了应用的扩展性和维护的难度。

早期有大量 ASP 和 JSP 技术开发出来的 Web 应用，这些 Web 应用都采用了 Model 1 架构。

Model 2 已经是基于 MVC 架构的设计模式。在 Model 2 架构中，Servlet 作为前端控制器，负责接收客户端发送的请求，在 Servlet 中只包含控制逻辑和简单的前端处理；然后，调用后端 JavaBean 来完成实际的逻辑处理；最后，转发到相应的 JSP 页面处理显示逻辑。其具体的实现方式如图 1-7 所示。

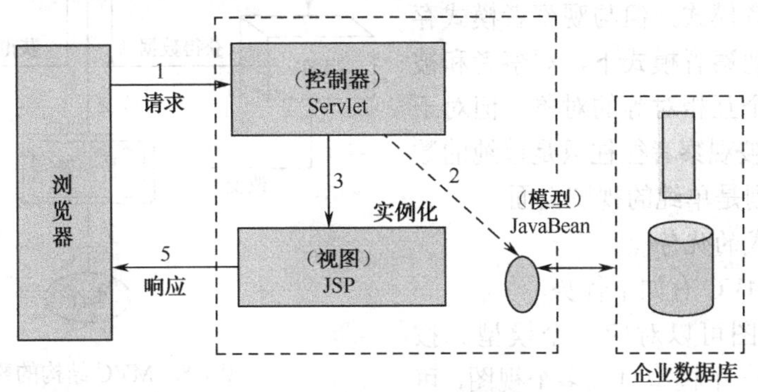

图 1-7　Model 2 的程序流程

从图 1-7 中可以看到，Model 2 下 JSP 不再承担控制器的责任，它仅仅是表现层角色，仅仅用于将结果呈现给用户，JSP 页面的请求与 Servlet（控制器）交互，而 Servlet 负责与后台的 JavaBean 通信。在 Model 2 模式下，模型（Model）由 JavaBean 充当，视图（View）由 JSP 页面充当，而控制器（Controller）则由 Servlet 充当。

由于引入了 MVC 模式，使 Model 2 具有组件化的特点，更适用于大规模应用的开发，但也增加了应用开发的复杂程度。原本需要一个简单的 JSP 页面就能实现的应用，在 Model 2 中被分解成多个协同工作的部分，需花费更多的时间才能真正掌握其设计和实现过程。

注意

对于非常小型的 Web 站点，如果后期的更新、维护工作不是特别多，可以使用 Model 1 的模式来开发应用，而不是使用 Model 2 的模式。虽然 Model 2 提供了更好的可扩展性及可维护性，但增加了前期开发成本。从某种程度上讲，Model 2 降低了系统后期维护的复杂度，却导致了前期开发的更高复杂度。

1.2.3　MVC

1. MVC 思想

MVC 并不是 Java 语言所特有的设计思想，也并不是 Web 应用所特有的思想，它是所有面向对象程序设计语言都应该遵守的规范。

MVC 思想将一个应用分成 3 个基本部分：Model（模型）、View（视图）和 Controller（控制器），这 3 个部分以最少的耦合协同工作，从而提高应用的可扩展性及可维护性。

最初，MVC 模式是针对相同的数据需要不同显示的应用而设计的，其整体效果如图 1-8 所示。

在 MVC 模式中，事件由控制器处理，控制器根据事件的类型改变模型或视图，反之亦然。具体来说，每个模型对应一系列的视图列表，这种对应关系通常采用注册来完成，即把多个视图注册到同一个模型，当模型发生改变时，模型向所有注册过的视图发送通知，接下来，视图

从对应的模型中获得信息，然后完成视图显示的更新。

从设计模式的角度来看，MVC 思想非常类似于一个观察者模式，但与观察者模式存在少许差别：在观察者模式下，观察者和被观察者可以是两个互相对等的对象，但对于 MVC 思想而言，被观察者往往只是单纯的数据体，而观察者则是单纯的视图页面。

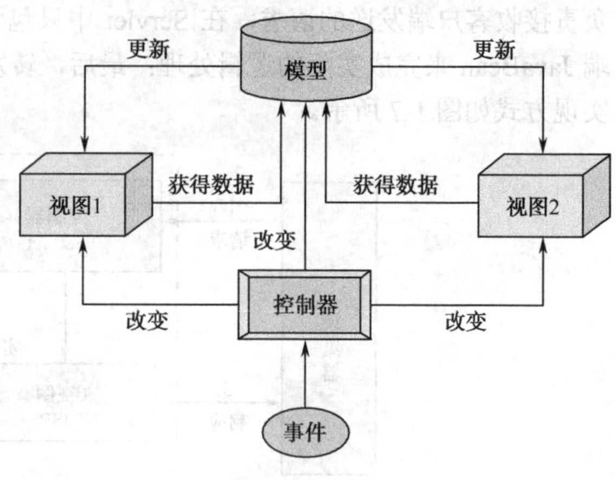

图 1-8 MVC 结构的整体效果

2. MVC 模式的优势

概括起来，MVC 有如下优势。

（1）多个视图可以对应一个模型。按 MVC 设计模式，一个模型对应多个视图，可以减少代码的复制及代码的维护量，一旦模型发生改变，也易于维护。

（2）模型返回的数据与显示逻辑分离。模型数据可以应用任何的显示技术，如使用 JSP 页面、Velocity 模板或直接产生 Excel 文档等。

（3）应用被分隔为 3 层，降低了各层之间的耦合，提高了应用的可扩展性。

（4）控制层的概念也很有效，由于它把不同的模型和不同的视图组合在一起，完成不同的请求。因此，控制层可以说是包含了用户请求权限的概念。

（5）MVC 更符合软件工程化管理的精神。不同的层各司其职，每一层的组件具有相同的特征，有利于通过工程化和工具化产生管理程序代码。

3. Web 模式下的 MVC

相对于早期的 MVC 思想，经典的 MVC 思想与 Web 应用的 MVC 思想也存在一定的差别，引起差别的主要原因是 Web 应用是一种请求/响应模式下的应用，对于请求/响应应用，如果用户不对应用发出请求，视图无法自己主动更新。

对于一个应用程序而言，我们可以将视图注册给模型，当模型数据发生改变时，即时通知视图页面发生改变；而对于 Web 应用而言，即使将多个 JSP 页面注册给一个模型，当模型发生变化时，模型也无法主动发送消息给 JSP 页面（因为 Web 应用都是基于请求/响应模式的），只有当用户请求浏览该页面时，控制器才负责调用模型数据来更新 JSP 页面。

1.2.4 Struts：基于 MVC 的坚固框架

Struts 是在 MVC 模式基础上构建 Web 应用程序的一种开放源码框架。Structs 鼓励在 MVC 模式上构建应用程序并且提供大多数 Web 应用程序所共有的服务。

在 Struts 应用程序中，可以构建模型层，这样业务逻辑与数据检索逻辑重用就很容易了。这层负责运行应用程序的业务逻辑，获取相关数据（如运行 SQL 命令或读取平面文件）。

Struts 鼓励在模型—视图—控制器设计范例基础上构建应用程序。Structs 提供自己的控制器组件（ActionController 类）并与其他技术相结合来提供模型与视图。对于模型（Model 类），Struts 能与任何标准的数据访问技术相结合，包括 EJB、JDBC，以及 Object-Relational Bridge。对于视图（ActionForm 类），Struts 在 JSP 环境及其他描述系统中运行得很好。

1. Struts 1

从过去的经验来看，Struts 1是所有MVC框架中不容辩驳的胜利者，不管是市场占有率，还是所拥有的开发人群，Struts 1都拥有其他MVC框架不可比拟的优势。Struts 1的成功得益于它丰富的文档、活跃的开发群体。当然，Struts 1是世界上第一个发布的MVC框架，Struts 1.0在2001年6月发布，这一点可能是使它得到如此广泛拥戴的主要原因。

为了使读者明白Struts 1的运行机制，下面将简要介绍Struts 1的基本框架。

Struts 1框架以ActionServlet作为核心控制器，整个应用由客户端请求驱动。当客户端向Web应用发送请求时，请求将被Struts 1的核心控制器ActionServlet拦截，ActionServlet根据请求决定是否需要调用业务逻辑控制器处理用户请求（实际上，业务逻辑控制器还是控制器，它只是负责调用模型来处理用户请求），当用户请求处理完成后，其处理结果通过JSP呈现给用户。

对于整个Struts 1框架而言，控制器就是它的核心，Struts 1的控制器由两个部分组成：核心控制器和业务逻辑控制器。其中核心控制器就是ActionServlet，由Struts 1框架提供；业务逻辑控制就是用户自定义的Action，由应用开发者提供。

大部分用户请求，都需要得到服务器的处理。当用户发送一个需要得到服务器处理的请求时，该请求被ActionServlet拦截到，ActionServlet将该请求转发给对应的业务逻辑控制器，业务逻辑控制器调用模型来处理用户请求；如果用户请求只是希望得到某个URL资源，则由ActionServlet将被请求的资源转发给用户。

Struts 1的程序运行流程如图1-9所示。

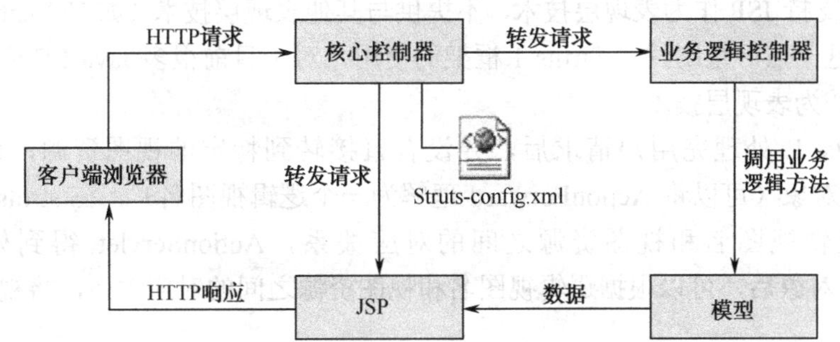

图1-9 Struts 1的程序运行流程

下面针对Struts 1程序流程具体分析MVC中的3个角色。

（1）Model部分。

Struts 1的Model部分主要由底层的业务逻辑组件充当，这些业务逻辑组件封装了底层数据库访问、业务逻辑方法实现。实际上，对于一个成熟的企业应用而言，Model部分也不是一个简单的JavaBean所能完成的，它可能是一个或多个EJB组件，可能是一个WebService服务。总之，Model部分封装了整个应用的所有业务逻辑，但整个部分并不是由Struts 1提供的，Struts 1也没有为实现Model组件提供任何支持。

（2）View部分。

Struts 1的View部分采用JSP实现。Struts 1提供了丰富的标签库，通过这些标签库可以最大限度地减少脚本的使用。这些自定义的标签库可以输出控制器的处理结果。

虽然Struts 1提供了与Ties框架的整合，但Struts 1所支持的表现层技术非常单一：既不支持 FreeMarker、Velocity 等模板技术，也不支持 JasperReports 等报表技术。

（3）Controller 部分。

Struts 1 的 Controller 部分由两个部分组成。

■ 系统核心控制器：由 Struts 1 框架提供，也就是系统中的 ActionServlet。

■ 业务逻辑控制器：由应用开发者提供，也就是用户自己实现的 Action 实例。

Struts 1 的核心控制器对应图 1-9 中的核心控制器（ActionServlet）。该控制器由 Struts 1 框架提供，继承 HttpServlet 类，因此可以配置成一个标准的 Servlet，该控制器负责拦截所有 HTTP 请求，然后根据用户请求决定是否需要调用业务逻辑控制器，如果需要调用业务逻辑控制器，则将请求转发给 Action 处理，否则直接转向请求的 JSP 页面。

业务逻辑控制器负责处理用户请求，但业务逻辑控制器本身并不具有处理能力，而是调用 Model 来完成处理。

Struts 1 提供了系统所需要的核心控制器，也为实现业务逻辑控制器提供了许多支持。因此，控制器部分就是 Struts 1 框架的核心。有时候，我们直接将 MVC 层称为控制器层。

提示：对于任何 MVC 框架而言，其实只实现了 C（控制器）部分，但它负责用控制器调用业务逻辑组件，并负责控制器与视图技术（JSP、FreeMarker 和 Velocity 等）的整合。

对于 Struts 1 框架而言，因为它与 JSP/Servlet 耦合非常紧密，导致了许多不可避免的缺陷，随着 Web 应用的逐渐扩大，这些缺陷逐渐变成制约 Struts 1 发展的重要因素，这也是 Struts 2 出现的原因。下面具体分析 Struts 1 中存在的种种缺陷。

（1）支持的表现层技术单一。

Struts 1 只支持 JSP 作为表现层技术，不提供与其他表现层技术（如 Velocity、FreeMarker 等）的整合。这一点严重制约了 Struts 1 框架的使用，对于目前很多 Java EE 应用而言，并不一定使用 JSP 作为表现层技术。

虽然 Struts 1 处理完用户请求后，并没有直接转到特定的视图资源，而是返回一个 ActionForward 对象（可以将 ActionForward 理解为一个逻辑视图名），在 struts-config.xml 文件中定义了逻辑视图名和视图资源之间的对应关系，ActionServlet 得到处理器返回的 ActionForword 对象后，可以根据逻辑视图名和视图资源之间的对应关系，将视图资源呈现给用户。

从上面的设计来看，不得不佩服 Struts 1 的设计者高度解耦的设计：控制器并没有直接执行转发请求，而仅仅返回一个逻辑视图名，实际的转发放在配置文件中进行管理。但因为 Struts 1 框架出现的年代太早了，那时候还没有 FreeMarker、Velocity 等技术，因而没有考虑与 FreeMarker、Velocity 等视图技术的整合。

提示：Struts 1 已经通过配置文件管理逻辑视图名和实际视图之间的对应关系，只是没有做到让逻辑视图名可以支持更多的视图技术。

虽然 Struts 1 有非常优秀的设计，但由于历史原因，它没有提供与更多视图技术的整合，这严重限制了 Struts 1 的使用。

（2）与 Servlet API 严重耦合，难于测试。

Struts 1 框架是在 Model 2 的基础上发展起来的，因此它完全是基于 Servlet API 的，所以在 Struts 1 的业务逻辑控制器内，充满了大量的 Servlet API。

（3）代码严重依赖于 Struts 1 API，属于侵入式设计。

Struts 1 的 Action 类必须继承 Struts 1 的 Action 基类，实现处理方法时，又包含了大量 Struts 1 API，如 ActionMapping、ActionForm 和 ActionForward 类。这种侵入式设计的最大弱点在于，一旦系统需要重构，这些 Action 类将完全没有利用价值。

可见，Struts 1 的 Action 类这种侵入式设计导致了较低的代码复用。

2. WebWork

WebWork 虽然没有 Struts 1 那样赫赫有名，但也是出身名门，WebWork 来自另外一个优秀的开源组织——opensymphony，这个优秀的开源组织同样开发了大量优秀的开源项目，如 Qutarz、OSWorkFlow 等。实际上，WebWork 的创始人则是另一个 Java 领域的名人——Rickard Oberg（他就是 JBoss 和 XDoclet 的作者）。

相对于 Struts 1 存在的先天性不足而言，WebWork 则更加优秀，它采用了一种更加松耦合的设计，让系统的 Action 不再与 Servlet API 耦合。使单元测试更加方便，允许系统从 B/S 结构向 C/S 结构转换。相对于 Struts 1 仅支持 JSP 表现层技术的缺陷而言，WebWork 支持更多的表现层技术，如 Velocity、FreeMarker 和 XSLT 等。

WebWork 可以脱离 Web 应用使用，这一点似乎并没有太多优势，因为，一个应用通常在开始时已经确定在怎样的环境下使用。WebWork 有自己的控制反转（Inversion of Control）容器，通过控制反转，可以让测试变得更简单，通过设置实现服务接口的 Mock 对象完成测试，而不需要设置服务注册。

WebWork 框架结构如图 1-10 所示。

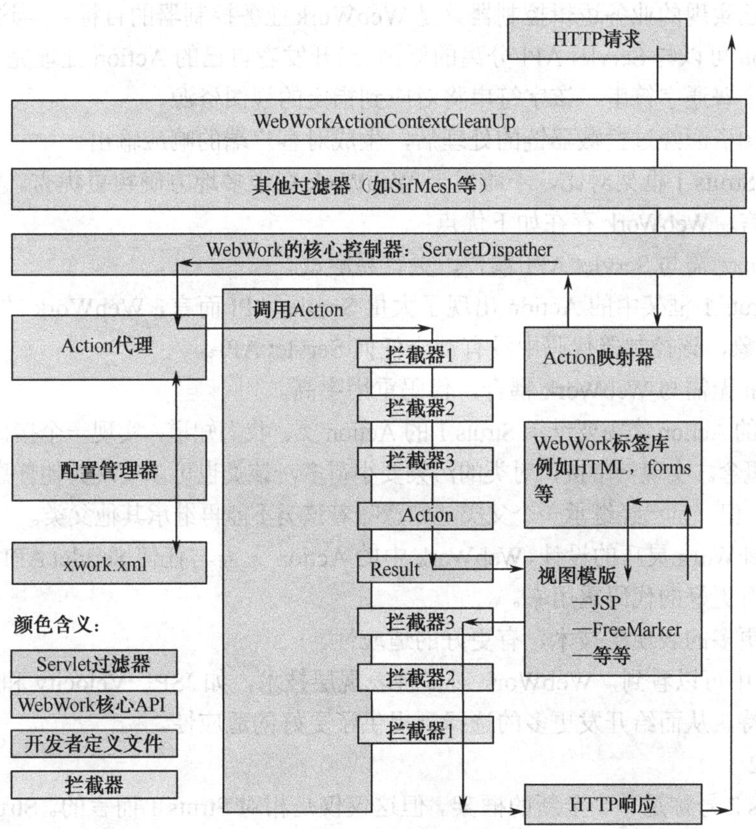

图 1-10 WebWork 框架结构图

WebWork 2 使用 OGNL 这个强大的表达式语言，可以访问值栈。OGNL 对集合和索引属性的支持非常强大。WebWork 建立在 XWork 之上，使用 ServletDispatcher 作为该框架的核心控制器，处理 HTTP 的响应和请求。

从处理流程上来看，WebWork 与 Struts 1 非常类似，它们的核心都由控制器组成，其中控制器都由两个部分组成：核心控制器 ServletDispatcher，该控制器由框架提供；业务逻辑控制器 Action，该控制器由程序员提供。相对于 Struts 1 的 Action 与 Servlet API 紧紧耦合的弱点而言，WebWork 的 Action 则完全与 Servlet API 分离，因此该 Action 更容易测试。

WebWork 的 Action 可以与 Servlet API 分离，得益于它灵巧的设计，它使用一个拦截器链，负责将用户请求数据转发到 Action，并负责将 Action 的处理结果转换成对用户的响应。

当用户向 Web 应用发送请求时，该请求经过 ActionContextCleanUp、SiteMesh 等过滤器过滤，由 WebWork 的核心控制器拦截，如果用户请求需要 WebWork 的业务逻辑控制器处理，该控制器则调用 Action 映射器，该映射器将用户请求转发到对应的业务逻辑控制器。值得注意的是，此时的业务逻辑控制器并不是开发者实现的控制器，而是 WebWork 创建的控制器代理。

创建控制器代理时，WebWork 需要得到开发者定义的 xwork.xml 配置文件，控制器代理以用户实现的控制器作为目标，以拦截器链中的拦截器作为处理（Advice）。

提示：WebWork 中创建控制器代理的方式，就是一种 AOP（面向切面编程）编程方式，只是这种 AOP 中的拦截器由系统提供，因此无需用户参与。

开发者自己实现的业务逻辑控制器只是 WebWork 业务控制器的目标——这就是开发者自己实现的 Action 可以与 Servlet API 分离的原因。当开发者自己的 Action 处理完 HTTP 请求后，该结果只是一个普通字符串，该字符串将对应到指定的视图资源。

指定的视图资源经过拦截器链的处理后，生成对客户端的响应输出。

与前面的 Struts 1 框架对比，不难发现 WebWork 在很多地方确实更优秀。相对于 Struts 1 的种种缺点而言，WebWork 存在如下优点：

（1）Action 无需与 Servlet API 耦合，更容易测试。

相对于 Struts 1 框架中的 Action 出现了大量 Servlet API 而言，WebWork 的 Action 更像一个普通 Java 对象，该控制器代码中没有耦合任何 Servlet API。

（2）Action 无需与 WebWork 耦合，代码重用率高。

Struts 1 中的 Action 类需要继承 Struts 1 的 Action 类。我们知道，实现一个接口和继承一个类是完全不同的概念。实现一个接口对类的污染要小得多，该类也可以实现其他任意接口，还可以继承一个父类；但一旦已经继承一个父类，则意味着该类不能再继承其他父类。

得益于 WebWork 灵巧的设计，WebWork 中的 Action 无需与任何 Servlet API、WebWork API 耦合，从而具有更好的代码重用率。

（3）支持更多的表现层技术，有更好的适应性。

从图 1-10 中可以看到，WebWork 对多种表现层技术，如 JSP、Velocity 和 FreeMarker 等都有很好的支持，从而给开发更多的选择，提供了更好的适应性。

3. Struts 2

虽然 Struts 2 号称是一个全新的框架，但这仅仅是相对 Struts 1 而言的。Struts 2 与 Struts 1 相比，确实有很多革命性的改进，但它并不是新发布的新框架，而是在另一个赫赫有名的框架——WebWork 的基础上发展起来的。从某种程度上来讲，Struts 2 没有继承 Struts 1 的血统，而是继承了 WebWork 的血统。或者说，WebWork 衍生出了 Struts 2，而不是 Struts 1 衍生出了 Struts 2。因为 Struts 2 是 WebWork 的升级，而不是一个全新的框架，因此其稳定性、性能等各方面都有很好的保证，而且它吸收了 Struts 1 和 WebWork 两者的优势，因此，它是一个非常值得期待的框架。

Apache Struts 2 是一个优雅的、可扩展的 JAVA EE web 框架。框架设计的目标贯穿整个开发周期，从开发到发布，包括维护的整个过程。Apache Struts 2 就是之前的 WebWork 2。在经历了几年的各自发展后，WebWork 和 Struts 社区决定合二为一，也就是 Struts 2。

经过五年多的发展，Struts 1 已经成为一个高度成熟的框架，不管是其稳定性还是可靠性，都得到了广泛的证明。但由于它太“老”了，一些设计上的缺陷成为它的硬伤。面对大量新的 MVC 框架的蓬勃兴起，Struts 1 也开始了血液的更新。

目前，Struts 已经分化成两个框架：第一个框架就是传统 Struts 1 和 WebWork 结合后的 Struts 2 框架。Struts 2 虽然是在 Struts 1 的基础上发展起来的，但实质上是以 WebWork 为核心的，Struts 2 为传统 Struts 1 注入了 WebWork 的设计理念，统一了 Struts 1 和 WebWork 两个框架，允许 Struts 1 和 WebWork 开发者同时使用 Struts 2 框架。

Struts 2 非常类似于 WebWork 框架，而不像 Struts 1 框架，因为 Struts 2 是以 WebWork 为核心，而不是以 Struts 1 为核心的。正因为这样，许多 WebWork 开发者会发现，从 WebWork 过渡到 Struts 2 是一件非常简单的事情。

当然，对于传统的 Struts 1 开发者，Struts 2 也提供了很好的向后兼容性，Struts 2 可与 Struts 1 有机整合，从而保证 Struts 1 开发者能平稳过渡到 Struts 2。

Struts 2 的体系与 Struts 1 体系的差别非常大，因为 Struts 2 使用了 WebWork 的设计核心，而不是使用 Struts 1 的设计核心。Struts 2 大量使用拦截器来处理用户请求，从而允许用户的业务逻辑控制器与 Servlet API 分离。

Struts 2 仍是以前端控制器框架为主体的。这意味着：

- Actions 仍然是通过 URL 触发的。
- 数据仍然是通过 URL 请求参数和 Form 参数传送到服务端的。
- 所有 Servlet 对象（如 request、response 和 session 等）仍在 Action 可用。

以下是请求处理过程的高层概览，如图 1-11 所示。

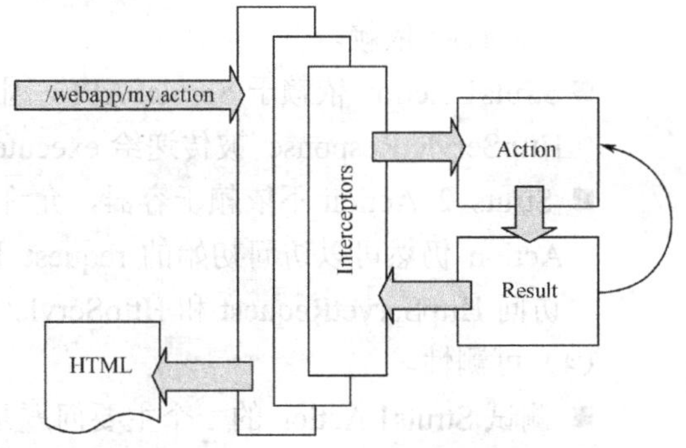

图 1-11 Struts 2 请求处理过程

整个请求的处理过程可以分为 6 步：

（1）由框架产生一个请求并进行处理。框架根据请求匹配相应的配置，得到使用哪些拦截器、Action 类和返回结果的信息。

（2）请求通过一系列的拦截器。拦截器和拦截器组可以按照不同级别进行组合配置来处理请求。它们为请求提供各种预处理和切面处理的应用功能。这和 Struts 使用 Jakarta Commons Chain 构件的 RequestProcessor 类很相似。

（3）调用 Action。产生一个新的 Action 对象实例，并提供请求所调用的处理逻辑的方法。

我们在第二部中将对这一步骤进行进一步讨论。Struts 2 可以在配置 Action 时为请求分配其指定的方法。

（4）调用相应的 Result。通过匹配处理 Action 方法之后的返回值，获取相应的 Result 类，生成并调用它的实例。处理 Result 可能产生的结果之一就是对 UI 模板（但并非只有一个）进行渲染，来产生 HTML。如果是这种情况的话，模板中的 Struts 2 tags 可以直接从 Action 中获取要被渲染的值。

（5）请求再次经过一系列拦截器处理后返回。Request 以与进入时相反的方向通过拦截器组，当然，可以在这个过程中进行回收整理或额外的处理工作。

（6）响应被返回给用户。最后一步是将控制权交还给 Servlet 引擎。最常见的结果是把渲染后的 HTML 返回给用户，但返回的也可能是指定的 HTTP 头或进行 HTTP 重定向。

Struts 2 和 Struts 1 的差别中，最明显的就是 Struts 2 是一个 pull-MVC 架构。这是什么意思呢？从开发者角度看，就是说需要显示给用户的数据可以直接从 Action 中获取，而不像 Struts 1 那样必须把相应的 Bean 存到 Page、Request 或 Session 中才能获取。

4. Struts 1 和 Struts 2 的对比

下面从 10 个方面对 Struts1 和 Struts 2 进行比较。

（1）Action 类的比较。

- Struts1 要求 Action 类继承一个抽象基类。Struts1 的一个普遍问题是使用抽象类编程而不是接口。
- Struts 2 Action 类可以实现一个 Action 接口，也可实现其他接口，使可选和定制的服务成为可能。Struts 2 提供一个 ActionSupport 基类去实现常用的接口。Action 接口不是必需的，任何有 execute 标志的 POJO 对象都可以用做 Struts 2 的 Action 对象。

（2）线程模式的比较。

- Struts 1 Action 是单例模式并且必须是线程安全的，因为仅有 Action 的一个实例来处理所有的请求。单例策略限制了 Struts 1 Action 能做的事，并且要在开发时特别小心。Action 资源必须是线程安全的或同步的。
- Struts 2 Action 对象为每一个请求产生一个实例，因此没有线程安全问题（实际上 Servlet 容器给每个请求产生许多可丢弃的对象，并且不会导致性能和垃圾回收问题）。

（3）Servlet 依赖。

- Struts1 Action 依赖于 Servlet API，因为当一个 Action 被调用时，HttpServletRequest 和 HttpServletResponse 被传递给 execute 方法。
- Struts 2 Action 不依赖于容器，允许 Action 脱离容器单独被测试。如果需要，Struts 2 Action 仍然可以访问初始的 request 和 response。但是，其他的元素减少或消除了直接访问 HttpServetRequest 和 HttpServletResponse 的必要性。

（4）可测性。

- 测试 Struts1 Action 的一个主要问题是 execute 方法暴露了 servlet API（这使测试要依赖于容器）。一个第三方扩展—Struts TestCase，提供了一套 Struts 1 的模拟对象来进行测试。
- Struts 2 Action 可以通过初始化、设置属性、调用方法来测试，“依赖注入”支持也使测试更容易。

（5）捕获输入。

■ Struts 1 使用 ActionForm 对象捕获输入。所有的 ActionForm 必须继承一个基类。因为其他 JavaBean 不能用做 ActionForm，开发者经常创建多余的类捕获输入。动态 Bean（DynaBeans）可以作为创建传统 ActionForm 的选择，但是，开发者可能是在重新描述（创建）已经存在的 JavaBean（仍然会导致有冗余的 JavaBean）。

■ Struts 2 直接使用 Action 属性作为输入属性，消除了对第二个输入对象的需求。输入属性可能是有自己（子）属性的 rich 对象类型。Action 属性能够通过 Web 页面上的 taglibs 访问。Struts 2 也支持 ActionForm 模式。rich 对象类型包括业务对象，能够用做输入/输出对象。这种 ModelDriven 特性简化了 taglib 对 POJO 输入对象的引用。

（6）表达式语言。

■ Struts 1 整合了 JSTL，因此使用 JSTL EL。这种 EL 有基本对象图遍历，但是对集合和索引属性的支持很弱。

■ Struts 2 可以使用 JSTL，但是也支持一个更强大和灵活的表达式语言—“Object Graph Notation Language”(OGNL)。

（7）绑定值到页面（View）。

■ Struts 1 使用标准 JSP 机制把对象绑定到页面中来访问。

■ Struts 2 使用“ValueStack”技术，使 taglib 能够访问值而不需要把你的页面（View）和对象绑定起来。ValueStack 策略允许通过一系列名称相同但类型不同的属性重用页面（View）。

（8）类型转换。

■ Struts 1 ActionForm 属性通常都是 String 类型。Struts 1 使用 Commons-Beanutils 进行类型转换。每个类一个转换器，对每一个实例来说是不可配置的。

■ Struts 2 使用 OGNL 进行类型转换。提供基本和常用对象的转换器。

（9）校验。

■ Struts 1 支持在 ActionForm 的 validate 方法中手动校验或通过 Commons Validator 的扩展来校验。同一个类可以有不同的校验内容，但不能校验子对象。

■ Struts 2 支持通过 validate 方法和 XWork 校验框架来进行校验。XWork 校验框架使用为属性类类型定义的校验和内容校验，来支持 chain 校验子属性。

（10）Action 执行的控制。

■ Struts 1 支持每一个模块有单独的 Request Processors（生命周期），但是模块中的所有 Action 必须共享相同的生命周期。

■ Struts 2 支持通过拦截器堆栈（Interceptor Stacks）为每一个 Action 创建不同的生命周期。堆栈能够根据需要和不同的 Action 一起使用。

1.3 J2EE 轻量级框架 Struts+Spring+Hibernate

1.3.1 轻量级 J2EE 架构技术

轻量级是指一种开发方法，指简化的编程模型和更具响应能力的容器等，轻量级开发旨在消除传统 API 的复杂性与限制，同时，采用轻量级的方式进行开发也缩短了应用程序的开发周期与部署上的复杂度。

轻量级的软件开发不强迫业务对象遵循平台接口，可以使用 POJO 来实现业务。IoC 模式在轻量级的领域中起着巨大的作用，它的引入解决了对象依赖性的问题，有助于简化代码、将业务逻辑与基础架构分离，使应用程序高内聚、低耦合，从而使应用程序更易于维护，提高了开发效率，也使框架响应能力提高，达到了简化的目的。

为解决经典架构中的一系列问题，J2EE 逐渐流行起非 EJB 架构的“轻量级容器”，它与 EJB 架构一样，由容器管理业务对象，然后再组织整个架构，但是业务对象运行在“轻量级容器”中。轻量级容器不和 J2EE 绑定，既可运行在 Web 容器中，也可运行在一个标准应用程序中。

轻量级容器的启动开销很小，而且无需 EJB 部署，提供了一种管理、定位业务对象的方法，不必使用 JNDI 寻址、定制服务器之类的额外辅助，并为应用对象提供注册服务。轻量级容器较 EJB 功能强大，避免了容器强制业务对象采用特定的接口，降低了侵入性。

1.3.2 认识 SSH

SSH 在 J2EE 项目中表示了 3 种框架，即 Spring + Struts +Hibernate 。

在基于 J2EE 的应用程序开发过程中，难于控制开发进度、开发效率低下、部署环境复杂、维护困难等问题层出不穷。对于中小企业，使用完整的 J2EE 实现过于庞大，最终常导致开发的失败。

J2EE 轻量级框架 Struts+Spring+Hibernate 应运而生，并逐渐流行，轻量级是和以 EJB 为核心的复杂框架对比而言的。轻量级框架致力于提供最简单的组件来构筑 Web 应用系统，Spring 是典型的一种轻量级架构，越来越多的开发人员开始关注并使用这种架构。通过 Spring 组合其他专一的开源产品，如表示层的 Struts、持久对象层的 Hibernate，来构建应用系统，实现 J2EE 简单化编程。如图 1-12 所示。

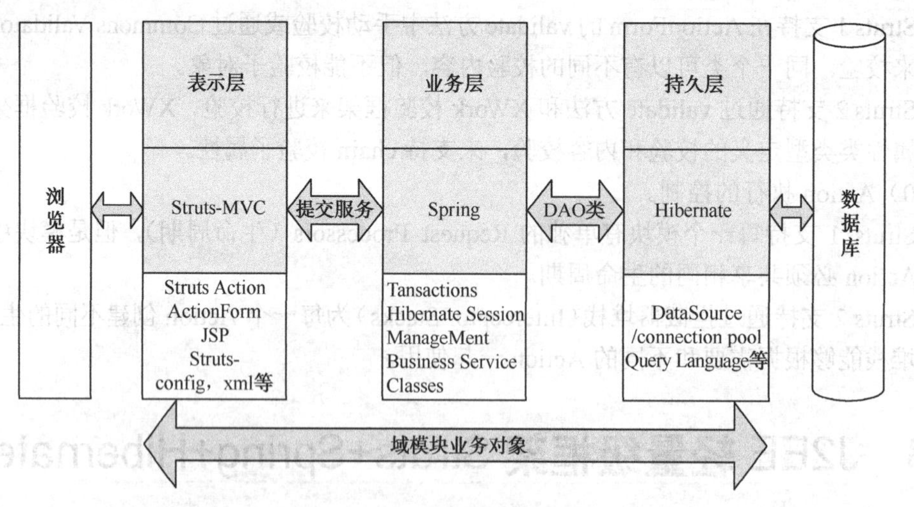

图 1-12 Struts+Spring+Hibernate 框架体系结构图

整体框架和业务层用 Spring，表示层用 Struts，而持久层用 Hibernate。Spring 是一个开放的框架，不要求一定要用 Spring 自己的解决方案。Struts 作为表示层的成熟技术已经在市场上广泛应用，可以很好地和 Spring 技术中间层紧密结合，Struts 可以使用 Spring 提供的事务处理等特性，所以选择 Struts 作为框架的表示层技术。Spring 按照资源管理的方法提供和 Hibernate 的集成及 DAO（Data Access Object）实现和事务策略支持，Spring 通过 IoC（控制反转）机制和 Hibernate 集成，Spring 能够很好地支持开发人员选择 O/R 映射技术。

1．Struts

如图 1-13 所示，Struts 对 Model、View 和 Controller 都提供了对应的组件。ActionServlet 类是 Struts 的核心控制器，负责拦截来自用户的请求。Action 类通常由用户提供，该控制器负责接收来自 ActionServlet 的请求，并根据该请求调用模型的业务逻辑方法处理请求，然后将处理结果返回给 JSP 页面显示。

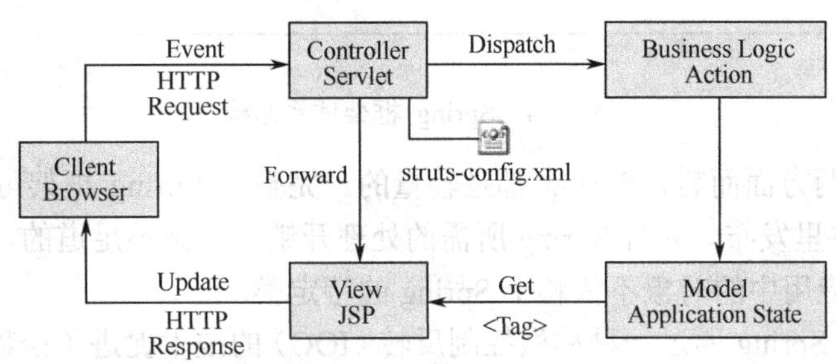

图 1-13　Struts 框架结构

（1）Model 部分。Model 部分由 ActionForm 和 JavaBean 组成，其中 ActionForm 用于封装用户的请求参数，将其封装成 ActionForm 对象，该对象被 ActionServlet 转发给 Action，Action 根据 ActionForm 里面的请求参数处理用户的请求。JavaBean 则封装了底层的业务逻辑，包括数据库访问等。

（2）View 部分。该部分采用 JSP 实现。Struts 提供了丰富的标签库，通过标签库可以减少脚本的使用，自定义的标签库可以实现与 Model 的有效交互，并增加了现实功能。对应图中的 JSP 部分。

（3）Controller 组件。Controller 组件由两个部分组成——系统核心控制器和业务逻辑控制器。

系统核心控制器，对应图 1-13 中的 ActionServlet。该控制器由 Struts 框架提供，继承 HttpServlet 类，因此可以配置成标注的 Servlet。该控制器负责拦截所有的 HTTP 请求，然后根据用户请求决定是否要转给业务逻辑控制器。业务逻辑控制器负责处理用户请求，本身不具备处理能力，而是调用 Model 来完成处理，对应 Action 部分。

Struts 的优点在于实现了 MVC 模式，将 Web 系统各组件进行了良好的分工合作；Spring 的特性在于 IoC 机制；Hibernate 的长处在于数据持久化。要结合这 3 种技术的优点，采取的策略有许多种，如可以将 Hibernate 的 sessionFactory、数据操作组件交给 Spring 容器来管理，必要时进行注入处理；可以将 Struts 的 Action 交给 Spring 容器来管理，而不必再在 Action 中声明业务逻辑操作的组件。

2．Spring

Spring 是一个轻量级的控制反转（IoC）和面向切面（AOP）的容器框架。Spring 的目的是解决企业应用开发的复杂性，它使用基本的 JavaBean 代替 EJB，并提供更多的企业应用功能，可在任何 Java 中应用。

Spring 框架是一个分层架构，由 7 个定义良好的模块组成。Spring 模块构建在核心容器之上，核心容器定义了创建、配置和管理 Bean 的方式，其体系结构如图 1-14 所示。

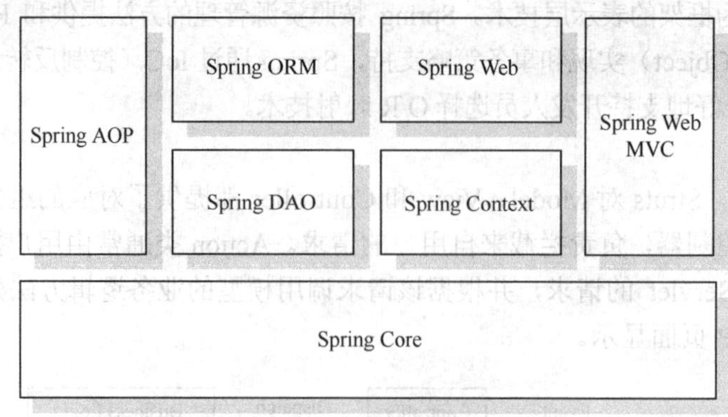

图 1-14　Spring 框架体系结构

从大小与开销两方面而言，Spring 都是轻量的。完整的 Spring 框架可以在一个大小只有 1MB 多的 JAR 文件里发布。并且 Spring 所需的处理开销也是微不足道的。此外，Spring 是非侵入式的，Spring 应用中的对象不依赖于 Spring 的特定类。

（1）控制反转。Spring 通过一种称做控制反转（IOC）的技术促进了松耦合。当应用了 IOC 时，一个对象依赖的其他对象会通过被动的方式传递进来，而不是这个对象自己创建或查找依赖对象。可以认为 IOC 与 JNDI 相反——不是对象从容器中查找依赖，而是容器在对象初始化时不等对象请求就主动将依赖传递给它。

（2）面向切面。Spring 提供了面向切面编程的丰富支持，允许通过分离应用的业务逻辑与系统级服务（如审计（Auditing）和事务（Transaction）管理）进行内聚性的开发。应用对象只实现它们应该做的——完成业务逻辑，仅此而已。它们并不负责（甚至是意识）其他的系统级关注点，如日志或事务支持。

（3）容器。Spring 包含并管理应用对象的配置和生命周期，在这个意义上它是一种容器，你可以配置你的每个 Bean 如何被创建，基于一个可配置原型（Prototype），你的 Bean 可以创建一个单独的实例或每次需要时都生成一个新的实例，以及它们是如何相互关联的。然而，Spring 不应该被混同于传统的重量级的 EJB 容器，它们经常是庞大与笨重的，难以使用。

（4）框架。Spring 可以将简单的组件配置、组合成为复杂的应用。在 Spring 中，应用对象被声明式地组合，典型地是在一个 XML 文件里。Spring 也提供了很多基础功能（事务管理、持久化框架集成等），将应用逻辑的开发留给了你。

所有 Spring 的这些特征使你能够编写更干净、更可管理、更易于测试的代码。它们也为 Spring 中的各种模块提供了基础支持。

3. Hibernate

Hibernate 是一个开放源代码的对象关系映射框架，它对 JDBC 进行了非常轻量级的对象封装，使得 Java 程序员可以随心所欲地使用对象编程思维来操纵数据库。Hibernate 可以应用在任何使用 JDBC 的场合，既可以在 Java 的客户端程序中使用，也可以在 Servlet/JSP 的 Web 应用中使用，最具革命意义的是，Hibernate 可以在应用 EJB 的 J2EE 架构中取代 CMP，完成数据持久化的重任，Hibernate 的工作原理如图 1-15 所示。

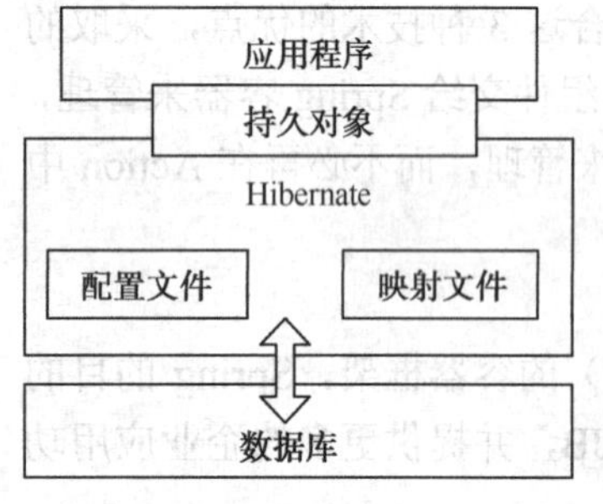

图 1-15　Hibernate 工作原理

Hibernate 的核心接口一共有 5 个，分别为：Session、SessionFactory、Transaction、Query 和 Configuration。这 5 个核心接口在任何开发中都会用到。通过这些接口，不仅可以对持久化对象进行存取，还能够进行事务控制。下面对这五个核心接口分别加以介绍。

（1）Session 接口。Session 接口负责执行被持久化对象的 CRUD 操作（CRUD 的任务是完成与数据库的交流，它包含了很多常见的 SQL 语句。）。但需要注意的是，Session 对象是非线程安全的。同时，Hibernate 的 Session 不同于 JSP 应用中的 HttpSession。这里，当使用 Session 这个术语时，其实指的是 Hibernate 中的 Session，而以后会将 HttpSesion 对象称为用户 Session。

（2）SessionFactory 接口。SessionFactory 接口负责初始化 Hibernate。它充当数据存储源的代理，并负责创建 Session 对象。这里用到了工厂模式。需要注意的是，SessionFactory 并不是轻量级的，因为一般情况下，一个项目通常只需要一个 SessionFactory 就足够，当需要操作多个数据库时，可以为每个数据库指定一个 SessionFactory。

（3）Configuration 接口。Configuration 接口负责配置并启动 Hibernate 和创建 SessionFactory 对象。在 Hibernate 的启动的过程中，Configuration 类的实例首先定位映射文档位置、读取配置，然后创建 SessionFactory 对象。

（4）Transaction 接口。Transaction 接口负责事务相关的操作。它是可选的，开发人员也可以设计编写自己的底层事务处理代码。

（5）Query 和 Criteria 接口。Query 和 Criteria 接口负责执行各种数据库查询。它可以使用 HQL 语言或 SQL 语句两种表达方式。

1.3.3 SSH 框架结构模型

轻量级 J2EE 开发平台承袭 J2EE 基于组件的多层应用模型。它在综合考虑用户界面、业务逻辑、数据存储的功能和逻辑的基础上，根据应用功能和应用逻辑划分层次，明确责任，实现松耦合的组件式架构。在技术层面上，使用 Spring 规划轻量级 J2EE 应用平台时，可以按职责将应用分成四层：域模型层、业务层、持久层、表现层。Spring 作为业务层成为连接其他层之间的枢纽，允许层之间以松耦合的方式向其他层暴露功能而不必依赖特定的技术。其他的层分别负责不同方面的应用职责，对功能进行封装，明确地定义接口在层与层之间通信。SSH 框架结构模型如图 1-16 所示。

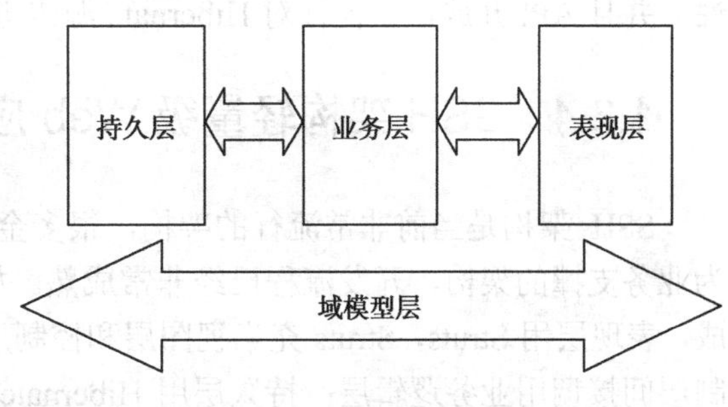

图 1-16 SSH 框架结构模型

（1）域模型层。在一个应用中，首先需要使用一组对象来表达现实世界中的概念。传统的方法是使用 DTO（数据传输对象）将数据库中的数据转化为问题域中的对象，在应用开发时需要额外的编码。引入域模型层，借助一组业务对象，实现问题域和计算机域的阻抗匹配，替代系统中数据传输对象：用对象的方式描述现实世界，真实地反映现实世界对象（如订单、产品等），可以减少额外的编码，便于理解，降低代码管理难度。此外，域模型层的业务对象在各层之间进行数据传递和数据转化，作为各层之间数据通信的载体，能够最大化地降低系统间数据传递的开销，而且业务对象代表了现实世界中的对象，使得系统在进行扩充、重构时，各子系统间数据传递部分不会受到影响。

（2）表现层。表现层是用户直接和软件交互的部分。表现层向用户展现软件系统的功能，响应用户的请求，并向用户呈现处理的结果。因而如果用户界面不甚高效，那么无论其他部分多么优良，都将于事无补。成熟的方式是采用MVC（模型—视图—控制器）模式组织表现层，分离用户界面代码（视图）与应用数据和业务逻辑（模型），然后使用控制器匹配视图和模型，减少数据表现、数据描述和应用操作的耦合，最终得到响应快速、界面美观的表现层。

（3）持久层。持久层位于应用的一端，负责将数据持久化。数据持久层的设计目标是为整个项目提供一个高层、统一、安全、并发的数据持久机制，将复杂的业务逻辑和数据逻辑分离，使系统的紧耦合关系转化为松耦合关系，完成对各种数据进行持久化的编程工作，并为系统业务逻辑层提供服务。数据持久层提供了数据访问逻辑，能够使程序员避免手工编写程序访问数据持久层，使其专注于业务逻辑的开发，并且能够在不同项目中重用已有实现，简化数据增、删、查、改等功能的开发过程，同时又不丧失多层结构的天然优势，继承延续J2EE特有的可伸缩性和可扩展性。

（4）业务层。从应用分层上来看，业务层位于中间层次。业务层又称为服务层。合理地构建业务层，可以降低层次之间的耦合度，增加业务的可伸缩性和灵活性。借助Spring的IOC容器，使用配置文件管理其他各个层次的依赖关系、装配业务组件，降低层次之间的耦合，实现插件式编程；借助Spring的AOP实现，集中处理系统中的企业级服务，如事务管理、日志管理等，使代码更加简洁，增强复用性，提高开发效率。

在应用开发中，域模型层将现实世界对象抽象为域对象，持久层负责将域对象和数据库对应起来，业务层调用持久层的数据逻辑。执行应用逻辑，处理表现层的请求并以适当的方式向用户展示处理结果。

Struts作为前台控制框架简化了程序的开发，使页面设计人员和Java程序员达到有效的分离，使项目可扩展性大大增强，提升了开发效率，降低了维护成本。

Spring作为一个应用于所有层面的综合框架，具有强大的应用功能及灵活性，非常适合作为一些大规模软件项目的底层平台。

Hibernate作为后台ORM（Object Relation Mapping）持久层框架的轻量级组件，对持久层进行了轻量级封装，降低了程序的复杂度，易于调试，减轻了程序员的负担，具有很强的扩展性。并且API开放，可自行对Hibernate源码进行修改，扩展所需的功能。

1.3.4 SSH架构轻量级Web应用

SSH架构是当前非常流行的架构，很多金融、电信项目和大型门户网站均选择该架构作为业务支撑的架构，开发流程已经非常成熟。如图1-17所示，SSH由3个开源的框架组合而成，表现层用Struts，Struts充当视图层和控制层；业务层用Spring，Spring通过控制反转让控制层间接调用业务逻辑层；持久层用Hibernate，Hibernate充当数据访问层。每个层在功能上职责明确，不应该与其他层混合，各层通过通信接口相互联系。

（1）Struts负责Web层。

ActionFormBean接收网页中表单提交的数据，然后通过Action进行处理，再Forward到对应的网页，在struts-config.xml中定义<action-mapping>，ActionServlet会加载。

（2）Spring负责业务层管理，即Service（或Manager）。

Service为Action提供统计的调用接口，封装持久层的DAO，并集成了Hibernate，Spring

可对 JavaBean 和事物进行统一管理。

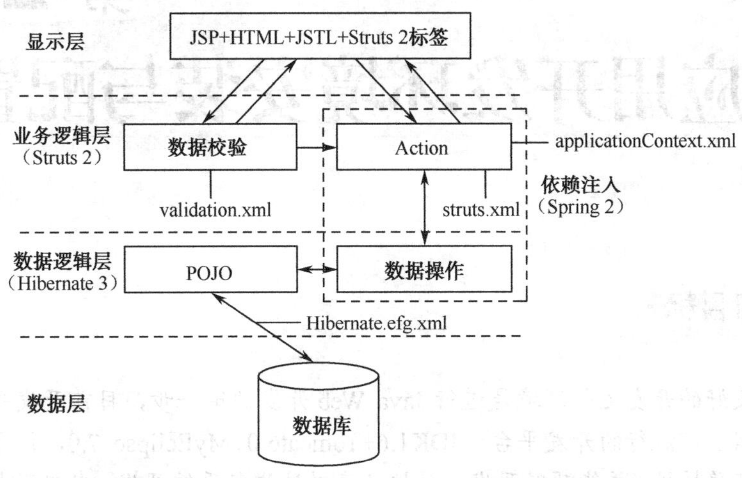

图 1-17　基于 Struts、Spring 和 Hibernate 的整合框架

（3）Hibernate 负责持久化层，完成数据库的 CRUD 操作。

Hibernate 提供 OR/Mapping，它有一组 hbm.xml 文件和 POJO，是与数据库中的表相对应的，然后定义 DAO，这些是与数据库打交道的类，它们会使用 PO。

在 Struts+Spring+Hibernate 的系统中，对象的调用流程是：JSP→Action→Service→DAO→Hibernate，数据的流向是 ActionFormBean 接受用户的数据，Action 将数据从 ActionFormBean 中取出，封装成 VO 或 PO，再调用业务层的 Bean 类，完成多种业务处理后再 Forward。业务层 Bean 收到这个 PO 对象之后，会调用 DAO 接口方法，进行持久化操作。

1.4　总结与提高

本章首先介绍了软件开发的架构，阐述了 Web 应用的发展。Web 技术经历了 CGI、ASP、JSP 等阶段，Java 的开发模式也经历了 Model1 和 Model2 时代，并阐述了 MVC 开发模式。然后对基于 MVC 的 Struts 框架从 1.2 到 2.0 的演变进行了阐述，介绍各自的特点与优势。本章也重点介绍了 J2EE 轻量级框架 Struts+Spring+Hibernate。

在传统的 J2EE 应用中，EJB 一直占据着主导地位，但运行它需要一个庞大的容器，通常称之为“重量级容器”。由于 EJB 暴露出的缺陷和复杂性，以“轻量级容器”为核心的架构 Struts+Spring+Hibernate 组合的开发解决了这个问题。SSH 架构表示层用 Struts，业务层用 Spring，持久层用 Hibernate，使开发更加简单、灵活，系统的维护也更加方便，使开发者更关注程序高层业务逻辑的实现，降低底层框架的设计考虑，提高了开发效率。

第 2 章 应用开发环境安装与配置

搭建一个良好的开发运行环境是进行 Java Web 开发的第一步，目前开发平台有很多种，本章将详细介绍当前流行的开发平台：JDK1.6+Tomcat6.0+MyEclipse 7.0，该平台开发出的系统具有良好的可移植性，并能帮助开发人员快速高效地进行系统开发。在安装与环境配置的过程中，读者可以对 Java Web 开发进行大致的了解。读者通过本章的学习可以掌握以下内容：

- 掌握 JDK 的下载和安装。
- 学会下载、安装和配置 Tomcat。
- 掌握 MyEclipse 的安装和配置。
- 使用 MyEclipse 开发简单的 Web 程序。

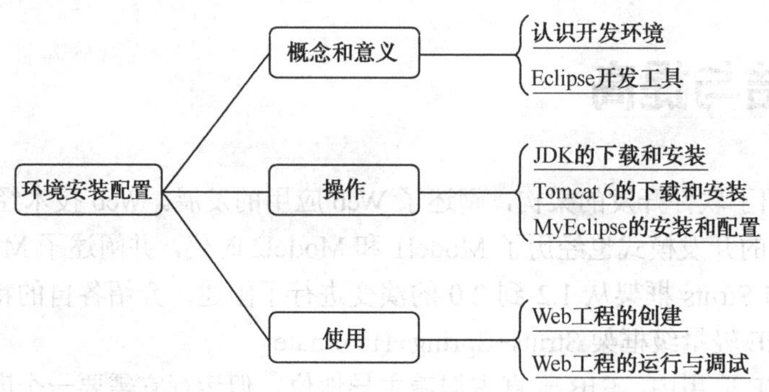

2.1 认识 Eclipse

2.1.1 Eclipse 概述

Eclipse 是一个开源的、可扩展的集成开发环境，Eclipse 最初由 IBM 公司斥资 4 000 万美金开发，后来交给非盈利性的软件供应商联盟 Eclipse 基金会（Eclipse Foundation）管理。Eclipse 是一个成熟的、可扩展的体系结构。在该平台中可以集成不同软件开发供应商的产品，任何软件工具供应商都可以将他们的开发工具和组件加入到 Eclipse 平台中。

Eclipse 平台是免费的，架构比较成熟，又有行业协会 Eclipse 基金会的大力支持，现在很多基于 Java 的开发都采用 Eclipse 架构。Eclipse 最初主要用来进行 Java 语言开发，Eclipse 本身只是一个框架平台，但是目前也有人通过插件使其作为其他计算机语言比如 C++编程语言和 Python 编程语言的开发工具，众多插件的支持使 Eclipse 拥有其他功能相对固定的 IDE 软件很难具有的灵活性。

Eclipse 可以在网站 http://www.eclipse.org/免费下载，如图 2-1 所示，可以直接单击“Download Eclipse”进入其下载页面：http://www.eclipse.org/downloads/，如图 2-2 所示。

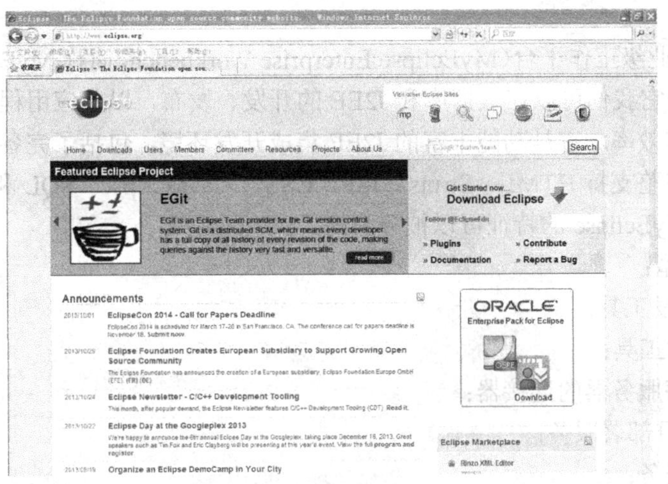

图 2-1　Eclipse 官方网站首页

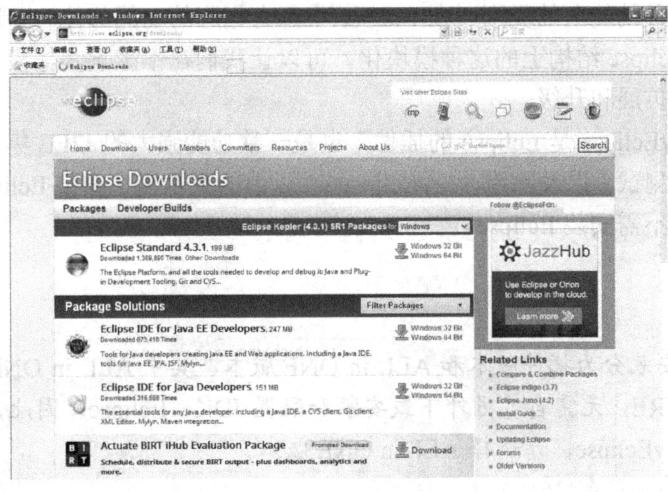

图 2-2　Eclipse 官方下载页面

下载后得到一个压缩包，解压缩到 C 盘，会自动得到 C:\eclipse 这个目录，这样就算安装完毕了。

技巧

从 Eclipse 的下载页面我们可以看到，Eclipse 的开发工具有很多种。

● "Eclipse IDE for Java EE Developers"：专门用于Java应用程序的开发，对Java Web应用系统的开发支持不够。

● "Eclipse IDE for Java Developers"：适合进行Java企业级应用系统的开发，特别是Java Web应用系统的开发，但此工具需要JDK1.5或更高版本的JDK作为支持。

● 为了开发Web程序，建议下载"Eclipse IDE for Java EE Developers"。

2.1.2 MyEclipse概述

MyEclipse企业级工作平台（MyEclipse Enterprise Workbench，简称MyEclipse）是对Eclipse IDE的扩展，利用它我们可以在数据库和J2EE的开发、发布，以及应用程序服务器的整合方面极大地提高工作效率。它是功能丰富的J2EE集成开发环境，包括了完备的编码、调试、测试和发布功能，完整支持HTML、Struts、JSF、CSS、 Javascript、 SQL和Hibernate。

在结构上，MyEclipse的特征可以被分为7类：

（1）J2EE模型；

（2）WEB开发工具；

（3）EJB开发工具；

（4）应用程序服务器的连接器；

（5）J2EE项目部署服务；

（6）数据库服务；

（7）MyEclipse整合帮助。

对于上述每一种功能上的类别，在Eclipse中都有相应的功能部件，并通过一系列的插件来实现它们。MyEclipse结构上的这种模块化，可以让我们在不影响其他模块的情况下，对任一模块进行单独的扩展和升级。

简单地说，MyEclipse是Eclipse的插件，也是一款功能强大的J2EE集成开发环境，支持代码编写、配置、测试，以及除错，MyEclipse6.0以前的版本需先安装Eclipse。MyEclipse6.0以后的版本安装时不需安装Eclipse。

技巧

MyEclipse的安装分为插件版本和ALL in ONE版本，其中ALL in ONE版本已经包含了相应的Eclipse和JRE，无需自己另外下载安装和配置JDK、Eclipse。因此，如果你打算以最快的速度安装好MyEclipse，请选择ALL in ONE版本。

1. 安装MyEclipse

MyEclipse是一款商业的、基于Eclipse的Java EE集成开发工具，不是免费产品。官方的站点是：http://www.myeclipseide.cn/。打开该网站首页单击下载按钮，可进行下载。

我们选择下载安装MyEclipse10.0版本，安装步骤如下：

（1）双击"myeclipse-10.0-offline-installer-windows.exe"安装文件，安装开始，如图2-3所示，单击"Next"按钮，如图2-4所示。

（2）选择"I accept the terms of the license agreement"，然后单击"Next"按钮，如图2-5所示，用户可修改MyEclipse的安装路径，单击"Change"按钮即可进行选择。

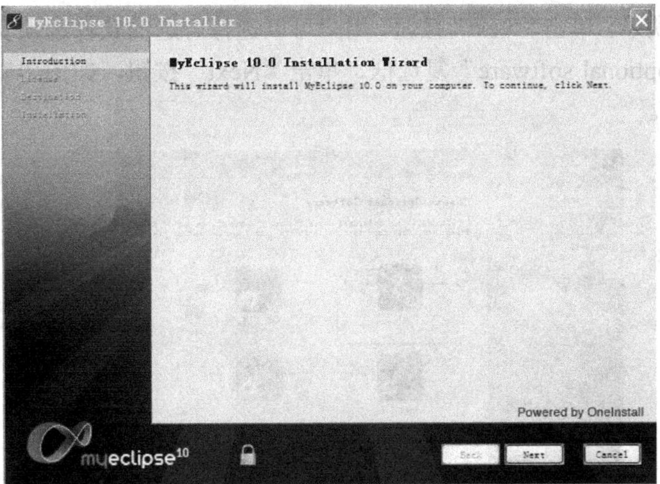

图 2-3　MyEclipse 安装——向导

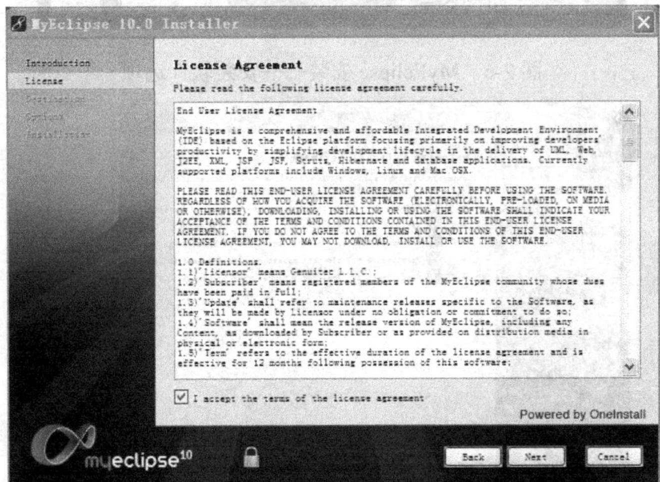

图 2-4　MyEclipse 安装——许可协议

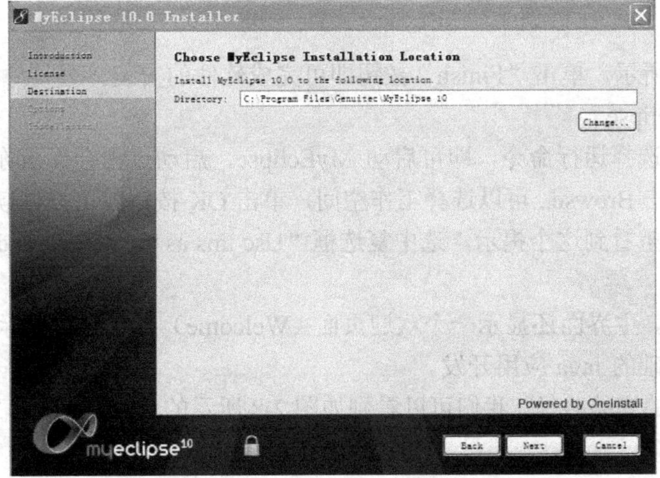

图 2-5　MyEclipse 安装——选择安装路径

（3）如图 2-6 所示，单击“Next”按钮，用户可以选择可选的软件选项安装，默认为“All”，选中“Customize optional software”复选框，单击“Next”按钮，如图 2-7 所示，用户可以进一步选择安装组件。

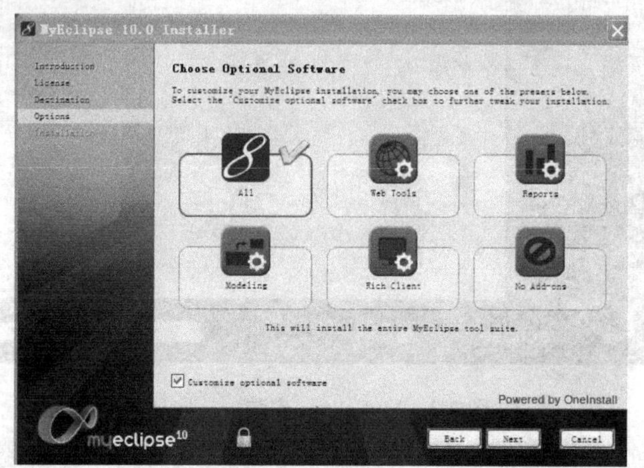

图 2-6　MyEclipse 安装——安装软件选项

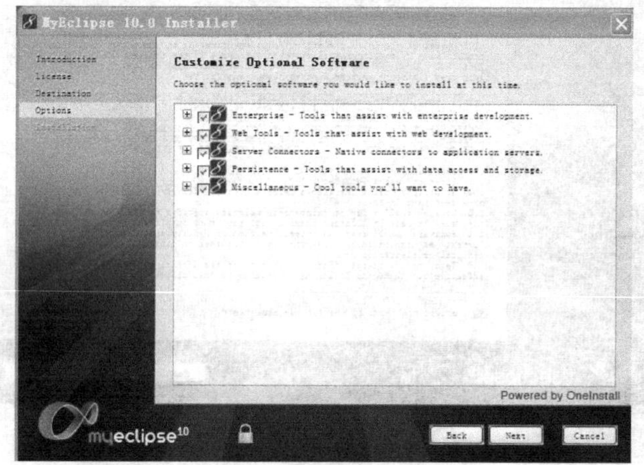

图 2-7　MyEclipse 安装——定制软件选项

（4）如图 2-8 所示，单击“Finish”按钮即可完成软件的安装。

2. *启动* MyEclipse

在运行菜单中选择运行命令，即可启动 MyEclipse，启动过程会提示你选择 workspace，如图 2-9 所示，单击 Browse...可以选择工作空间，单击 OK 按钮就可以继续启动。

如果以后不希望看到这个提示，选中复选框“Use this as the default and do not ask again”即可。

第一次启动后，主界面还显示一个欢迎页面（Welcome），单击 ☒ 图标关闭欢迎页面，之后就可以做一些基础的 Java 应用开发。

在 MyEclipse 的安装路径，我们可以看到如图 2-8 所示的目录，eclipse 3.7.2 和 JDK1.6 已经集成。

图 2-8 MyEclipse 安装——安装完成

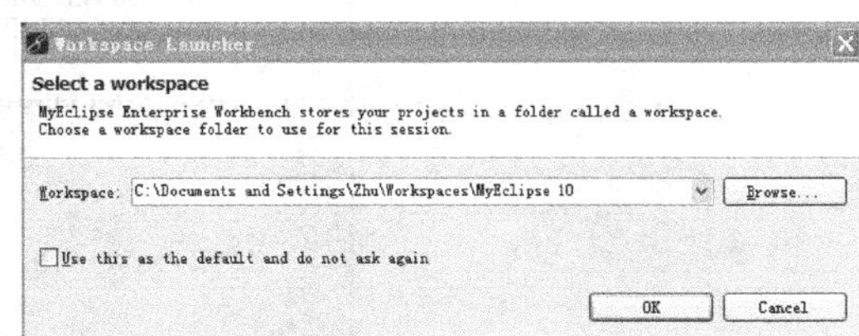

图 2-9 设置工作空间

注意

MyEclipse 10 是基于最新的 Eclipse 3.7（代号 Indigo），使用了最新的桌面与 Web 开发技术，包括 HTML5 和 Java EE 6，支持 JPA 2.0、JSF 2.0、Eclipselink 2.1 以及 Apache 的 OpenJPA 2.0。

而对 IBM WebSphere 用户来说，MyEclipse Blue 支持最新版本的 WebSphere Portal Server 7.0、WebSphere 8 以及以前的版本，无缝支持 IBM DB2 数据库。

MyEclipse10 对检索功能以及错误查询功能更加强大，包括对 js 文件的错误查询。

3. MyEclipse 注册

因为 MyEclipse 是商业软件，所以完成软件安装后，需要进行注册，步骤如下：

（1）运行 MyEclipse 软件，在 MyEclipse 菜单中选择 Window→Preferences 命令，弹出 Preferences 窗口，如图 2-10 所示。

（2）单击“MyEclipse Enterprise Workbench→Subscription”，进入 MyEclipse 注册页面，如图 2-11 所示。

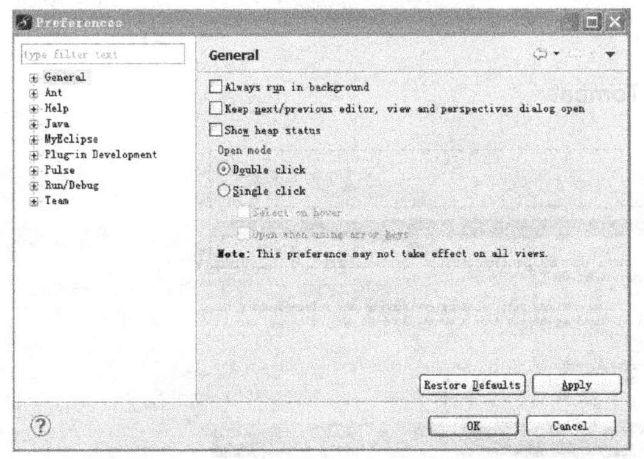

图 2-10 MyEclipse 属性窗口

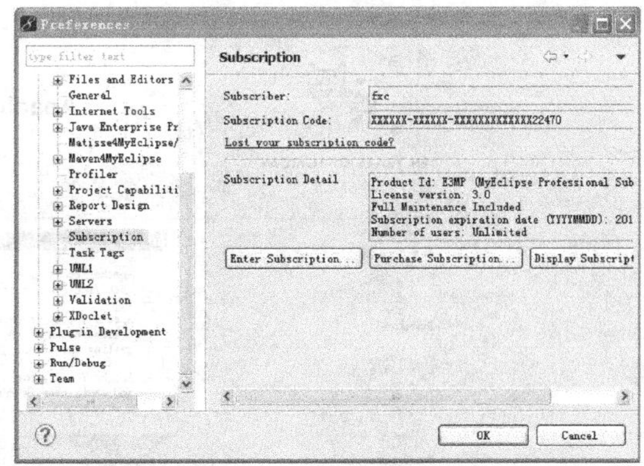

图 2-11 注册 MyEclipse

（3）单击“Enter Subscription…”按钮，如图 2-12 所示，输入注册信息，即可完成软件的注册。

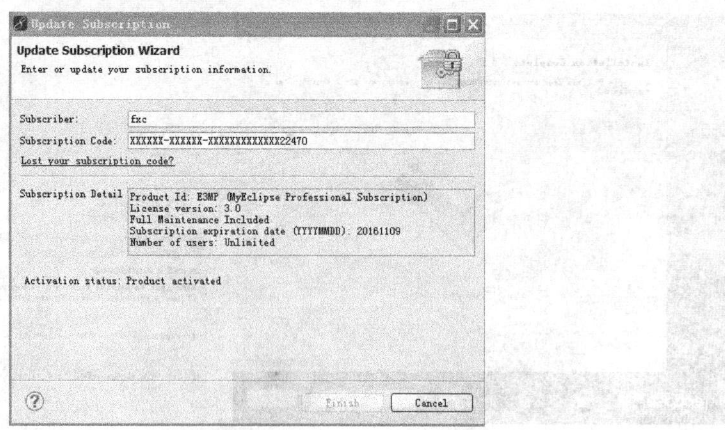

图 2-12　MyEclipse 注册窗口

2.2　Tomcat 6.0 的下载、安装和配置

在 Java Web 开发时，编写的服务器端程序如 JSP/Servlet，本身并不能直接执行，需要一个容器环境，如 Resin、Weblogic、JBoss 及 Tomcat 等。Tomcat 是一款开源免费的 Web 服务器，它在轻量级的应用中是最常用和最受欢迎的。

2.2.1　下载、安装 Tomcat

可以在 http://tomcat.apache.org/中下载并安装 Tomcat 6，如图 2-13 所示，可在“Download”下的列表中选择 Tomcat 的不同版本进行下载，这里下载 Tomcat6.0.26 版本。

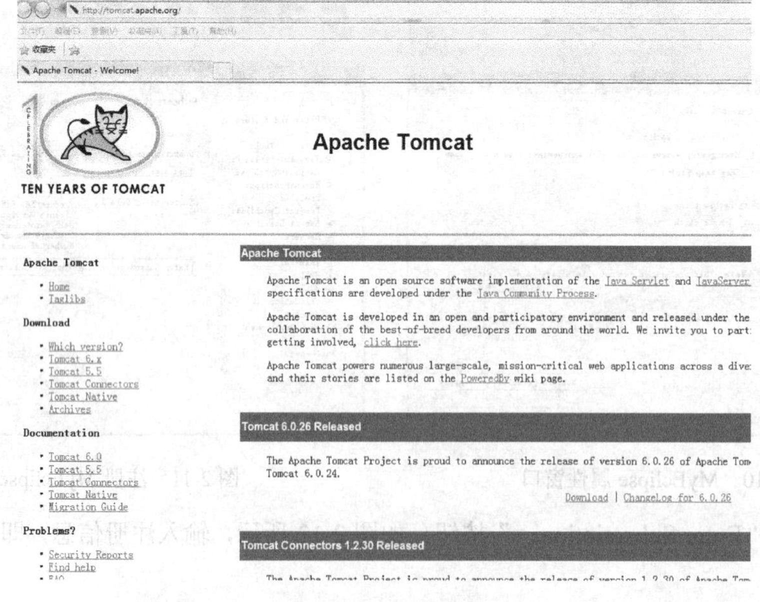

图 2-13　Tomcat 下载页面

对于 Window 操作系统，Tomcat 提供了两个安装文件和两种安装方式：

- apache-tomcat-6.0.26.zip：解压缩到磁盘目录即可使用，注意解压缩的路径不要带有空格。
- apache-tomcat-6.0.26.tar.gz：Linux 系统需要下载此文件。

注意

在 Windows 系统中，不需要设置 CATALINA_HOME 这个变量也可以运行 Tomcat，如果配置了这个变量，那么计算机将永远只能启动设置了 CATALINA_HOME 的那个 Tomcat。也就是说，如果用户需要多个 Tomcat 版本并存，就不能设置 CATALINA_HOME。

当使用 MyEclipse 进行开发的时候，也不需要这个变量。

如果设置，就需新建环境变量，建立名为 CATALINA_HOME，取值为 Tomcat 的安装目录，如 C: \Tomcat6。

解压缩下载的文件“apache-tomcat-6.0.26.zip”，进入 Tomcat 安装目录下的 bin 子目录，可以看到 startup.bat 和 shutdown.bat。双击 startup.bat 启动 Tomcat 服务器，将产生如图 2-14 所示的输出信息。

当看到信息：Server startup in 4859 ms 的输出后，Tomcat 就启动完毕了。反之则可能出现错误，无法启动。要关闭 Tomcat 服务器，可以关闭这个 CMD 窗口，也可以双击运行 shutdown.bat。

在浏览器器中输入 http://localhost:8080/来测试是否运行成功，其中“localhost”表示本地主机，可用 127.0.0.1 或本机 IP 号，8080 为端口号。

```
2010-3-8 9:44:15 org.apache.struts2.config.Settings getL
警告: Settings: Could not parse struts.locale setting, s
ocale
2010-3-8 9:44:15 com.opensymphony.xwork2.util.ObjectType
t>
信息: Setting DefaultObjectTypeDeterminer as default ...
2010-3-8 9:44:15 org.apache.coyote.http11.Http11Protocol
信息: Starting Coyote HTTP/1.1 on http-8080
2010-3-8 9:44:15 org.apache.jk.common.ChannelSocket init
信息: JK: ajp13 listening on /0.0.0.0:8009
2010-3-8 9:44:15 org.apache.jk.server.JkMain start
信息: Jk running ID=0 time=0/16  config=null
2010-3-8 9:44:15 org.apache.catalina.startup.Catalina st
信息: Server startup in 3073 ms
```

图 2-14　启动 Tomcat 服务器

技巧

如果需要修改 Tomcat 的默认监听端口，请用文本编辑器打开 Tomcat 安装目录/conf/server.xml，找到如下的定义：

<Connector port="8080"…，替换 8080 为新设置的端口即可。假设改为 8083，就可以使用 http://localhost:新端口/或 http://127.0.0.1:新端口/进行访问。

2.2.2 Tomcat 6.0 在 MyEclipse 中的配置

从“Windows”菜单中选择“Preferences...”，选择“MyEclipse Enterprise …”→“Servers”→“Tomcat”→[Tomcat 6.x]，进行如图 2-15 所示的设置。

展开“Tomcat 6.x”→JDK，可在右侧单击“Add...”，添加新的“JRE Definition”，如果不设置，则是默认的 JDK。

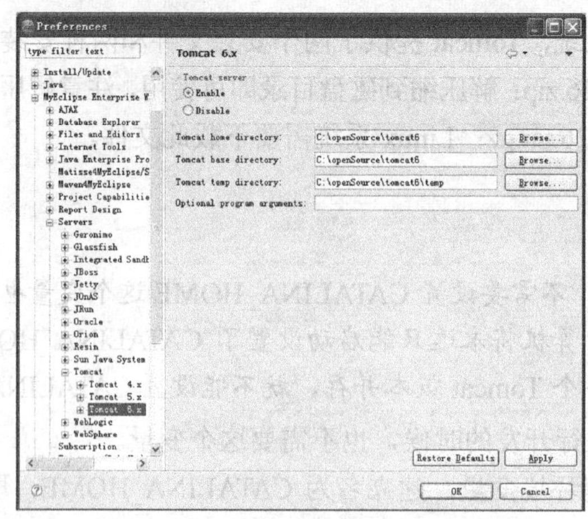

图 2-15　Tomcat 6.0 在 MyEclipse 中的设置

2.2.3　Tomcat 在 MyEclipse 中的设置

为了在 MyEclipse 中使用 Tomcat，需要对其进行设置，设置步骤如下：

（1）启动 MyEclipse，选择 Window→Preferences，在左边目录树中单击 MyEclipse Enterprise Workbench，可以看到 MyEclipse 子项中有非常多的设置选项，

（2）单击 Server→Tomcat，展开 Tomcat 子项，单击 Tomcat 6.x；

（3）在 Preference 对话框中，进行 Tomcat 服务器的设置，如图 2-16 所示，将 Tomcat server 设置为“Enable”，并在 Tomcat home directory 的设置中单击“Browse…”按钮，选择 Tomcat 6 的安装路径。

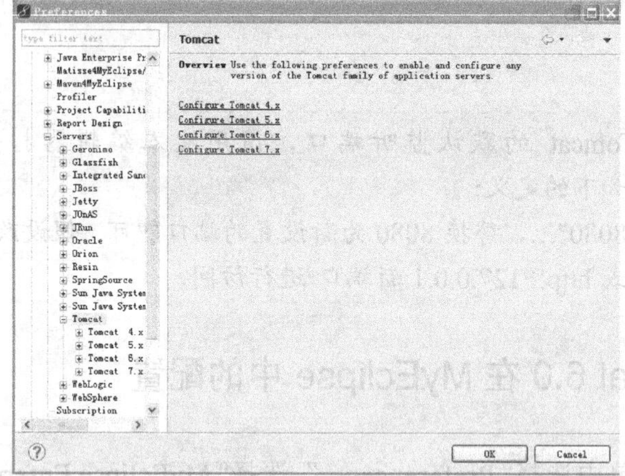

图 2-16　Tomcat 在 MyEclipse 中的设置

2.3　第一个 Web 工程——用户登录程序

本节将通过开发一个简单的用户登录程序讲解如何使用 MyEclipse 来开发 Web 项目，并通过进行发布、运行、测试和调试，展示相关的操作过程。

那么哪些应用算是 Web 应用呢？简单地说，通过网络浏览器，如 IE、Firefox 等上网看到的绝大多数网页，都属于 Web 应用的范围，所以它的应用是非常的广的。Web 项目包括 HTML、JSP、Servlet、Filter 和后台 Java 类等。要想做好一个 Web 应用，只掌握 Java 是远远不够的，还得深入了解 HTML、CSS、JavaScript 甚至 AJAX、Flash、ActiveX 等技术。

2.3.1 项目分析与设计

本节将介绍一个采用 MVC 设计模式实现的登录实例，该应用是典型的 Web 应用开发的身份验证模块，要求重点掌握如何在 MyEclipse 平台下开发一个简单的服务器登录验证方式。

用户登录模块在留言板、BBS、邮箱、购物网站、网站后台管理等许多地方都会用到，是 Web 应用开发中必不可少的一部分。这个功能模块使只有具有合法身份验证的用户才能登录系统，对不同的客户身份分配不同的权限，保证数据的安全。登录程序的主要功能如下：

（1）在登录页面进行用户名和密码的输入。

（2）登录成功则进入成功的页面。

（3）登录失败则重新跳转到登录页面。

登录模块流程如图 2-17 所示，登录页面如图 2-18 所示，成功登录页面如图 2-19 所示。

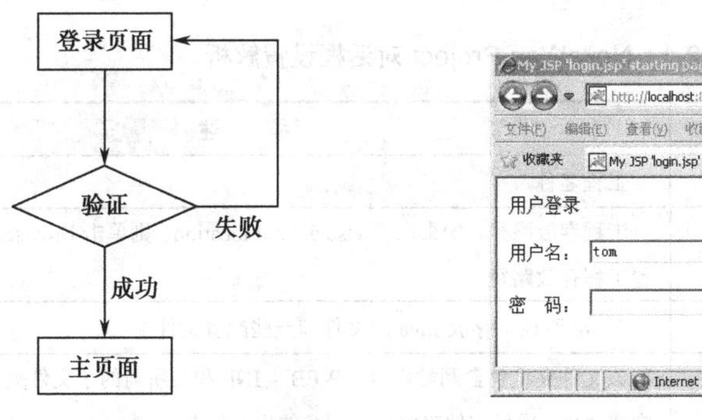

图 2-17 登录模块流程图

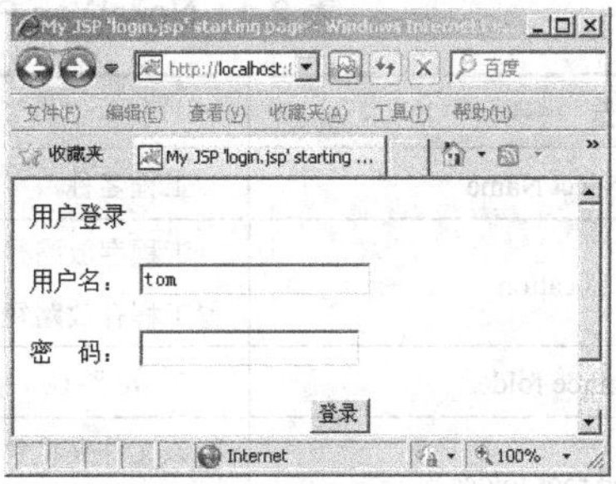

图 2-18 登录页面

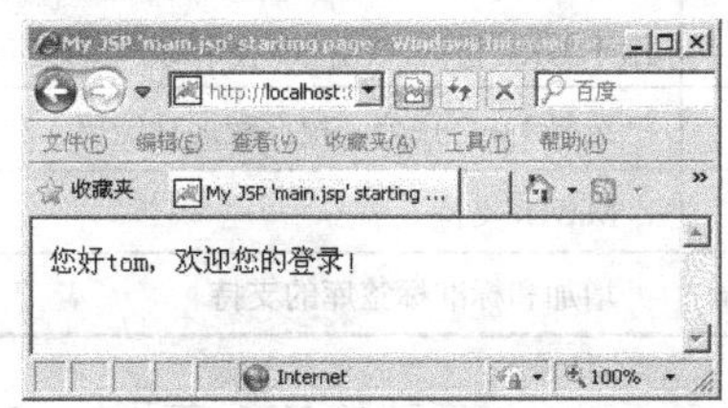

图 2-19 成功登录页面

2.3.2 新建工程

开发 Web 应用项目，可以通过下面两种方法：

（1）在 MyEclipse 菜单中选择“File→New→Project...”，在如图 2-20 所示的对话框中展开 MyEclipse→Java Enterprise Projects，选择 Web Project(Optional Maven Support)。

（2）通过快捷菜单，在左边的“Project Explorer”空白处，单击右键，在弹出的快捷菜单中选择“New→Project…”，设置同上。

选择 Web Project 后，单击“Next”按钮，进入如图 2-21 所示的对话框，在 Project Name 后输入工程的名称“userLogin”。

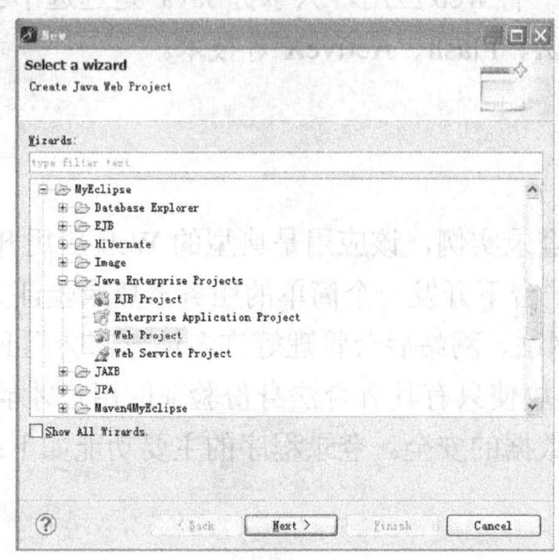

图 2-20 新建 Web 工程对话框

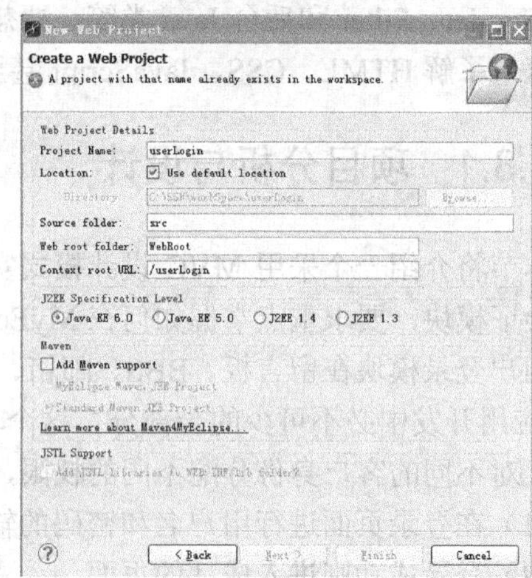

图 2-21 “New Web Project”对话框设置

New Web Project 对话框的详细解析如表 2-1 所示。

表 2-1 New Web Project 对话框设置解析

选 项	描 述
Project Name	工程名称
Location	工程存放路径，如果取消 Use default location，则单击 Browse…按钮可重新设置工程存放路径
Source folder	在 src 路径下存放 Java 源文件和一些配置文件
Web root folder	该文件夹将包含网站内容，WEB - INF 和其所需的子文件夹。如果此字段为空或“/”，项目文件夹将作为网络的根文件夹
Context root URL	设置 MyEclipse 部署服务时使用的 Web 项目，上下文默认值是该项目的名称，用于 URL 访问应用的路径名称，用户可以自行定义
J2EE Specification Level	选择 J2EE 规范，根据程序功能要求和部署服务器支持进行选择
Maven	Maven 支持
Add JSTL libraries to WEB-INF/lib folder	增加和标准标签库的支持

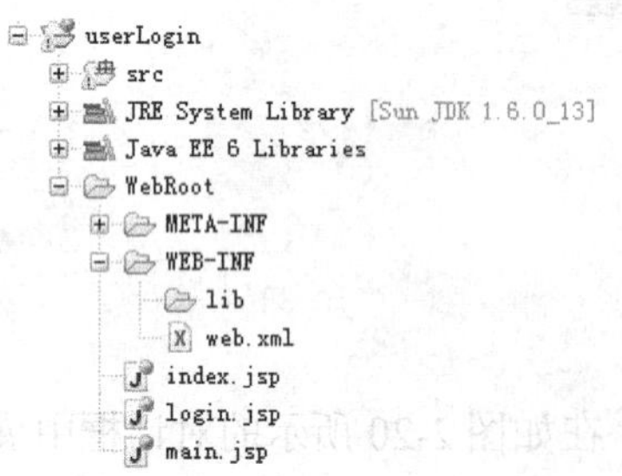

图 2-22 新建的 Web 工程 userLogin 结构

新建的 Web 工程 userLogin 结构如图 2-22 所示。

Web 项目的 src 目录下面的 Java 源代码编译后的类文件将会输出到 WebRoot/WEB-INF/classes 下面。WebRoot 目录则包含了发布后的 Web 项目的目录结构。

（1）WEB-INF/web.xml 文件，发布描述符（必选）

（2）WEB-INF/classes 目录，编译后的 Java 类文件（可选）

（3）WEB-INF/lib 目录，Java 类库文件（*.jar）（可选）

注意

只有一个项目是 MyEclipse Web 项目时才可以被发布到服务器上运行。

2.3.3 项目实现

1. 视图组件：login.jsp、main.jsp 文件

选中 WebRoot 文件夹，右键单击，在快捷菜单中选择 JSP（Advanced Templates），出现如图 2-23 所示的新建 JSP 对话框。

在 File Path 中可输入或选择 JSP 的存放路径，在 File Name 中修改 JSP 的文件名为 login.jsp，在 Template to use 后的下拉列表中选择默认的 JSP 模板。设置完成，单击 Finish 按钮即可完成 login.jsp 文件的创建。

注意

Template to use 右侧的模版下拉框中有很多 JSP 模版可以使用，如支持 JSF、Struts 等的模版，这样可以加快开发的速度。

JSP 页面有 Design 和 Preview 标签，分别可以对页面进行设计和静态内容的浏览。在 Design 视图右上角有个设计面板的图标，Show palette 面板可打开页面编辑器面板，如图 2-24 所示。

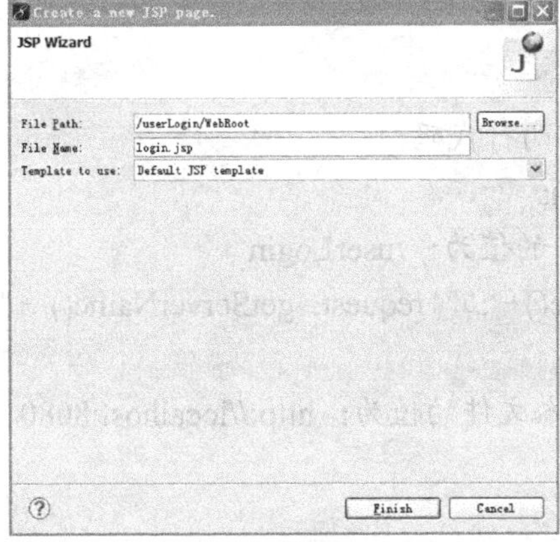

图 2-23 新建 JSP 对话框

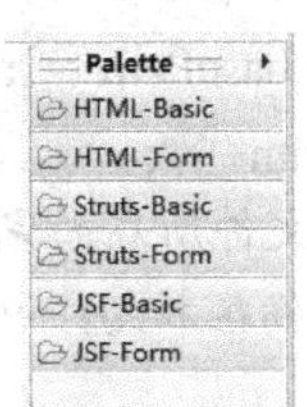

图 2-24 JSP 设计面板

利用该面板可进行基本的 JSP 页面设计，展开对应的标签项即可。利用 HTML-Basic、HTML-Form 和 HTML-Form 标签项中的设计按钮，设计如图 2-25 所示登录页面。

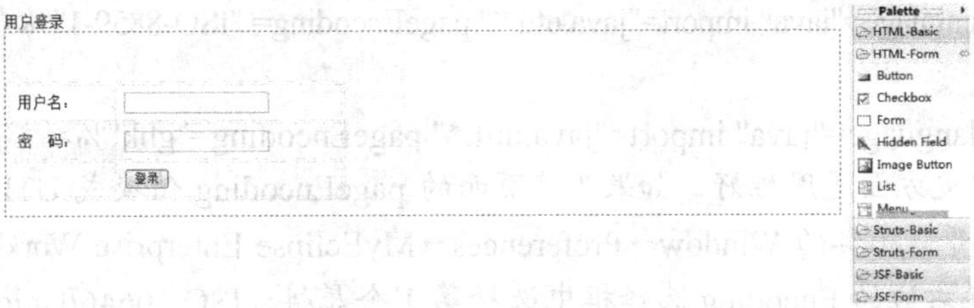

图 2-25 登录页面设计视图

对应的表单及控件的部分属性如表 2-2 所示，单击选中某个表单控件，在 MyEclipse 右下侧的 Properties 窗口中可进行设置，如图 2-26 所示。

表 2-2　登录表单属性设置

表单对象	属性值
form 表单	Action：/userLogin/servlet/Verify Method：get
用户名文本框	Name：name
密码文本框	Name:password
按钮	Value：登录 Type：Submit

图 2-26　登录按钮属性设置窗口

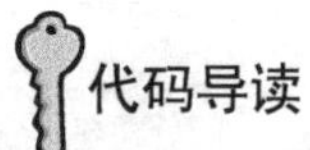

代码导读

在 MyEclipse 中新建的 JSP 文件中，有两行代码

① String path = request.getContextPath();

表示当前文件所在的相对路径，本文件的值为：/userLogin

② String basePath = request.getScheme()+"://"+request. getServerName() +":" +request.getServerPort()+path+"/";

表示当前文件所在的完成 URL 地址，本文件的值为：http://localhost:8080/ userLogin/

这两行代码在本文件中没有实质意义。

技巧

JSP 页面如果要正确地显示中文，需要将 page 指令的 pageEncoding 属性值修改为 UTF-8、GB2312 或 GBK，将代码

```
<%@ page language="java" import="java.util.*" pageEncoding= "ISO-8859-1"%>
```

修改为：

```
<%@ page language="java" import="java.util.*" pageEncoding="gbk"%>
```

UTF-8 在中文方面通用性好，如果要将页面的 pageEncoding 值换成 UTF-8，比较简单，找到 MyEclipse 开发工具的 Window→Preferences→MyEclipse Enterprise Workbench→Files and Editors→JSP，在右边的 Encoding 选择框中选择第 1 个属性：ISO 10646/Unicode(UTF-8)，它就是 UTF-8，如图 2-27 所示，在这个选择框中没有 GB2312 和 GBK。

上面改的是 JSP 页面的 pageEncoding 值，在 Files and Editors 下改 HTML 等页面的 pageEncoding 值也一样。

2. 模型组件：JavaBean 文件 Login.java

选中 userLogin→src 目录，右键单击，在弹出菜单中，选择 New→Folder，如图 2-28 所示，输入“com”，单击 Finish 按钮，即可完成包文件夹的创建。

右键单击 com 包图标，在弹出的快捷菜单中选择 New→Class，在弹出的对话框中输入 JavaBean 文件名：Login，对话框的设置可根据实际需要创建的 Class 文件进行输入。单击 Finish 按钮可完成创建，如图 2-29 所示。代码添加如下：

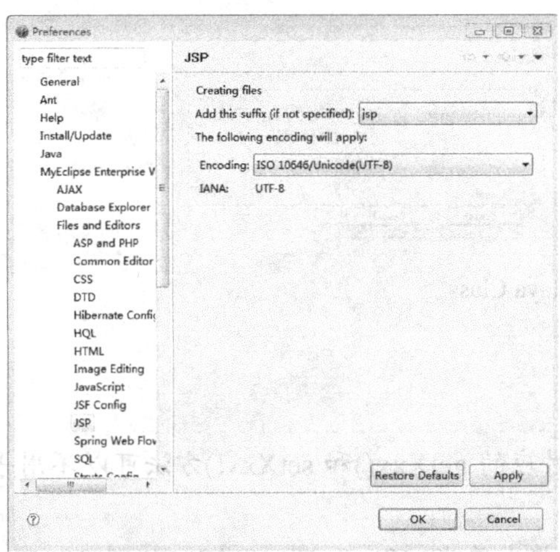

图 2-27 修改 JSP 页面属性

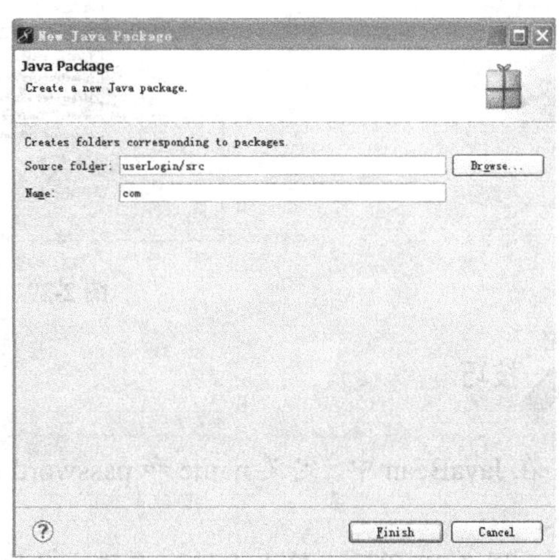

图 2-28 新建 New Folder

```
package com;

public class Login {
① private String name;
  private String password;
② public String getName() {
      return name;
  }
  public void setName(String name) {
      this.name = name;
  }
  public String getPassword() {
      return password;
  }
  public void setPassword(String password) {
      this.password = password;
  }
}
```

代码导读

① 定义成员变量，变量 name 和 password 分别和登录表单中的姓名和密码输入文本框的 name 属性保持一致。

② 定义 getName()用于获取变量 name 的值。

③ setName()方法用于对变量 name 进行设置。

图 2-29 新建 Java Class

技巧

在 JavaBean 中，定义 name 和 password 后，对应的 getXxx()和 setXxx()方法可以不用手工写入。

如图 2-30 所示，单击右键，在弹出的快捷菜单中单击“Source”→“Generate Getters and Setters”。

在弹出的对话框中的 Select getters and setters to create 设置区，选中 name 和 password 前的复选框，单击 OK 按钮，即可完成代码的完善。

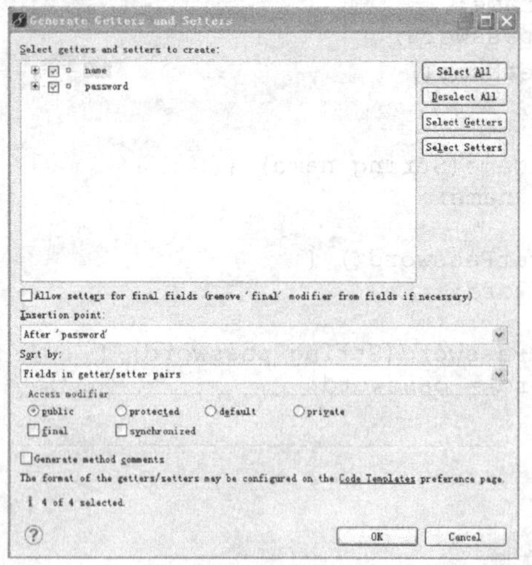

图 2-30 自动生成 getXxx 和 setXxx 的方法

3．控制组件：Servlet 文件 Verify.java

启动创建 Servlet 的对话框有多种方式，这里介绍两种：①选择菜单“File”→“New”

→“Servlet”；（2）选中 Package Explorer 视图的项目，单击右键，选择上下文菜单中的“New”→“Servlet”。这时将会弹出新建 Servlet 类的对话框，如图 2-31 所示。

在这个对话框中的 Package（包）框中输入“com”，在 Name（类名）中输入 Verify，然后单击 Next 按钮可以进一步设置映射文件，如图 2-32 所示。也可以单击 Finish 按钮直接完成这个创建向导，完成 Verify.java 的创建。

注意

本项目中登录表单的 Method 属性值为“get”,对应接收数据的 Servlet 须用 doGet()方法进行处理。

在如图 2-31 所示的对话框中，可以设置 Servlet 的父类（Superclass）及修饰符（Modifiers），可以添加接口（Interfaces），选择模板（Template to use）和一些选项（Options）。在 Options 中可以选择是否创建继承的方法（Inherited Methods），是否创建构造器（Constructors）、初始化和销毁方法（init and destory），以及 doGet、doPost、doPut、doDelete、getServletInfo 等方法。

单击 Next 按钮后，将会进入修改、设置 web.xml 的向导页面，如图 2-32 所示。在 Servlet/JSP Mapping URL 右侧输入框中输入新值进行修改，其实 Servlet 的后缀可以是任何形式的字符串，例如.do、.php 等。最后单击 Finish 按钮来完成创建 Servlet 的过程。

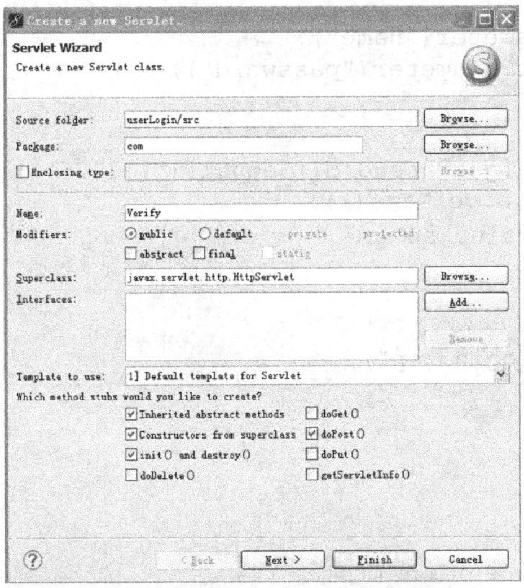

图 2-31 新建 Servlet——Servlet 向导

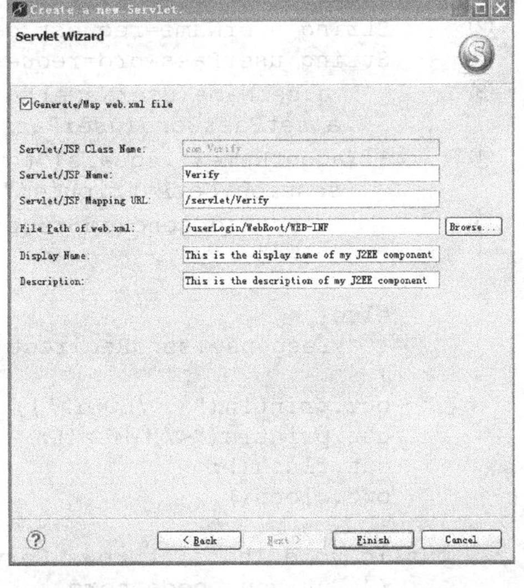

图 2-32 新建 Servlet——XML 配置向导

注意

Servlet 的映射路径一定要以/开始，或以*.do 的方式出现，而且不能输入/*.do。

Verify.java 的完整代码如下：

```
package com;

import java.io.IOException;
import java.io.PrintWriter;

import javax.servlet.ServletException;
```

```
import javax.servlet.http.HttpServlet;
import javax.servlet.http.HttpServletRequest;
import javax.servlet.http.HttpServletResponse;
import javax.servlet.http.HttpSession;

public class Verify extends HttpServlet {
    public Verify() {
        super();
    }

    public void destroy() {
        super.destroy(); // Just puts "destroy" string in log
        // Put your code here
    }

    public void doGet(HttpServletRequest request, HttpServletResponse
    response)
            throws ServletException, IOException {
①       response.setContentType("text/html;charset=GBK");
        PrintWriter out = response.getWriter();
        out.println("<!DOCTYPE HTML PUBLIC \"-//W3C//DTD HTML 4.01 Transitional
        // EN\">");
        out.println("<HTML>");
        out.println("  <HEAD><TITLE>A Servlet</TITLE></HEAD>");
        out.println("  <BODY>");
        HttpSession session=request.getSession();
        Login a=new Login();
②       String userName=request.getParameter("name");
        String userPassword=request.getParameter("password");
③           a.setName(userName);
           a.setPassword(userPassword);
④       if(a.getName().equals("tom")&&a.getPassword().equals("123456")){
            session.setAttribute("name",a.getName());
⑤           response.sendRedirect("../main.jsp");

        }
        else{
            response.sendRedirect("../login.jsp");
        }
        out.println("  </BODY>");
        out.println("</HTML>");
        out.flush();
        out.close();
    }
    public void init() throws ServletException {
        // Put your code here
    }

}
```

代码导读

① 要在 Servlet 中正确显示中文，须将原有设置修改为:

response.setContentType("text/html;charset=GBK");

② 调用 request 内置对象获取表单提交的数据。

③ 对象调用 setXxx()方法设置变量 xxx 的值。

④ 设置登录的用户名为“tom”，密码为“123456”，并与表单输入的值进行比较。
⑤ 内置对象 response 调用重定向方法，定位到 main.jsp 页面。

4. 配置文件：web.xml

在“/WebRoot/WEB-INF”路径下，自动生成 web.xml 文件，并将新创建的 Servlet 进行定义。可以看出 Verify.java 的访问路径在该文件中进行了定义。

这里修改项目默认首页为 login.jsp，代码如下：

```
<?xml version="1.0" encoding="UTF-8"?>

<web-app version="2.4"
   xmlns="http://java.sun.com/xml/ns/j2ee"
   xmlns:xsi="http://www.w3.org/2001/XMLSchema-instance"
   xsi:schemaLocation="http://java.sun.com/xml/ns/j2ee
   http://java.sun.com/xml/ns/j2ee/web-app_2_4.xsd">
  <servlet>
    <description>This is the description of my J2EE component</description>
    <display-name>This is the display name of my J2EE component</display-name>
    <servlet-name>Verify</servlet-name>
   <servlet-class>com.Verify</servlet-class>
  </servlet>

  <servlet-mapping>
    <servlet-name>Verify</servlet-name>
   <url-pattern>/servlet/Verify</url-pattern>
  </servlet-mapping>

  <welcome-file-list>
   <welcome-file>login.jsp</welcome-file>
  </welcome-file-list>
</web-app>
```

5. 登录用户名显示文件：main.jsp

main.jsp 文件的关键代码如下，该文件获取成功登录在 Session 中存储的用户名，并显示在页面上。

```
您好<%=session.getAttribute("name")%>，欢迎您的登录！
```

2.3.4 发布、运行工程

1. 发布

工程完成后，可通过单击主界面工具栏上的按钮发布工程，单击后弹出如图 2-33 所示的项目发布向导。在 Project 后的下拉列表中选取要发布的工程项目，单击 Add 按钮，在如图 2-33 所示的服务器发布向导中将项目发布到服务器。单击 Server 右侧的下拉框选择对应的服务器定义，选择 Deploy type 中的两个单选钮之一来指定发布类型。

（1）Exploded Archive：散包发布，开发模式，MyEclipse 会把所有的文件按照 Java EE 规定的目录结构放在服务器的发布目录下，MyEclipse 还会自动把修改过的文件，如 JSP 文件、类文件等复制过去，实现自动同步功能，这时，修改后的 JSP 页面不需要重新发布就能在浏览器里刷新后看到新的结果。

（2）Package Archive：打包发布，生产机模式。在把应用项目产品化的时候选择，它会把所有的文件按照 Java EE 规范打包成单个的 ZIP 文件（后缀可能是.EAR、.JAR、.WAR 等），然后放到服务器的发布目录下完成发布过程。在这种模式下，MyEclipse 不会自动更新 ZIP 文件里面的内容，也无法自动重新发布。

Deploy Location 则显示了最终项目文件被发布到的目标目录。单击 Finish 按钮就可以显示发布的进程并等待最终完成发布。发布结束后会在 Project Deployments 对话框里面显示此次发布的结果和状态，如图 2-34 所示，单击“Remove”按钮会删除这个发布，单击“Redeploy”按钮则会重新发布这个应用，单击“Browse”按钮则会在系统的文件浏览器中打开发布后的应用所在的目录。

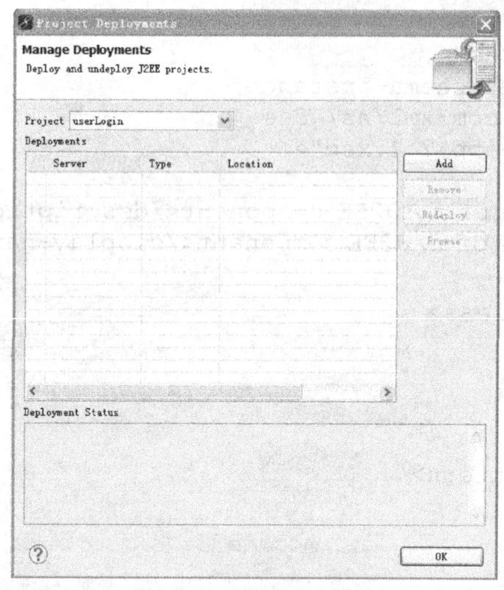

图 2-33　项目发布向导

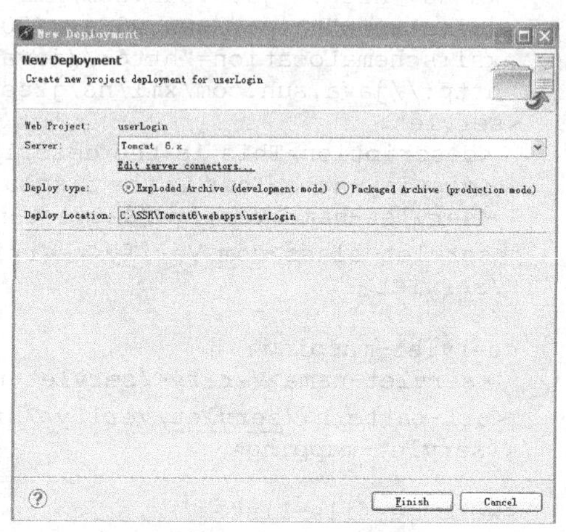

图 2-34　服务器发布向导

2. 运行

启动服务器，可单击视图工具栏上的按钮右侧的下拉图标，选择服务器及运行状态 Start，如图 2-35 所示。服务器启动之后，输出的日志会显示在 Console 视图中，以便于我们浏览和跟踪查看日志来判断服务器是否正常启动完毕，当出现如信息：Server startup in 7351 ms，表示 Tomcat 服务器启动成功。工程发布成功视图如图 2-36 所示。

在 MyEclipse 视图 Web Browser 窗口或 IE 地址栏输入 http://localhost:8080/userLogin/，可启动工程的登录页面视图，如图 2-18 所示。

输入用户名：tom，密码：123456，单击“登录”按钮，进入成功页面！

如果输入错误的用户名和密码，则仍然跳转到图 2-18 所示的登录页面。

3. 调试

MyEclipse 可以在项目中通过设置断点进行调试。注意：服务器一定要以调试模式启动。在源代码的隔条上双击鼠标可以切换是否在当前行设置断点（Break Point），断点以的形式显示，如图 2-37 所示。

运行本项目的 login.jsp，输入用户名和密码后，出现如图 2-38 所示的对话框，当调试器遇到断点时就会挂起当前线程并切换到调试透视图。单击“Yes”按钮，调试透视图将会显示 Debug 视图、Variables 视图、Breakpoints 视图和 Expressions 视图。我们的程序调试时如图 2-38 所示。

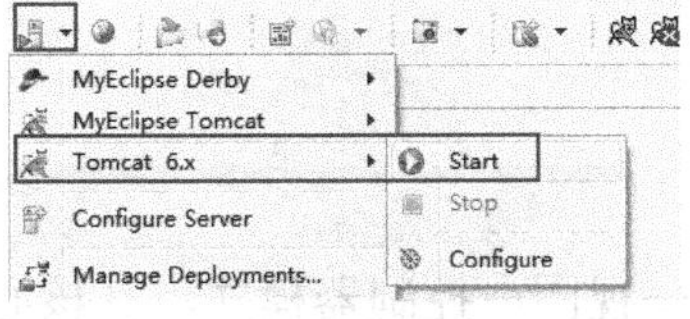

图 2-35 启动 Tomcat

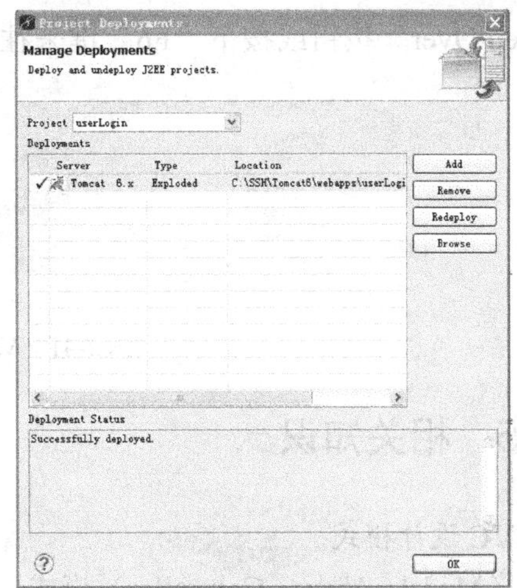

图 2-36 发布结果对话框

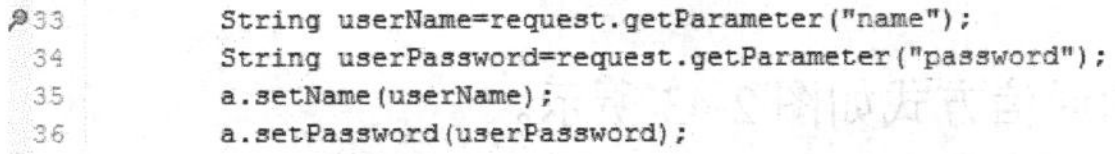

```
String userName=request.getParameter("name");
String userPassword=request.getParameter("password");
a.setName(userName);
a.setPassword(userPassword);
```

图 2-37 设置断点

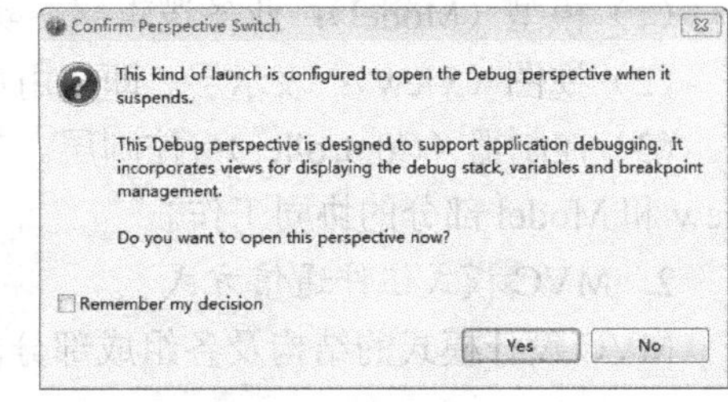

图 2-38 切换透视图对话框

Debug 视图中显示了当前所有运行中的线程及所执行的代码所在的位置，如图 2-39 所示。这时候编辑器中将会以绿色高亮行背景指示执行代码的位置，如图 2-40 所示。

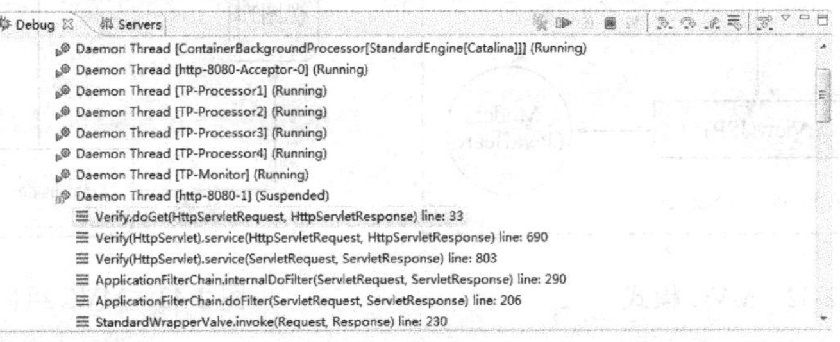

图 2-39 Debug 视图

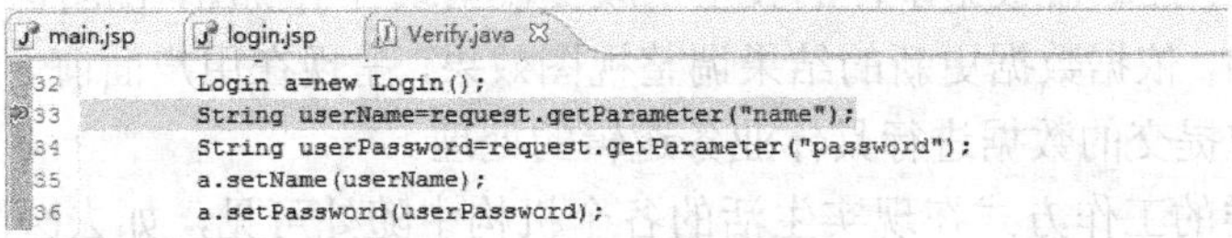

main.jsp　login.jsp　Verify.java

```
Login a=new Login();
String userName=request.getParameter("name");
String userPassword=request.getParameter("password");
a.setName(userName);
a.setPassword(userPassword);
```

图 2-40 调试时的代码指示器

而 Variables 视图则显示当前线程所执行到的方法或类中的局部、全局等变量的值，如图 2-41 所示。

这时候线程已经挂起，单击 Debug 视图的 “Resume” 按钮来继续往下执行，要重新挂起可以选择某个线程，然后单击 “Suspend” 按钮。要一行行地调试代码，可以单

击 “Step Over”按钮或按下“F6”键来往下执行。要终止调试，可以单击 按钮。

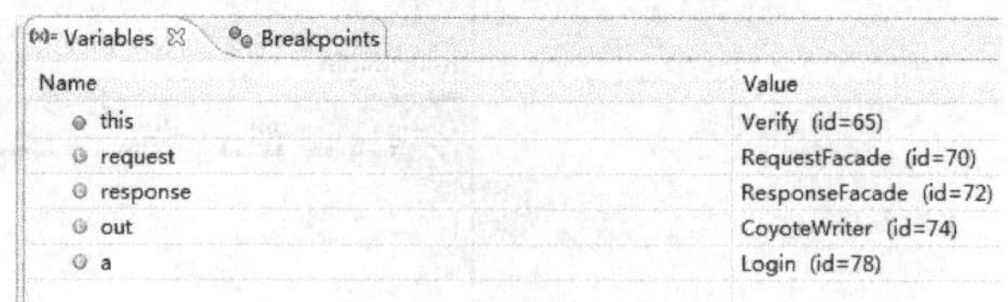

图 2-41 Variables 视图

2.3.5 相关知识

1. MVC 设计模式

MVC（Model—View—Controller）模式，即模型—视图—控制器模式，其核心思想是将整个程序代码分成相对独立并能协同工作的 3 个组成部分，如图 2-42 所示。

（1）模型（Model）：业务逻辑层。实现具体的业务逻辑、状态管理的功能。

（2）视图（View）：表示层。即与用户实现交互的界面，通常实现数据的输入和输出功能。

（3）控制器（Controller）：控制层。起到控制整个业务流程（Flow Control）的作用，实现 View 和 Model 部分的协同工作。

2. MVC 模式组件通信方式

MVC 设计模式的结构及各组成部分间的通信方式如图 2-43 所示。

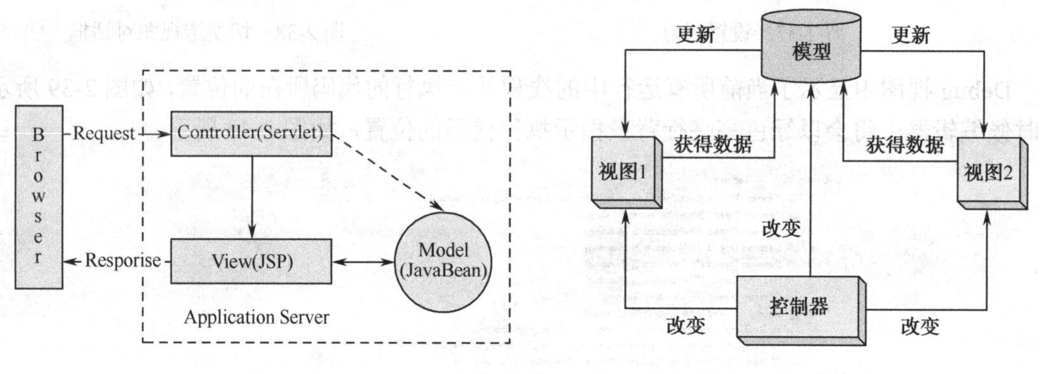

图 2-42 MVC 模式

图 2-43 MVC 组件间通信方式

在 MVC 设计模式中，事件一般是指客户端 Web 浏览器提交的各种不同请求，这些请求由控制器进行处理，控制器根据事件的类型来改变模型或各个视图，视图也可以接受模型发出的数据更新的通知，依据数据更新的结果调整视图效果，呈现在用户面前。而模型也可以通过视图所获得的用户提交的数据进行具体业务逻辑的处理。

实际上，这样的工作方式在现实生活的各个机构中随处可见，如去医院某科室（视图）就诊时，分诊台（控制器）将会根据患者的不同病情安排不同的专家（模型）进行诊治，而专家将会根据患者的不同病情开具不同的处方、化验单等（视图）。

显然，这样的运行机制可以起到分工明确、职责清晰、各尽所长的效果。而在软件开发过程中，这样的方式无疑可以有效地区分不同的开发者，尽可能减少彼此间的互相影响。充分发挥每个开发者的特长。这在大型复杂的 Web 项目中体现得尤为突出。MVC 设计模式可以针对需要为同样的数据提供不同视图的应用程序，如公司产品数据库中同样的产品信息数据，但需要根据用户的不同需求在页面中显示其所需的不同产品信息。

2.3.6 Web 工程解析

Web 工程的结构如图 2-44 所示，按照 J2EE 规范的规定，一个典型的 Web 应用程序有四个部分：

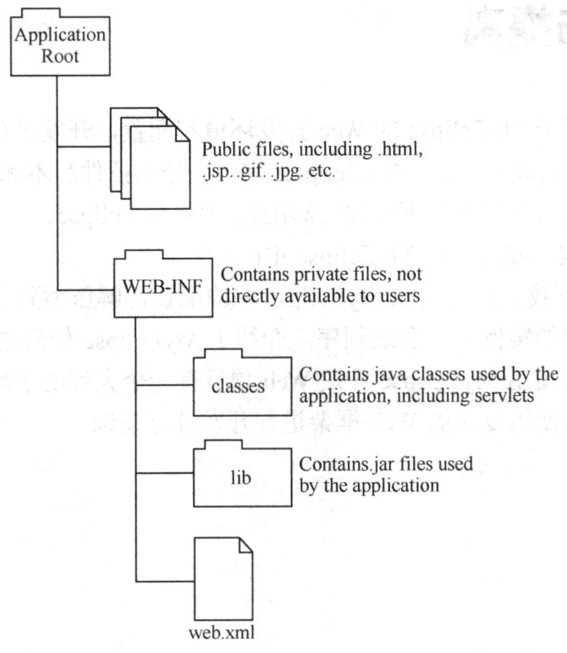

图 2-44 Web 工程结构图

（1）公开目录。

（2）WEB-INF/web.xml 文件，发布描述符（必选）。

（3）WEB-INF/classes 目录，编译后的 Java 类文件（可选）。

（4）WEB-INF/lib 目录，Java 类库文件（*.jar）（可选）。

公开目录存放所有可以被用户访问的资源，包括.html、.jsp、.gif、.jpg、.css、.js 和.swf 等。

WEB-INF 目录是一个专用区域，容器不能把此目录中的内容提供给用户。这个目录下的文件只供容器使用，里面包含不应该由客户直接下载的资源，如 Servlet，是在服务器方运行或使用的资源（如 Java 类文件和供 servlet 使用的 JAR 文件），Web 容器要求在你的应用程序中必须有 WEB-INF 目录。WEB-INF 中包含着发布描述符，一个 classes 目录和一个 lib 目录，以及其他内容。

发布描述符（deployment descriptors）是 J2EE Web 应用程序不可分割的一部分（也就是说是它的最小部分，必不可缺的一部分）。它们在应用程序发布之后帮助管理 Web 应用程序的配置。对于 Web 容器而言，发布描述符是一个名为 web.xml 的 XML 文件，存储在 Web 应用程序的/WEB-INF 目录下。

classes 目录用于存储编译过的 servlet 及其他程序类，如 JavaBean。如果一个程序有打包的 JAR 文件（如一个第三方 API 打包成了一个 JAR 文件，如 Struts 框架的类库 struts.jar 和 MySQL 的数据库 JDBC 驱动程序文件 mysql-connector-java-3.1.11-bin.jar 等），那么它们可以被复制到 lib 目录中（如果解压缩这些压缩包的话，请将它们复制到 classes 目录中）。

Web 容器使用这两个目录来查找 servlet 及其他相关类，容器的类装入器会自动查看 classes 目录及 lib 目录下的 JAR 文件。不需要明确地把这些类和 JAR 文件添加到 CLASSPATH 中，Web 容器会自动将这两个目录中的文件加入 Web 应用的类路径中。

2.4 总结与提高

本章首先介绍了基于 MyEclipse 的 Web 开发环境和配置，开发平台的安装分为 3 步。

1．MyEclipse 7 的安装和配置，MyEclipse 的安装分为插件版本和 ALL in ONE 版本，其中 ALL in ONE 版本无需自己另外下载安装和配置 JDK 和 Eclipse。

2．JDK 6.0 的下载、安装及在 MyEclipse 中的配置。

3．Tomcat 6.0 的下载、安装及在 MyEclipse 中的配置，解压缩到磁盘目录即可使用。

本章通过一个典型的实例——登录程序，介绍了 MyEclipse 如何进行开发、发布、运行、调试 Web 应用，对如何使用 MyEclipse 开发 Web 项目有一个大致的了解。本章还介绍了 MVC 设计模式的思想，并为使用复杂的 Web 框架进行开发打好基础。

第 3 章

Struts 2 开发入门

本章首先通过实例介绍 Struts 2 框架的基本开发环境配置，掌握 Struts 2 的核心组件开发及基本流程，通过本章的学习可以掌握以下内容：

1. 掌握 Struts 2 的开发环境配置。
2. 掌握 Struts 2 项目的基本组成。
3. 掌握 Struts 2 的开发流程。
4. 基本掌握 Struts 2 框架核心。

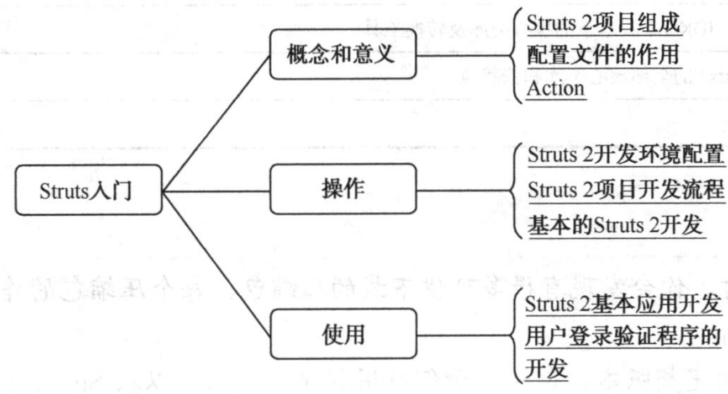

3.1 从 Hello 开始学习 Struts 2

实现一个 Struts 2 的 Hello 程序， 我们需要做三件事。

（1）创建一个显示信息的 JSP 文件；

（2）创建一个生成信息的 Action 类；

（3）建立 JSP 页面和 Action 的 mapping（映射）。

为完成这项任务在项目实现中需要从以下几个方面着手。

（1）创建配置文件：web.xml、struts.xml；

（2）创建 Action；

（3）创建视图文件，如 JSP 等。

下面我们一步步来完成 Hello 程序。

3.1.1 Struts 2 工程创建

运行 MyEclipse 开发平台，选择菜单【File】|【New】，选择 Web Project，或从【File】|【New】|【Other】|【MyEclipse】|【Java Enterprise Projects】中选择 Web Project，单击“Next”按钮，在对话框中填写工程名为“Hello”，完成工程创建。

1. 下载 Struts 2 压缩包

要使用 Struts 2，首先要从 Apache Software Foundation 的网站上下载 Struts 2 的开发包。Struts 2 的下载地址为：http://struts.apache.org/download.cgi

本书选择的是 Struts 2.0.14 版本的压缩包。下载 Struts 2 的完整版 Full Distribution，对其解压缩，可以看到 Struts 2 的目录下有 5 个子目录，分别为：apps、docs、j4、lib 和 src，各子目录说明如表 3-1 所示。其中的内容分别对应了 Struts 2 下载中的 5 个下载选项：Example Applications、Documentation、Alternative Java 4 JARs、Essential Dependencies Only 和 Source。详细解析见下面的“注意”说明。

表 3-1 Struts 2 解压缩后目录说明

apps	包含了四个 war 包形式的示例应用，附带有源码，读者可以发布到 Tomcat 下，也可阅读源码学习
docs	包含了 javadoc 和在线文档的离线版本，可以双击 index.html 开始阅读，单击页面上的链接即可依次浏览全部内容，包括 AJAX 文件上传等
j4	包括了用于 JDK 1.4 版本下的核心类库及转换工具
lib	包括了 Struts2 的全部核心类库和依赖包
src	源代码目录

注意

下载 Struts 2 时，你会发现有很多可供下载的压缩包，每个压缩包的作用如下：

Full Distribution

这是 Struts 2 的完整版本，包含了示例应用程序、文档，以及 Struts 2 的源代码。笔者下载的就是该选项下的压缩包，建议读者也下载这个压缩包。

Example Applications

这是 Struts 2 的示例应用程序，通过 Struts 2 文档和该示例程序的学习，是快速掌握 Struts 2 的一条捷径，不过 Struts 2 提供的某些示例程序有一些问题，读者在学习时要注意甄别。这个选项下的压缩包的内容已经包含在 Struts 2 的完整版中。

Blank Application only

这是一个空的示例程序，给出了 Struts 2 程序的基本结构，读者可以在这个示例程序的基础上进行应用的开发。这个示例程序已经包含在“Example Applications”中。

Essential Dependencies Only

该选项下的压缩包中只提供 Struts 2 的核心类库及它所依赖的类库。该压缩包的内容已经包含在 Struts 2 的完整版中。

Documentation

Struts 2 的相关文档，包含指南、向导，以及 Struts 2 的 API 文档。该压缩包的内容已经包含在 Struts 2 的完整版中。

Source

Struts 2 的源代码，通过研读 Struts 2 的源代码，可以更好地理解 Struts 2 的结构和运行机制。该压缩包的内容已经包含在 Struts 2 的完整版中。

Alternative Java 4 JARs

可选的 JDK 1.4 支持 JAR 包。该压缩包的内容已经包含在 Struts 2 的完整版中。

开发最经常用到的是 lib 文件夹下面的一些.jar 文件，一般 Struts 项目必需的.jar 文件是：

- commons-logging-1.0.4.jar
- freemarker-2.3.8.jar
- ognl-2.6.11.jar
- struts2-core-2.0.14.jar
- xwork-2.0.7.jar

基于 Struts 2 的 Web 应用程序所需要的最少类库如表 3-2 所示。

表 3-2 基于 Struts 2 的 Web 应用程序所必需的类库

struts2-core-2.0.11.jar	Struts2 的核心包
xwork-2.0.4.jar	XWork 2 库，Struts2 核心包作为底层库存在
ognl-2.6.11.jar	对象图导航语言（Object Graph Navigation Language，OGNL），类似于 EL 表达式的一种用于访问对象的表达式语言
freemarker-2.3.8.jar	Struts2 所有的 UI 标记的模板均使用 freemarker 编写，可通过修改或重写模板使 struts2 的 UI 标记按用户的需要进行显示
commons-logging-1.0.4.jar	Apache 的 Commons Loggin 包，封装了通用的日志接口，可自动调用 Log4J 或 JDK 1.4 或更高版本的 util.logging 日志包

2. 手工在 MyEclipse 中添加 Struts 2

有以下两种方式可完成在 Web 工程中 Struts 2 的安装：

（1）按“Ctrl+A”组合键全选这些 Struts 2 需要的 jar 文件，复制，再转到 MyEclipse 窗口，在 Project Explorer 子窗口中选中 Hello\WebRoot\WEB-INF\lib，然后粘贴。即可完成 Struts 2 的安装。

（2）选中工程 Hello，右击，选择“Build Path→Configure Build Path…”，进行配置构建路径，如图 3-1 所示。单击 Add External JARs…按钮，选择 jar 文件，这里选择前面提到的 5 个必需的 jar 文件即可，如图 3-2 所示。

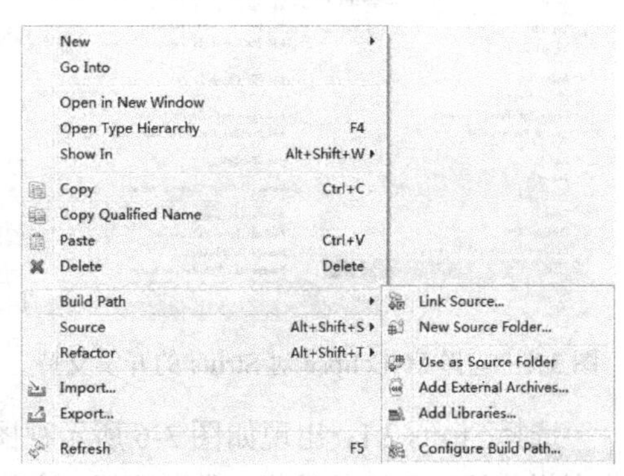

图 3-1 构建路径的选择

完成后，在工程 Hello 的包资源管理器视图下的目录如图 3-3 所示，之后就可进行 Struts 2 项目的基本开发了。

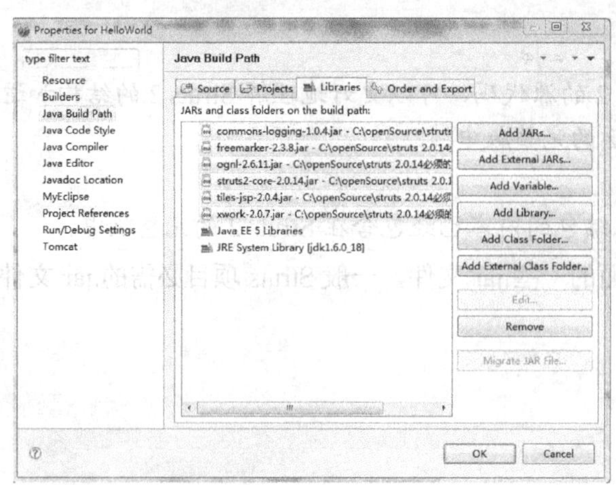

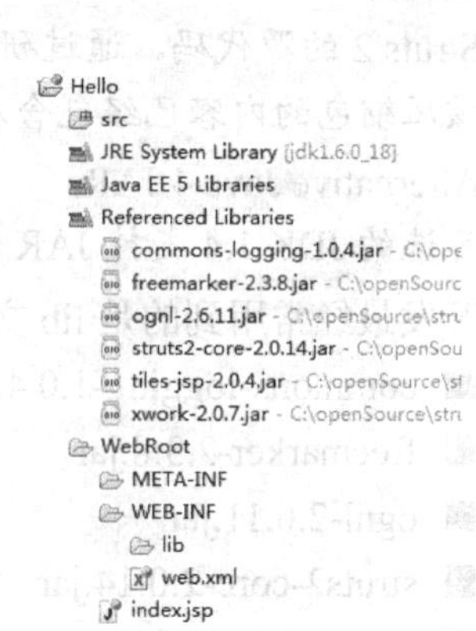

图 3-2　配置构建路径　　　　　　图 3-3　包资源管理器视图下的目录

3. MyEclipse 对 Struts 2 的开发支持

选中工程 Hello，单击鼠标右键，执行“MyEclipse→Add Struts Capabilities”菜单命令，如图 3-4 所示。

如图 3-5 所示，可以看到 MyEclipse 提供了 Struts 不同版本的开发支持，默认的版本为 1.2，本书的所有案例选取 2.1 版本，如图 3-5 所示。

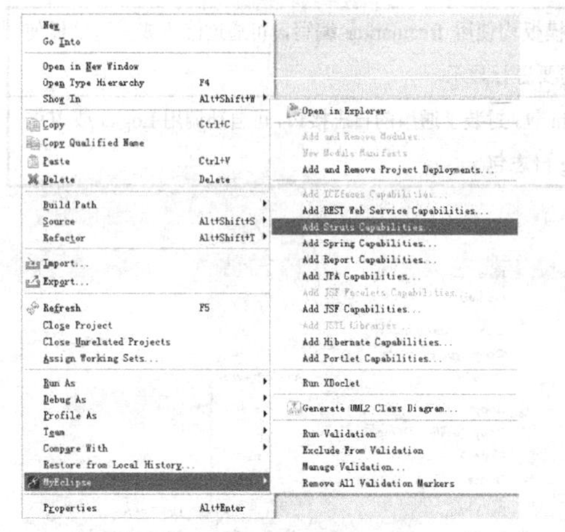

图 3-4　选择 MyEclipse 对 Struts 的开发支持

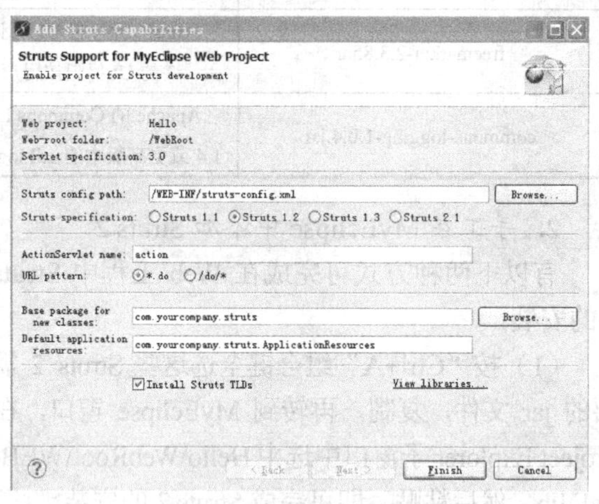

图 3-5　MyEclipse 对 Struts 的不同版本开发支持

选择 Struts 2.1，出现如图 3-6 所示视图，URL pattern 有三种不同模式：*.action、*.do、/*，分别拦截处理不同的请求，我们选择/*这种方式。/*已经代表拦截所有的请求，所以加不加*.do 都可以，处理 Action 的请求在 struts.xml 中，所以要处理.do 必须配置 struts.xml 中<constant name="struts.action.extension" value="do"/>。

单击“Next”按钮，进入 Struts 2 Libraries 添加，本工程采用默认选项，单击“Finish”按钮，即可完成 Struts 2 的项目开发支持。如图 3-7 所示。

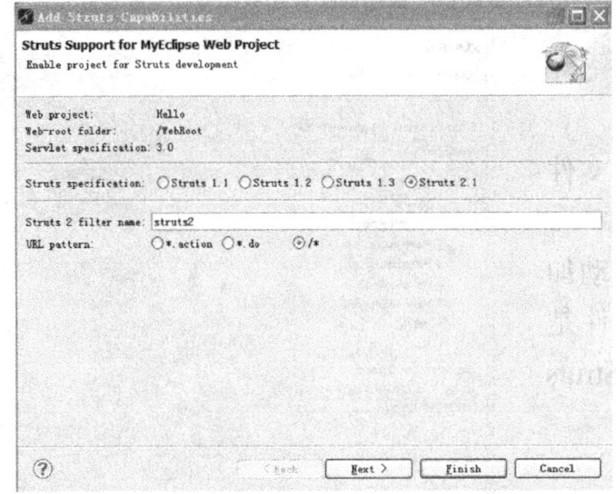

图 3-6 选择 Struts 2.1

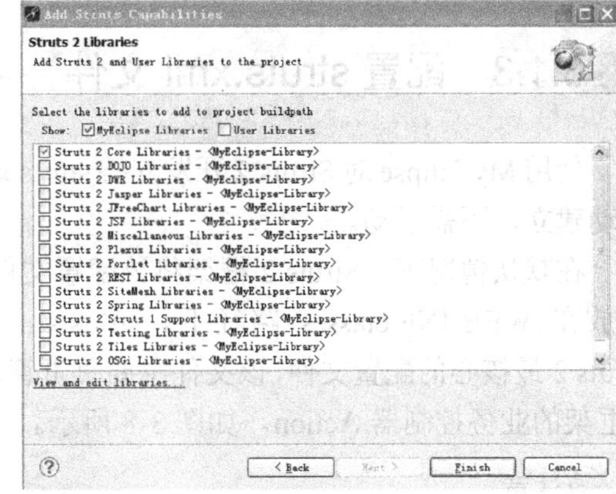

图 3-7 添加 Libraries

3.1.2 配置 web.xml 文件

web.xml 是所有 Web 应用不可或缺的配置文件，是在 Web 应用中加载有关 Servlet 信息的重要配置文件，起着初始化 Servlet、Filter 等 Web 程序的作用。web.xml 文件中至少要包含两部分内容：定义<filter>的节点和定义<filter>所映射 URL 模式，还可以定义一个项目默认访问的首页。

本工程的 web.xml 配置文件定义如下：

```
<?xml version="1.0" encoding="UTF-8"?>
<web-app version="3.0"
   xmlns="http://java.sun.com/xml/ns/javaee"
   xmlns:xsi="http://www.w3.org/2001/XMLSchema-instance"
   xsi:schemaLocation="http://java.sun.com/xml/ns/javaee
   http://java.sun.com/xml/ns/javaee/web-app_3_0.xsd">
  <display-name></display-name>
  ①<welcome-file-list>
   <welcome-file>index.jsp</welcome-file>
  </welcome-file-list>
  ②<filter>
   <filter-name>struts2</filter-name>
   <filter-class>
org.apache.struts2.dispatcher.ng.filter.StrutsPrepareAndExecuteFilter
   </filter-class>
  </filter>
  ③<filter-mapping>
   <filter-name>struts2</filter-name>
   <url-pattern>/*</url-pattern>
  </filter-mapping></web-app>
```

代码导读

① 配置项目对应的默认的首页。

② 部署 filter 的名称及对应的类。

③ 配置 filter 对应的 URL 样式。

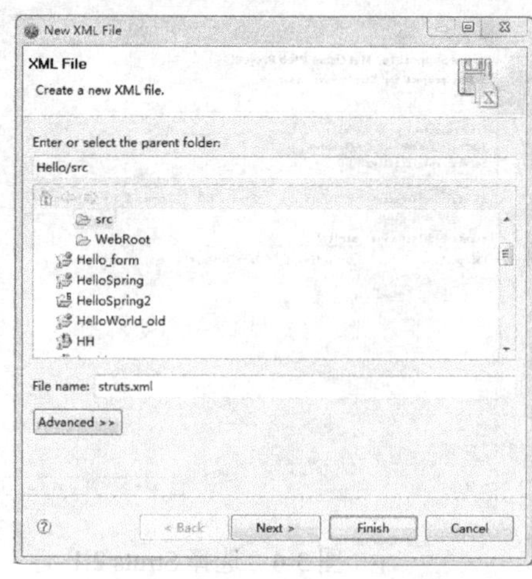

图 3-8　新建 struts.xml 文件

3.1.3　配置 struts.xml 文件

使用 MyFelipse 对 Struts 2 开发支持 sturts.xml 文件自动建立，不需手动。

在默认情况下，Struts 2 框架将该配置文件自动加载放在 WEB-INF/classes 路径下。struts.xml 文件是 Struts 2 最核心的配置文件，该文件主要负责管理 Struts 2 框架的业务控制器 Action。如图 3-8 所示。

注意

手工建立 struts.xml 的方式：选中 Hello 工程的 src 子目录，右击选择新建 xml 文件，如图 3-8 所示，在“File name”中输入 sturts.xml，单击“Finish”按钮。

编辑本工程的 struts.xml 文件代码如下：

```
<?xml version="1.0" encoding="UTF-8"?>
<!DOCTYPE struts PUBLIC "-//Apache Software Foundation//DTD Struts
Configuration 2.1//EN"
    "http://struts.apache.org/dtds/struts-2.1.dtd">
<struts>
  ① <package name="default" extends="struts-default">
  ②     <action name="Hello" class="tutorial.Hello">
  ③         <result>/Hello.jsp</result>
      </action>
       <!-- Add your actions here -->
    </package>
</struts>
```

代码导读

① 在包中导入 Struts 自带的配置文件 struts-default.xml。

② 配置 Action，name 定义为 action 名称，class 定义对应的类的路径。

③ 根据返回字符串类型，跳转到 hello.jsp 页面，result 名称和 Action 中返回的值相同。

在 struts.xml 配置中，配置的 Hello Action 在页面上会提交数据给 Action，然后根据给定的 Action 名字 Hello，在 struts.xml 文件中查找到 Action 对应的类 Hello.java，对相应的类进行处理。

3.1.4　创建 Action 类 Hello.java

选中“src”右击，选择“New→Package”，在“Name”中输入“tutorial”，此为包名，如图 3-9 所示。

选中新建的包 tutorial 并右击，选择“New→Class”，在“Name”中输入“Hello”，如图 3-10 所示。

在对应创建的“Hello.java”文件中，修改为下面的代码：

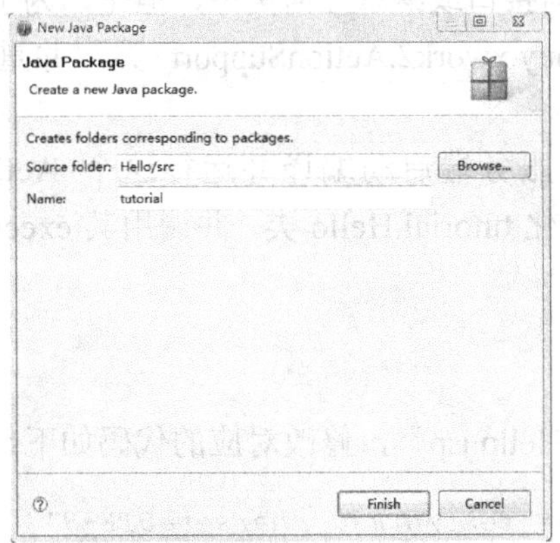

图 3-9 新建包

图 3-10 新建类

```
package tutorial;

import com.opensymphony.xwork2.ActionSupport;

public class Hello extends ActionSupport{
    public static final String MESSAGE = "Hello ,Struts is running ...";
    public String execute() throws Exception{
    setMessage(MESSAGE);
    return SUCCESS;
    }
    private String message;
    public void setMessage(String message){
    this.message = message;
    }
    public String getMessage(){
    return message;
    }
}
```

从代码中发现，Hello.java 中 Action 方法（execute）返回是 SUCCESS，这个属性变量并没有定义。SUCCESS 在接口 com.opensymphony.xwork2.Action 中定义，同时定义的还有 ERROR、INPUT、LOGIN、NONE 等。

此外，在 struts.xml 中配置 Action 时都没有为 result 定义名字，所以它们默认都为 SUCCESS。值得一提的是 Struts 2.0 中的 result 不仅仅是 Struts 1.x 中 forward 的别名，它可以实现除 forward 外的功能，如将 Action 输出到 FreeMaker 模板、Velocity 模板、JasperReports 和使用 XSL 转换等。这些都是通过 result 里的 type（类型）属性（Attribute）定义的。另外，您还可以自定义 result 类型。

Action 是 Struts 的核心内容，Struts 2 与 Struts 1.x 的 Action 模型有很大的区别，两者的比较如表 3-3 所示。

表 3-3 Struts 2 与 Struts1.x 的 Action 模型比较

	Struts 1.x	Struts 2
接口	必须继承 org.apache.struts.action.Action 或其子类	无需继承任何类型或实现任何接口
表单数据	表单数据封装在 FormBean 中	表单数据包含在 Action 中，通过 Getter 和 Setter 获得

虽然理论上 Struts 2 的 Action 无需实现任何接口或继承任何类型，但是，为了方便实现 Action，大多情况下都会继承 com.opensymphony.xwork2.ActionSupport 类，并重载此类的 execute()方法。

当浏览器向服务端请求 Hello.action 时，服务端启动编译并运行这个 Action，根据 struts.xml 里的 Action 映射集（Mapping），实例化 tutorial.Hello 类，并调用其 execute()方法。

3.1.5 新建视图文件 Hello.jsp

选中“WebRoot”并右击，新建 JSP 文件“Hello.jsp”，修改对应的代码如下：

```
<%@ page language="java" contentType="text/html; charset=UTF-8"
   pageEncoding="UTF-8"%>
①<%@ taglib prefix="s" uri="/struts-tags" %>
<!DOCTYPE html PUBLIC "-//W3C//DTD HTML 4.01 Transitional//EN" "http://www.
w3.org/ TR/ html4/loose.dtd">
<html>
<head>
<meta http-equiv="Content-Type" content="text/html; charset=UTF-8">
<title>Hello</title>
</head>
<body>
②<h2><s:property value="message" /></h2>
</body>
</html>
```

代码导读

① 表明前缀 s 和 Struts 2 标签路径 uri 之间建立映射关系，前缀 s 就是表明所有用到 Struts 2 标签的地方都要加上前缀 s。

② property 标签包含了一个 value 属性值，通过设定 values 的值，标签就可从 Action 中获得相应表达式的内容，即通过上面 Action 中定义的 getMessage()函数来完成。

3.1.6 发布运行

工程代码完成后，发布工程，重新启动 Tomcat 服务器，在浏览器中输入：http://localhost:8080/Hello/Hello.action，将看到 Web 页面显示如图 3-11 所示。工程总体分析如下。

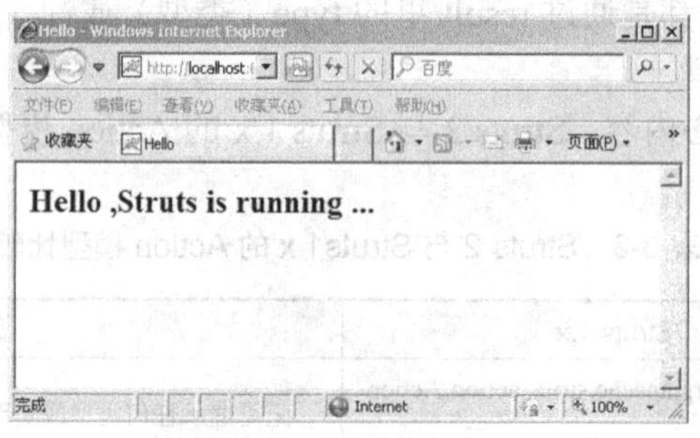

图 3-11 Hello 程序运行页面

（1）struts 2 容器收到 Hello.action 请求，从 web.xml 获取设置，org.apache.struts2. dispatcher. FilterDispatcher 是所有应用（包括*.action）的入口点。

（2）struts 2 在 struts.xml 中找到 Hello 类（Action），并调用它的 execute 方法。

（3）execute 方法给 message 变量赋值，并返回 SUCCESS，struts 2 收到 SUCCESS 标志，按照映射关系，将 Hello.jsp 返回客户端。

（4）当 Hello.jsp 开始运行时，<s:property value="message" />会调用 Hello 类 getMessage 方法，把结果显示在页面上。

3.2 带有表单的 Hello 程序

1. 新建工程

新建 Web Project——“Hello_form”，添加 Struts 2 开发支持（Add Struts Capabilities）。

2. 配置 web.xml 文件

链接

web.xml 代码如“3.1.2 配置 web.xml 文件”，不再赘述，下同。

3. 配置 struts.xml 文件

新建 struts.xml 文件，并进行如下配置。

```
<?xml version="1.0" encoding="UTF-8"?>
<!DOCTYPE struts PUBLIC "-//Apache Software Foundation//DTD Struts
Configuration 2.1//EN"
"http://struts.apache.org/dtds/struts-2.1.dtd">
<struts>
    <package name="tutorial" extends="struts-default">
        <action name="HelloForm" class="tutorial.HelloForm">
            <result>welcome.jsp</result>
       </action>
        <!-- Add your actions here -->
    </package>
</struts>
```

4. 新建 HelloForm.java 文件

```
package tutorial;
import com.opensymphony.xwork2.ActionSupport;
public class HelloForm extends ActionSupport{
   private String name;
   public String getName()  {
      return name;
   }

   public void setName(String name)  {
      this.name = name;
   }

   public String execute()  {
      name = "Hello, " + name + "!";
      return SUCCESS;
   }
}
```

5. 新建 hello.jsp

```
<%@ page language="java" import="java.util.*" pageEncoding="ISO-8859-1"%>
<%@ taglib prefix="s" uri="/struts-tags" %>
<!DOCTYPE html PUBLIC "-//W3C//DTD HTML 4.01 Transitional//EN" "http://www.
w3.org/ TR/html4/loose.dtd">
<html>
<head>
<meta http-equiv="Content-Type" content="text/html; charset=ISO-8859-1">
<title>submit Form</title>
</head>
<body>
 <h3>Say "Hello" to: </h3>
 <s:form action="HelloForm">
    Name: <s:textfield name="name" />
    <s:submit />
 </s:form>
</body>
</html>
```

6. 新建 welcome.jsp

```
<%@ page language="java" import="java.util.*" pageEncoding="ISO-8859-1"%>
<%@ taglib prefix="s" uri="/struts-tags" %>
<!DOCTYPE html PUBLIC "-//W3C//DTD HTML 4.01 Transitional//EN" "http://www.
w3.org/ TR/html4/loose.dtd">
<html>
<head>
<meta http-equiv="Content-Type" content="text/html; charset=ISO-8859-1">
<title>Hello Form</title>
</head>
<body>
<h2><s:property value="name" /></h2>
</body>
</html>
```

7. 发布、运行

发布后，输入地址：http://localhost:8088/Hello._form/，在如图 3-12 所示页面的文本框中输入“fxc”，注意运行页面此处服务器的端口号为 8088，这要灵活运用。

结果如图 3-13 所示。

图 3-12 Hello 程序运行页面

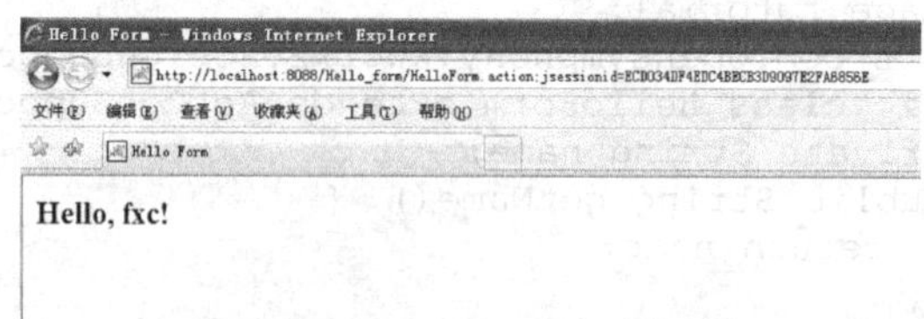

图 3-13 Hello 程序运行结果

技巧——Struts2 表单中文乱码问题的解决办法

如果在表单中输入中文，程序运行结果会出现乱码，如何解决这个问题呢？

1. Struts 默认的编码是 UTF-8，也就是 struts.i18n.encoding=UTF-8。

解决方法：在 struts.xml 的标签内，添加下面语句。

<constant name="struts.i18n.encodeing" value="GBK"/>

例如如下代码：

```
<?xml version="1.0" encoding="UTF-8"?>
<!DOCTYPE struts PUBLIC "-//Apache Software Foundation//DTD Struts Configuration
2.1//EN"
"http://struts.apache.org/dtds/struts-2.1.dtd">
<struts>
    <constant name="struts.i18n.encodeing" value="GBK"/>
    <package name="tutorial" extends="struts-default">
        <action name="Login" class="tutorial.Login">
            <result>/result.jsp</result>
        </action>
    </package>
    </struts>
```

2. 将对应 JSP、JavaBean 的编码统一为“UTF-8”。

完成上述两个步骤，则可实现本例的中文输入正确显示。

3.3 Struts 2 框架核心（用户登录验证）

本节以用户登录验证程序为例，阐述 Struts 2 框架的核心技术。

3.3.1 添加过滤器和配置文件

新建 Web 工程 UserLogin，添加 Struts 2 开发支持（Add Struts Capabilities）。具体实施参见 3.1.1。接下来还需要做两件事情：添加过滤器和默认配置文件。

1. 配置 web.xml 文件

代码同前面案例，此处不再重复。

web.xml 是 SUN Servlet 规范的标准配置文件，所有 Java 的 Web 开发项目都要配置这个文件。通常，所有的 MVC 框架都需要 Web 应用加载一个核心控制器，对于 Struts 2 框架而言，因为 Struts 2 将核心控制器设计成 Filter，而不是一个普通 Servlet，需要加载 FilterDispatcher，只要 Web 应用负责加载 FilterDispatcher，web.xml 在项目中先配置一个 FilterDispatcher，拦截.jsp、.vm 的请求，然后寻求相应的 Action 去执行，FilterDispatcher 将会加载应用的 Struts 2 框架。

Struts 2 中 web.xml 的基本配置是：

① 如何加载 FilterDispatcher 过滤器。

② 如何使用 FilterDispatcher 过滤器拦截 URL。

配置 FilterDispatcher 的代码片段如下：

```
<!-- 配置 Struts 2 框架的核心 Filter -->
<filter>
<!-- 配置 Struts 2 核心 Filter 的名字 -->
<filter-name>struts</filter-name>
```

```
<!-- 配置Struts 2核心Filter的实现类 -->
<filter-class>org.apache.struts2.dispatcher.FilterDispatcher
</filter-class>
<init-param>
<!-- 配置Struts 2框架默认加载的Action包结构 -->
<param-name>actionPackages</param-name>
<param-value>org.apache.struts2.showcase.person</param-value>
</init-param>
<!-- 配置Struts 2框架的配置提供者类 -->
<init-param>
<param-name>configProviders </param-name>
<param-value>lee.MyConfigurationProvider</param-value>
</init-param>
</filter>
<!-- 配置Filter拦截的URL -->
<filter-mapping>
<!-- 配置Struts 2的核心FilterDispatcher拦截所有用户请求 -->
<filter-name>struts</filter-name>
<url-pattern>/*</url-pattern>
</filter-mapping>
```

技术细节

① web.xml 里加载的是 Struts 2 的 FilterDispatcher 类。<filter-name>是定义的过滤器名字，<class>是 Struts 2 里的 FilterDispatcher 类。

② 定义好过滤器，还需要在 web.xml 里指明该过滤器是如何拦截 URL 的。<url-pattern>/*</url-pattern>中的“/*”是个通配符，它表明该过滤器是拦截所有的 HTTP 请求。在默认条件下，也可以把<url-pattern>/*</url-pattern>修改为<url-pattern>*.action </url-pattern>。

③ 本节中的代码是最基本的 web.xml 配置 Struts 2 的内容。其实还有<init-param>等设置过滤器初始化参数的配置内容。

从配置文件可以看出，web.xml 指定容器在捕获到 Web 请求之后将其转交给 Struts 2，Struts 2 又是如何来处理这些请求的呢？这就需要 Struts 2 的配置文件 struts.xml 了。

2. 配置 struts.xml 文件

在 Struts 1.x 开发中，需要在 WebRoot/WEB-INF/目录下创建配置文件 struts-config.xml，而 Struts 2 的开发需要的配置文件是 struts.xml，在工程的 src 目录下创建，当工程发布后，这个文件会被复制到 WEB-INF/classes 下。struts.xml 文件是整个 Struts 2 框架的核心，定义了 Struts 2 的系列 Action，定义 Action 时，指定了 Action 的实现类，并定义该 Action 处理结果与视图资源之间的映射关系。

struts.xml 文件的模板及对应说明如下：

```
<struts>
    <!-- include节点是struts2中组件化的方式，可以将每个功能模块独立到一个xml配置
    文件中 然后用include节点引用 -->
    <include file="struts-default.xml"></include>
        <!-- package提供了将多个Action组织为一个模块的方式
         package的名字必须是唯一的，package可以扩展 当一个package扩展自另一个
         package 时该 package 会在本身配置的基础上加入扩展的 package 的配置，父
         package必须在子package前配置
```

```
        name: package 名称
        extends:继承的父 package 名称
        abstract:设置 package 的属性为抽象的，抽象的 package 不能定义 action 值
         true:false
        namespace:定义 package 命名空间 该命名空间影响到 url 的地址，例如此命名空间
       为/test 那么访问时的地址为 http://localhost:8080/struts2/test/XX.action
    -->
    <package name="com.kay.struts2" extends="struts-default" namespace
    ="/test">
        <interceptors>
            <!-- 定义拦截器
                name:拦截器名称
                class:拦截器类路径
             -->
           <interceptor name="timer" class="com.kay.timer"></interceptor>
           <interceptor name="logger" class="com.kay.logger"></interceptor>
            <!-- 定义拦截器栈 -->
            <interceptor-stack name="mystack">
                <interceptor-ref name="timer"></interceptor-ref>
                <interceptor-ref name="logger"></interceptor-ref>
            </interceptor-stack>
        </interceptors>

        <!-- 定义默认的拦截器 每个 Action 都会自动引用
          如果 Action 中引用了其他的拦截器默认的拦截器将无效 -->
       <default-interceptor-ref name="mystack"></default-interceptor-ref>

        <!-- 全局 results 配置 -->
        <global-results>
            <result name="input">/error.jsp</result>
        </global-results>

        <!-- Action 配置 一个 Action 可以被多次映射(只要 action 配置中的 name 不同)
              name: action 名称
              class: 对应的类的路径
              method: 调用 Action 中的方法名
        -->
        <action name="hello" class="com.kay.struts2.Action.LoginAction">
            <!-- 引用拦截器
                name:拦截器名称或拦截器栈名称
             -->
            <interceptor-ref name="timer"></interceptor-ref>

            <!-- 节点配置
                name : result 名称，和 Action 中返回的值相同
               type:result类型,不写则选用superpackage的type struts-default.xml
               中的默认为dispatcher
             -->
         <result name="success" type="dispatcher">/talk.jsp</result>
         <!-- 参数设置
              name: 对应 Action 中的 get/set 方法
         -->
         <param name="url">http://www.sina.com</param>
        </action>
    </package>
</struts>
```

配置文件中出现了 package，它类似于 Java 中的对象，其实就是可以将 Action 分类，划分到不同的 package 中，更主要的是这些包之间可以互相继承，包括拦截器、Action 映射等都可以继承。

举个例子，如果我们写了个通用的登录定义，那么另一个 Action 就可以继承它。在这里可以看到 extends="struts-default"，这是个继承，那么继承的这个包定义在哪里呢？打开文件 WEB-INF/lib/struts2-core-2.0.14.jar，文件包根目录下有个 struts-default.xml 文件里面定义了一个包：<package name="struts-default" abstract="true">，它为我们的应用程序提供了大量的默认配置，Strus 2 解析配置文件的时候，会自动从类路径的根目录下依次先加载 struts-default.xml 里面的包定义，再解析我们自己编写的 struts.xml。

注意

struts.xml 的 package 和 Java 中的 package 相比，除了可以包含多个文件之外，没有其他类似点，因为 Java 中的包是不可继承的。

另外，Struts 2 还支持多个配置文件的定义方式，这在实际开发中，便于程序员分开维护，如将用户管理相关的模块写入 user.xml。这个文件的内容和上面的默认 struts.xml 的格式是一样的，包括头定义。这个文件同样也放在 src 目录的根下面，或放在 src 下的某个子目录中。最后，我们只需要对它使用 include 指令加入到默认的 struts.xml 文件里面即可。下面是一个 struts.xml 的示例：

```
<?xml version="1.0" encoding="UTF-8" ?>
<!DOCTYPE struts PUBLIC
"-//Apache Software Foundation//DTD Struts Configuration 2.0//EN"
"http://struts.apache.org/dtds/struts-2.0.dtd">
<struts>
    <include file="user.xml"/>
    <include file="/util/POJO.xml"/>
<package name="default" extends="struts-default" namespace="/a" >
<!-- 在这里添加 Action 定义 -->
</package>
</struts>
```

当然，在这种情况下，开发人员无需在主配置文件中加入任何 package 定义。这也是 Struts 2 的一个特点，配置文件大小可进行分割。

本项目中的 struts.xml 中加入一个 Action 定义，如下面代码清单中粗斜体部分所示：

```
<?xml version="1.0" encoding="UTF-8"?>
<!DOCTYPE struts PUBLIC "-//Apache Software Foundation//DTD Struts
Configuration 2.1//EN"
  "http://struts.apache.org/dtds/struts-2.1.dtd">
    <struts>
        <constant name="struts.i18n.encodeing" value="GBK"/>
        <package name="tutorial" extends="struts-default">
    <action name="Login" class="tutorial.Login">
                <result name="success">result.jsp</result>
                <result name="input">login.jsp</result>
            <result name="error">login.jsp</result>
        </action>
     </package>
    </struts>
```

可以看到Action的名字（name）为Login，它的类（class）是tutorial.Login，同时它还有一个结果页面显示：HelloWorld.jsp。

技术细节

Package配置

Struts 2框架使用包来管理Action和拦截器等。每个包就是多个Action、拦截器、拦截器引用的集合。使用Package可以将逻辑上相关的一组Action、Result、Intercepter等组件分为一组。Package可以继承其他的Package，也可以被其他Package继承，甚至可以定义抽象的Package。定义Package元素时可以指定如下几个属性。

① name：必填，指定包的名字，该名字是该包被其他包引用的key。

② extends：可选，指定该包继承其他包，可以继承其他包中的Action定义、拦截器定义等。

③ namespace：可选，定义该包的命名空间。

④ abstract：可选，指定该包是否是一个抽象包，抽象包不能包含Action定义。

3.3.2 创建Action

1. Action简介

在MVC开发模式中，控制器负责浏览器与服务器的通信，实现用户与服务器之间的交互。在Struts 2框架中，实现这一功能的就是Action。Struts 2中Action充当着一个关键的角色。它解决了如何把JSP页面上的数据根据实际开发项目中具体的业务逻辑来进行处理的问题。Action是Struts 2框架最核心的部分，负责存储数据和状态，是用户请求和业务逻辑之间的桥梁，每个Action充当客户的一项业务代理。

Structs 2中的Action是一个POJO（Plain Old Java Objects，简单的Java对象，实际上就是普通JavaBean），不需要继承任何类。类中定义了私有的属性，以及为属性设置的set及get方法（注：get方法如果不需要也可以不设）。下面是一个Action中的代码：

```
public class Tt {
    private String username;
    private String userpwd;
    public void setUsername(String username) {
        this.username = username;
    }

    public void setUserpwd(String userpwd) {
        this.userpwd = userpwd;
    }
}
```

注意

set方法名即setUsername（）或setUserpwd（）一定要与页面输入域的名字相同，属性名与输入域中的名字没有对应关系。所以页面中的代码必须为：

```
<input type="text" name="username" />
<input type="text" name="userpwd" />
```

赋值时，先根据页面中请求域中的名字，去寻找对应的set方法，在方法中能为那个私有属性赋上值即可。为了理解上的方便，建议属性的名字与页面输入域同名。

从而看出，Struts 2中的Action已经不再需要struts1.x中的FormBean来封装数据了。

2. Action配置

配置Action就是让Struts 2容器知道该Action的存在，并且能调用该Action来处理用户请求。因此，我们认为：Action是Struts 2的基本“程序单位”。即在Struts 2框架中，每一个Action是一个工作单元。

Action负责将一个请求对应到一个Action处理上去，每当一个Action类匹配一个请求的时候，这个Action类就会被Struts 2框架调用。Action只是一个控制器，它并不直接对浏览者产生任何响应，因此，处理完用户请求后，Action需要将指定的视图资源呈现给用户。因此，配置Action时，应该配置逻辑视图和物理视图资源之间的映射。

Struts 2使用包来组织Action，因此，对Action的定义是放在包定义下完成的，定义Action通过使用package下的action子元素来完成。至少需要指定该Action的name属性，该name属性既是该Action的名字，也是该Action需要处理的URL的前半部分。除此之外，通常还需要为action元素指定一个class属性，其中class属性指定了该Action的实现类。例如下面的例子：

```
<package name="tutorial" extends="struts-default">
    <action name="Login" class="tutorial.Login">
        <result name="input">/login.jsp</result>
        <result name="error">/error.jsp</result>
        <result name="success">/welcome.jsp</result>
    </action>
</package>
```

每一个Action可以配置多个result、ExceptionHandler和Intercepter，但是只能有一个name，这个name和package的namespace来唯一区别一个Action。

每当Struts 2框架接收到一个请求的时候，它会去掉Host、Application和后缀等信息，得到Action的名字。

在一个Struts 2应用程序中，一个指向Action的链接通常由Struts Tag产生，这个Tag只需要指定Action的名字，Struts框架会自动添加如后缀等的扩展，例如：

```
<s:form action="Hello">
   <s:textfield label="Please enter your name" name="name"/>
   <s:submit/>
</s:form>
```

将产生一个如下的链接请求:

http://Hostname:post/appname/Hello.action

定义Action的名字的时候不要使用“.”和“/”来命名，最好使用英文字母和下画线。

3. 返回类型

Struts 2的Action的方法返回的是一个String，你可以自己定义这个String，Struts 2会在配置文件中找到这个 String，根据这个 String 跳转到相应的页面。在 com.opensymphony.xwork2 接口中定义了 5 个字符串类型的静态变量，作为返回结果字符串，定义如下：

```
package com.opensymphony.xwork2;
public interface Action {
    //action 执行失败，要向用户显示失败页面，返回 ERROR 常量
    public final static String ERROR;
    //action 的执行需要用户输入更多信息，要向用户显示输入页面，返回 INPUT 常量
    public final static String INPUT;
    //由于用户没有登录，action 不能执行，要向用户显示登录页面，返回 LOGIN 常量
    public final static String LOGIN;
    //action 执行成功，但不需要向用户显示结果页面，使用 NONE 常量
    public final static String NONE;
    //action 执行成功，要向用户显示成功页面，返回 SUCCESS 常量
    public final static String SUCCESS;
    //the logic of the action is implemented
    public String execute() throws Exception;
}
```

 注意

对于返回类型的含义并没有强制性要求，但是出于对代码可读性和可维护性的考虑，建议按照返回类型的字面含义去进行配置，如 Action 正确执行可返回 SUCCESS，出错则返回 ERROR，需要返回到输入页面则返回 INPUT。

4. execute()方法

Action 的 execute()方法是调用模型的业务方法，完成用户请求，然后根据执行结果把请求转发给其他合适的 Web 组件。Struts 2 中所有的 Action 都要实现 execute()方法，用户的业务逻辑就是在该方法中处理，然后通过返回类型回到对应的视图。

实现 execute()方法有两种方式：

① 实现 com.opensymphony.xwork2.action 接口。

例如：

```
import com.opensymphony.xwork2.Action;
public class Login implements Action {
```

这样的实现方法比较适合简单的 Action，没有给开发者提供任何额外的功能。

② 从 com.opensymphony.xwork2.ActionSupport 基类派生。

例如：

```
import com.opensymphony.xwork2.ActionSupport;
public class Login extends ActionSupport {
```

如果用户的业务逻辑不是足够简单的话，应该选择这种方法。ActionSupport 提供了近 30 个成员函数，涵盖了国际化、校验、出错处理等各个方面来处理用户的业务逻辑，可以使用框架所带来的种种便捷。

5. 创建 Action 类 Login.java

在工程的 src 目录下，建立包 tutorial，在包内新建 Java 类文件 Login.java，其主要完成的功能是：

■ 处理 Form 表单数据。

■ 使用 Execute 方法处理业务逻辑。

■ 返回类型值。

```
package tutorial;
import com.opensymphony.xwork2.ActionSupport;
//从 com.opensymphony.xwork2.ActionSupport 基本派生子类定义
public class Login extends ActionSupport {
   //用户名属性
   private String name;
   //密码属性
   private String password;
   //用户登录信息属性
   private String message;
   //获取用户名值
   public String getName() {
       return name;
   }
   //设置用户名值
   public void setName(String name) {
       this.name = name;
   }
   //获取密码值
   public String getPassword() {
       return password;
   }
   //设置密码值
   public void setPassword(String password) {
       this.password = password;
   }
   //设置登录信息
   public String getMessage() {
       return message;
   }
   //验证用户名密码，并返回返回类型
  public String execute(){
       if("fxc".equals(name)&&"123456".equals(password)){
           message="Welconme,"+name;
           return SUCCESS;
       }else{
           if("".equals(name)&&"".equals(password)){

               return INPUT;
           }else
           message="Invalid user or password";
           return ERROR;
       }


   }
}
```

建立的 Action，可以看到继承自 com.opensymphony.xwork2.ActionSupport 这个类，而我们自己定义的业务方法，则是写在方法 public String execute() throws Exception 中，验证用户名和密码并根据验证结果设置 Action 类自身的属性 message 的值。这个方法的返回值为常量 SUCCESS，其实取值就是字符串的“success”。那么这个 success 应该跑到哪里去呢？所以接下来我们还需要在配置文件中指明这个类该如何访问，以及最后结果的显示页面路径。

3.3.3 创建视图文件

视图（View）组件主要负责为浏览器客户端提供动态页面的显示，是模型的外在表现形式，在MVC设计模式中，用户是通过视图来了解模型状态的，同一个模型可以对应着多个不同的视图。Struts的视图组件主要表现为JSP页面、用户标记库等。

1. Struts 2标签

为了提供对JSP视图的支持，Struts 2提供了一系列的标签，这些标签源包括近40个UI标签和15个非 UI标签。解压缩struts2-core-2.0.14.jar文件，在struts2-core-2.0.14\ META-INF目录下可以找到taglib.tld配置文件，该文件是Struts 2.0.14的所有标签的配置文件，打开该文件，在首部可以看到以下声明：

```
<tlib-version>2.2.3</tlib-version>
```

这说明Struts 2.0.14并没有对它所集成的WebWork以前版本的JSP标签做改进，还是原来的标签库。

Struts 1.x与Struts 2.0标签库（Tag Library）的比较如表3-4所示。

表3-4 Struts 1.x与Struts 2.0标签库的比较

	Struts 1.x	Struts 2.0
分类	将标签库按功能分成HTML、Tiles、Logic和Bean等几部分	严格上来说，没有分类，所有标签都在URI为"/struts-tags"的命名空间下，不过，我们可以从功能上将其分为两大类：非UI标志和UI标志
表达式语言（expression languages）	不支持嵌入语言（EL）	OGNL、JSTL、Groovy和Velcity

在JSP中使用标签，需要两个步骤。

（1）在web.xml中增加标签库的定义。

在web.xml中增加下面一段配置信息：

```
    <taglib>
       <!-- 定义标签库的URI -->
       <taglib-uri>/Struts 2-tags</taglib-uri>
       <!-- 指明当前标签库的位置 -->
       <taglib-location>/WEB-INF/lib/struts2-core-2.0.14.jar
</taglib-location>
    </taglib>
```

注意

本书实例中不需要对web.xml进行设置，就可以直接使用Struts 2的标签，因为我们使用的是Tomcat 6.0服务器、Servlet 2.4规范，以及JSP 2.0的版本规范，只需要在使用标签的JSP页面中使用taglib标签。

（2）在 JSP 页面中使用 taglib 编译命令导入标签库。

在 JSP 文件的开头使用 taglib 标签导入标签库，具体代码如下：

```
<%@ taglib prefix="s" uri="/struts-tags"%>
```

这个指令规定了使用标签必须要添加“s”这样的前缀，那么就可以在 JSP 文件的任何地方使用 Struts 2 的标签了，例如：

```
<s:property value="message" />
```

对 Struts 2 标签简要说明如下。

```
A:
<s:a xhref=""></s:a>-----超链接，类似于 html 里的<a></a>
<s:action name=""></s:action>-----执行一个 View 里面的一个 Action
<s:actionerror/>-----如果 Action 的 errors 有值，那么显示出来
<s:actionmessage/>-----如果 Action 的 message 有值，那么显示出来
<s:append></s:append>-----添加一个值到 list，类似于 list.add();
<s:autocompleter></s:autocompleter>（新版本后淘汰了该标签）-----自动完成
<s:combobox>标签的内容，这个是 ajax
B:
<s:bean name=""></s:bean>-----类似于 struts1.x 中的 JavaBean 的值
C:
<s:checkbox></s:checkbox>-----复选框
<s:checkboxlist list=""></s:checkboxlist>-----多选框
<s:combobox list=""></s:combobox>-----下拉框
<s:component></s:component>-----图像符号
D:
<s:date/>-----获取日期格式
<s:datetimepicker></s:datetimepicker>-----日期输入框
<s:debug></s:debug>-----显示调试信息
<s:div></s:div>-----异步的更新 div 中的内容
<s:doubleselect list="" doubleName="" doubleList=""></s:doubleselect> -----
输出关联的两个 HTML 列表框，产生联动效果 E:
<s:if test=""></s:if>
<s:elseif test=""></s:elseif>
<s:else></s:else>-----这 3 个标签一起使用，表示条件判断
F:
<s:fielderror></s:fielderror>-----显示文件错误信息
<s:file></s:file>-----文件上传
<s:form action=""></s:form>-----获取相应 form 的值
G:
<s:generator separator="" val=""></s:generator>----和<s:iterator>标签一起使用
H:
<s:head/>-----在<head></head>里使用，表示头文件结束
<s:hidden></s:hidden>-----隐藏值
I:
<s:i18n name=""></s:i18n>-----加载资源包到值堆栈
<s:include value=""></s:include>-----包含一个输出、servlet 或 jsp 页面
<s:inputtransferselect list=""></s:inputtransferselect>-----获取 form 的一个
输入
<s:iterator></s:iterator>-----用于遍历集合
```

```
L:
<s:label></s:label>-----只读的标签
M:
<s:merge></s:merge>-----合并遍历集合出来的值
O:
<s:optgroup></s:optgroup>-----获取标签组
<s:optiontransferselect doubleList="" list="" doubleName=""></s:option
transferselect>-----左右选择框
P:
<s:param></s:param>-----为其他标签提供参数
<s:password></s:password>-----密码输入框
<s:property/>-----得到'value'的属性
<s:push value=""></s:push>-----value 的值 push 到栈中,从而使 property 标签能够获
取 value 的属性

R:
<s:radio list=""></s:radio>-----单选按钮
<s:reset></s:reset>-----重置按钮
S:
<s:select list=""></s:select>-----单选框
<s:set name=""></s:set>-----赋予变量一个特定范围内的值
<s:sort comparator=""></s:sort>-----通过属性给 list 分类
<s:submit></s:submit>-----提交按钮
<s:subset></s:subset>-----为遍历集合输出子集
T:
<s:tabbedPanel id=""></s:tabbedPanel>-----表格框
<s:table></s:table>-----（新版本后淘汰了该标签）表格
<s:text name=""></s:text>-----I18n 文本信息
<s:textarea></s:textarea>-----文本域输入框
<s:textfield></s:textfield>-----文本输入框
<s:token></s:token>-----拦截器
<s:tree></s:tree>-----树
<s:treenode label=""></s:treenode>-----树的结构
U:
<s:updownselect list=""></s:updownselect>-----多选择框
<s:url></s:url>-----创建 URL
```

2. 用户登录及结果视图文件

新建用户登录页面 login.jsp，该页面提供用户名和密码的登录视图，当用户输入用户名和密码后，输入值通过 form 表单的 Action 属性 Login，如图 3-14 所示。

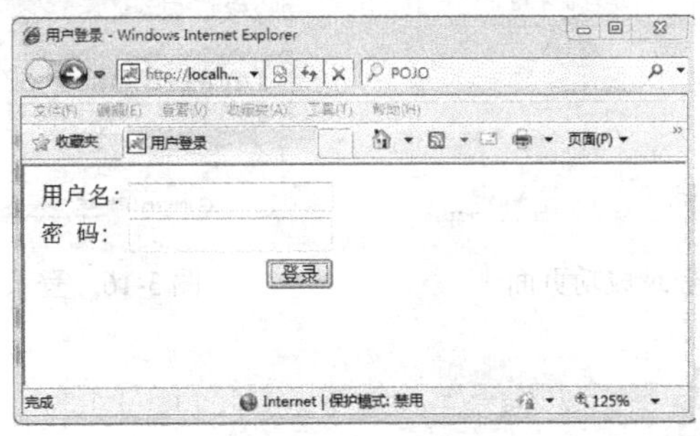

图 3-14 用户登录页面

代码如下：

```
<%@ page language="java" import="java.util.*" pageEncoding="UTF-8"%>
<%@ taglib prefix="s" uri="/struts-tags"%>
<!DOCTYPE html PUBLIC "-//W3C//DTD HTML 4.01 Transitional//EN" "http://www.w3.
org/ TR/html4/loose.dtd">
<html>
<head>
<meta http-equiv="Content-Type" content="text/html; charset=ISO-8859-1">
<title>用户登录</title>
</head>
<body>
<s:form action="Login" method="post">
   <s:textfield name="name" label="用户名"/>
   <s:password name="password" label="密码"/>
   <s:submit value="登录"/>
</s:form>
</body>
</html>
```

在登录页面输入用户名和密码后，登录验证显示页面为 result.jsp，该页面获取登录验证信息变量 message 并利用 Struts 2 标签进行显示，代码如下：

```
<%@ page language="java" import="java.util.*" pageEncoding="UTF-8"%>
<%@ taglib prefix="s" uri="/struts-tags"%>
<!DOCTYPE html PUBLIC "-//W3C//DTD HTML 4.01 Transitional//EN" "http://www.
w3.org/ TR/html4/loose.dtd">
<html>
<head>
<meta http-equiv="Content-Type" content="text/html; charset=ISO-8859-1">
<title>欢迎您</title>
</head>
<body>
<h2><s:property value ="message"/></h2>
</body>
</html>
```

至此，用户登录验证程序开发完成，发布工程并重启 Tomcat 服务器，在浏览器中输入：http://localhost:8080/UserLogin/，显示登录页面，输入用户名“fxc”，密码“123456”，则显示页面如图 3-15 所示，否则错误页面如图 3-16 所示。

图 3-15　登录成功页面

图 3-16　登录失败页面

3.3.4　用户注册

本节内容主要是对上述知识的强化，通过注册功能的实现，进一步熟练掌握 Struts 2 的开发流程和核心功能。

首先设计注册页面 regist.jsp，代码如下：

```
<%@ page language="java" import="java.util.*" pageEncoding="UTF-8"%>
<%@ taglib prefix="s" uri="/struts-tags"%>
<!DOCTYPE html PUBLIC "-//W3C//DTD HTML 4.01 Transitional//EN" "http://www.
w3.org/ TR/html4/loose.dtd">
<html>
<head>
<meta http-equiv="Content-Type" content="text/html; charset=ISO-8859-1">
<title>用户登录</title>
</head>
<body>
<s:form action="Regist" method="post">
    <s:textfield name="userName" label="用户名"/>
    <s:password name="userPassword" label="密码"/>
     <s:submit value="登录"/>
</s:form>
</body>
</html>
```

在 struts.xml 中添加 Action 的配置，核心代码如下：

```
<action name="Regist" class="tutorial.Regist">
    <result name="success">user.jsp</result>
    <result name="input">regist.jsp</result>
</action>
```

新建 Action 注册类 Regist.java，代码如下：

```
package tutorial;
import com.opensymphony.xwork2.ActionSupport;
public class Regist extends ActionSupport{
   private String userName;
   private String userPassword;
   //private String info;
   public String getUserName() {
       return userName;
   }
   public void setUserName(String userName) {
       this.userName = userName;
   }
   public String getUserPassword() {
       return userPassword;
   }
   public void setUserPassword(String userPassword) {
       this.userPassword = userPassword;
   }
   public String execute()  {
         if(userName==null||"".equals(userName)||(userPassword==null||
         ("".equals(userPassword)))){
              return INPUT;
          }
          return SUCCESS;
   }
}
```

当用户输入新注册的用户名和密码后，在 user.jsp 页面中显示注册信息，如图 3-17 所示，否则返回注册页面。user.jsp 的代码如下：

```
<%@ page language="java" import="java.util.*" pageEncoding="UTF-8"%>
<%@ taglib prefix="s" uri="/struts-tags"%>
<!DOCTYPE html PUBLIC "-//W3C//DTD HTML 4.01 Transitional//EN" "http://
www.w3.org/TR/html4/loose.dtd">
<html>
<head>
<meta http-equiv="Content-Type" content="text/html; charset=ISO-8859-1">
<title>注册结果</title>
</head>
<body>
<h2>
您输入的用户名是：<s:property value ="userName"/><br>
您输入的用户名是：<s:property value ="userPassword"/>
</h2>
</body>
</html>
```

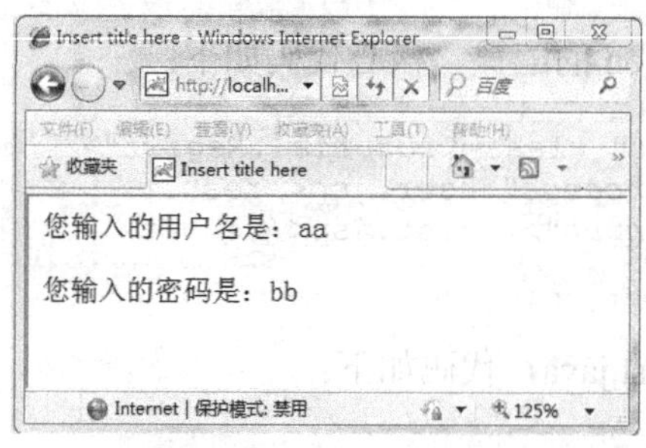

图 3-17　注册结果页面

3.3.5　使用 ActionSupport 的 validate 方法验证数据

校验是业务逻辑中经常遇到的问题，如表单数据操作有误，或输入的不是我们需要的数据，或者没有输入等。校验的方法有很多种。本节主要通过实现 ActionSupport 类的 validate()方法进行校验。

1. *在 Action 中实现基本校验*

如对用户输入的数据进行求平方根的运算，需要校验其输入的是否为正数，如果利用 Action 实例执行 execute 方法前会使用校验来进行控制，则 Action 的实现关键代码如下：

```
package tutorial;
import com.opensymphony.xwork2.Action;
public class SqrAction implements Action{
   private int number;
   public int getNumber() {
       return number;
   }

   public void setNumber(int number) {
       this.number = number;
   }
   public String execute(){
```

```
        if(isPlusNumber())
            return SUCCESS;
        return INPUT;
    }
    public Boolean isPlusNumber(){
        /*--代码略--*/
        return false;
    }
}
```

这种实现方式把校验的逻辑混合在 execute()方法中，造成维护的困难，而且代码的复用性也大大降低。

ActionSupport 实现了很多的成员函数，特别是为校验提供便利的成员函数。ActionSupport 实现了 validate()方法，将校验与业务逻辑的流程独立开来。我们使用 ActionSupport 的 validate()方法对上面的例子实现校验，修改关键代码如下：

```
package tutorial;
import com.opensymphony.xwork2.ActionSupport;
public class CopyOfSqrAction extends ActionSupport{
    private int number;
    public int getNumber() {
        return number;
    }

    public void setNumber(int number) {
        this.number = number;
    }
    public String execute(){
            return SUCCESS;
    }

    public void validate(){//在此处实现校验，该方法在 execute 方法执行前被执行
        if(isPlusNumber(number))
            addFieldError("number", "必须输入正数!");
    }
    public Boolean isPlusNumber(int number){
        /*--判断是否为正数代码略--*/
        return false;
    }
}
```

这段代码提供了出错信息提示，代码的复用性也得到了加强。在 ActionSupport 类实现了一个 Validateable 接口，这个接口只有一个 validate 方法。Action 类实现了这个接口，Struts 2 在调用 execute 方法之前首先会调用这个方法。在 validate 方法中验证，如果发生错误，可以根据错误的 level 选择字段级错误，还是动作级错误。

使用 addFieldError()或 addActionError()方法加入相应的错误信息，如果存在 Action 或 Field 错误，Struts2 会返回“input”(这个并不用开发人员写，由 Struts2 自动返回)，如果返回了“input”，Struts2 就不会再调用 execute 方法了。如果不存在错误信息，Struts2 在最后会调用 execute 方法。这两个 add 方法和 ActionErrors 类中的 add 方法类似，只是 add 方法的错误信息需要一个 ActionMessage 对象，比较麻烦。除了加入错误信息外，还可以使用 addActionMessage 方法加入成功提交后的信息。当提交成功后，可以显示这些信息。

以上三个 add 方法都在 ValidationAware 接口中定义，并且在 ActionSupport 类中有一个默

认的实现。其实，在 ActionSupport 类中的实现实际上是调用了 ValidationAwareSupport 中相应的方法，也就是这三个 add 方法是在 ValidationAwareSupport 类中实现的，代码如下：

```
private final ValidationAwareSupport validationAware = new Validation
AwareSupport();
public void addActionError(String anErrorMessage) {
    validationAware.addActionError(anErrorMessage);
}
public void addActionMessage(String aMessage) {
    validationAware.addActionMessage(aMessage);
}
public void addFieldError(String fieldName, String errorMessage) {
    validationAware.addFieldError(fieldName, errorMessage);
}
```

2. 使用 ActionSupport 类的校验实例

下面我们来实现一个简单的验证程序，体验一个 validate 方法的使用。

新建 Web 工程 Validate，添加 Struts 2 开发支持（Add Struts Capabilities）。

（1）设计验证页面。

在 Web 根目录建立一个主页面 validate.jsp，代码如下：

```
<%@ page language="java" import="java.util.*" pageEncoding="UTF-8"%>
<%@ taglib prefix="s" uri="/struts-tags" %>
<html>
  <head>
    <title>验证数据</title>
  </head>

  <body>
    <%--显示动作错误信息--%>
    <s:actionerror/>
    <%--显示动作信息--%>
    <s:actionmessage/>
    <s:form action="validate.action"  theme="simple">
        输入内容：<s:textfield name="msg"/>
   <%--显示字段错误信息--%>
         <s:fielderror key="msg.hello" />
         <br/>
        <s:submit value="确认"/>
    </s:form>
  </body>
</html>
```

在上面的代码中，使用了 Struts 2 的 tag：<s:actionerror>、<s:fielderror>和<s:actionmessage>，分别用来显示动作错误信息、字段错误信息和动作信息。如果信息为空，则不显示。

（2）实现 ActionSupport 类中的 validate()方法。

现在我们来实现一个动作类，代码如下：

```
package tutorial;
import com.opensymphony.xwork2.ActionSupport;
public class ValidateAction extends ActionSupport{
    private String msg;
    public String getMsg()
    {
```

```
        return msg;
    }
    public void setMsg(String msg)
    {
        this.msg = msg;
    }
    public String execute()
    {
        System.out.println(SUCCESS);
        return SUCCESS;
    }
    public void validate()
    {
        if(!msg.equalsIgnoreCase("hello"))
        {
            System.out.println(INPUT);
            this.addFieldError("msg.hello", "必须输入 hello!");
            this.addActionError("处理动作失败!");
        }
        else
        {
            this.addActionError("提交成功");
        }
    }
}
```

从上面的代码可以看出，Field 错误需要一个 key（一般用来表示是哪一个属性出的错误），而 Action 错误和 Action 消息只要提供一个信息字符串就可以了。

（3）配置 Action。

最后来配置一下这个 Action，代码如下：

```
<?xml version="1.0" encoding="UTF-8"?>
<!DOCTYPE struts PUBLIC
    "-//Apache Software Foundation//DTD Struts Configuration 2.0//EN"
    "http://struts.apache.org/dtds/struts-2.0.dtd">
<struts>
    <constant name="struts.i18n.encodeing" value="GBK"/>
    <package name="demo" extends="struts-default">
        <action name="validate" class="tutorial.ValidateAction">
            <result name="success">/validate.jsp</result>
            <result name="input">/validate.jsp</result>
        </action>
    </package>
</struts>
```

（4）发布测试。

发布工程，在浏览器中输入运行地址：http://localhost:8080/Validate/validate.jsp。

显示如图 3-18 所示的页面，如果输入“hello”，显示如图 3-19 所示页面，否则显示出错页面，如图 3-20 所示。

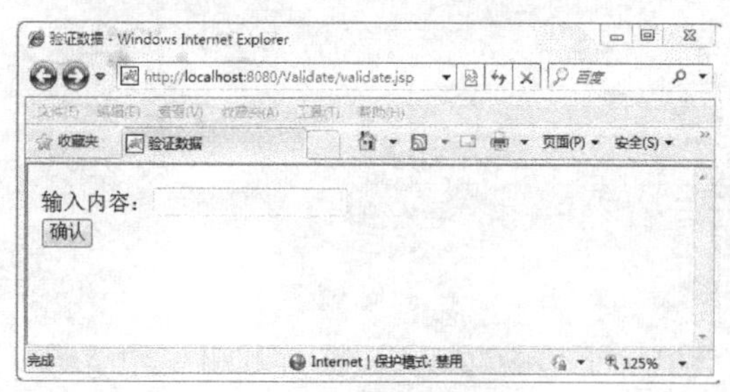

图 3-18　页面校验视图

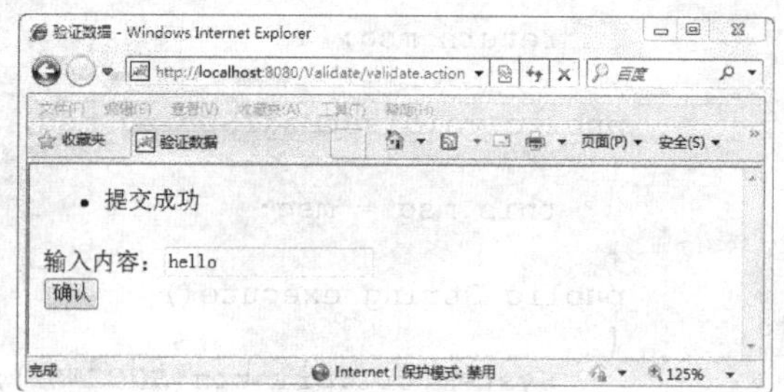

图 3-19　页面校验成功视图

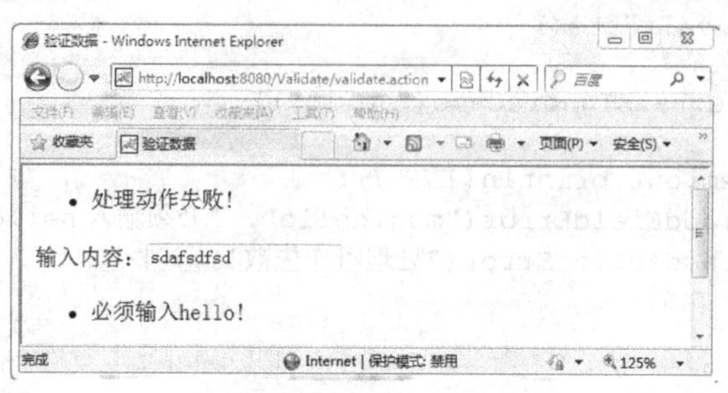

图 3-20　页面校验失败视图

3.4　总结与提高

本章首先介绍了基于 Struts 2 开发的基本流程及核心开发技术，通过 Hello 程序使读者认识开发流程，通过用户登录验证程序讲解了 Struts 2 框架核心技术。

Struts 2 的开发步骤主要分为：

1．准备类库

开发者可以选择手工复制或构建路径方式导入库文件，也可直接利用 MyEclipse 对 Struts 2 的开发支持，自动导入。

2．在 web.xml 文件中配置 FilterDispatcher

这一步是必需的，Struts 2 框架是作为过滤器来处理所有 Web 请求的。

3．开发 Action

针对每一个功能点，编写一个 Action 类。Action 负责存储数据和状态，是用户请求和业务逻辑之间的桥梁。

4．设计页面

页面提供动态内容的显示，是网站的外在表示。

5．配置 struts.xml

struts.xml 对 Action 进行配置，将 Action 与结果页面关联在一起。

第 4 章 Struts 2 框架拦截器

拦截器（Interceptor）是 Struts 2 的核心技术，有许多功能都是构建于它之上，如国际化、转换器、校验等。读者通过本章的学习可以掌握：

1．理解拦截器的概念。
2．掌握预定义拦截器的运用。
3．掌握自定义拦截器的运用。

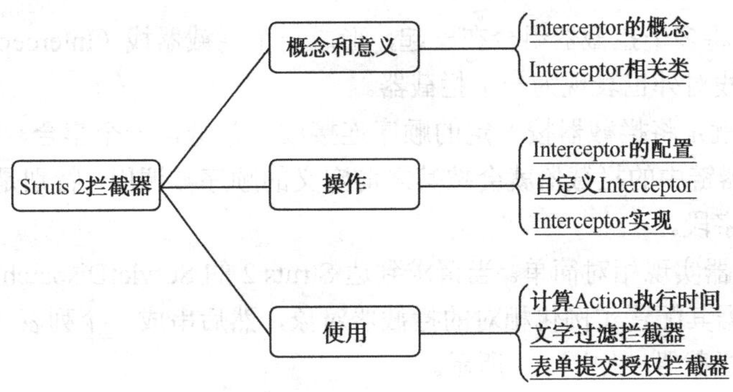

4.1 认识拦截器

4.1.1 理解拦截器

拦截器，英文名为 Interceptor，是 Struts 2 的一个强有力的工具，有许多功能都是构建于它之上的，如国际化、转换器、校验等。拦截器之所以称为“拦截器”，是因为它可以在 Action 执行之前和执行之后拦截调用。

开发 Web 应用过程中，有许多可复用的模块，Interceptor 是 Struts 2 对这些可复用应用模块加以管理的策略。Interceptor 本身也是一个普通的 Java 对象，它的功能是动态拦截 Action 调用，在 Action 执行前后执行拦截。通过 Interceptor 可以把通用的模块从 Action 中提取出来，供其他 Action 或项目复用。

Struts 2 将它的核心功能放到拦截器中实现，而不是分散到 Action 中实现，有利于系统的解耦，使得功能的实现类似于个人计算机的组装，变成了可插拔的，需要某个功能就“插入”一个拦截器，不需要某个功能就“拔出”一个拦截器。你可以任意组合拦截器来为 Action 提供附加的功能，而不需要修改 Action 的代码。

通常，使用拦截器可以完成如下操作。

- 进行权限控制：验证浏览者是否是登录用户，是否拥有足够的访问权限；
- 跟踪日志：记录每个浏览者所请求的每个 Action；
- 跟踪系统的性能瓶颈：通过记录每个 Action 开始处理时间和结束处理时间，从而取得耗时较长的 Action。

技巧

在 Web 系统开发中，很多的 Action 操作都需要进行登录验证，简单的解决办法是在每个 Action 中都增加登录验证的操作，这些操作的代码相同，如果在 Web 系统维护期内登录信息需要修改，那么就需要在许多的 Action 中分别进行修改，这样大的修改量，不仅增加了出错的概率，并且加大了系统维护的难度。如果使用 Interceptor，面对这些多个 Action 进行同样权限控制的操作，就可以自定义一个拦截器来检查用户是否登录，用户的权限是否足够，完成权限的控制，在后期维护期内，权限的修改只需更改拦截器类的实现部分，或是配置文件的代码，而对于 Action 没有必要进行任何修改。

Struts 2 也允许将多个拦截器组合在一起，形成一个拦截器栈（Interceptor Stack）。多个拦截器组成的拦截器栈对外也表现为一个拦截器。

一个拦截器栈就是将拦截器按一定的顺序连接成一条链，一个集合，在访问被拦截的方法或字段时，拦截器链中的拦截器就会按其之前定义的顺序被调用，特别是针对 Action，可以拦截相应的方法或字段。

Struts 2 的拦截器实现相对简单。当请求到达 Struts 2 的 ServletDispatcher 时，Struts 2 会查找配置文件，并根据其配置实例化相对的拦截器对象，然后串成一个列表（list），最后一个一个地调用列表中的拦截器，如图 4-1 所示。

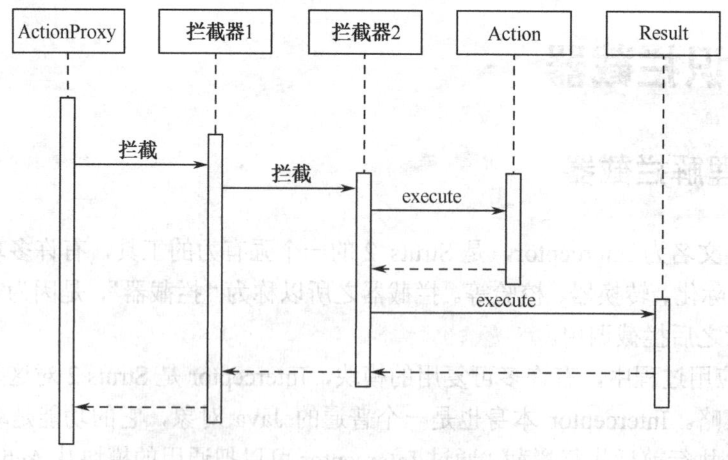

图 4-1　拦截器调用序列图

4.1.2 预定义的拦截器

在 Struts 2 中已经内置了许多丰富多样、功能齐全的拦截器，大家可以到 struts2-all-2.0.14.jar 或 struts2-core-2.0.14.jar 包的 struts-default.xml 中查看关于默认的拦截器与拦截器链的配置。struts-default.xml 中预定义了一些自带的拦截器，如 timer、params 等。表 4-1 所示为 Struts 2 提供的拦截器的功能说明。

表 4-1 Struts 2（XWork）提供的拦截器的功能说明

拦 截 器	名 字	说 明
AliasInterceptor	alias	在不同请求之间将请求参数在不同名字间转换，请求内容不变
ChainingInterceptor	chain	让前一个 Action 的属性可以被后一个 Action 访问，现在和 chain 类型的 result（<result type="chain">）结合使用
CheckboxInterceptor	checkbox	添加了 checkbox 自动处理代码，将没有选中的 checkbox 的内容设定为 false，而 html 默认情况下不提交没有选中的 checkbox
CookiesInterceptor	cookies	使用配置的 name、value 来指定 cookies
ConversionErrorInterceptor	conversionError	将错误从 ActionContext 中添加到 Action 的属性字段中
CreateSessionInterceptor	createSession	自动创建 HttpSession，用来为需要使用到 HttpSession 的拦截器服务
DebuggingInterceptor	debugging	提供不同的调试用的页面来展现内部的数据状况
ExecuteandWaitInterceptor	execAndWait	在后台执行 Action，同时将用户带到一个中间的等待页面
ExceptionInterceptor	exception	将异常定位到一个画面
FileUploadInterceptor	fileUpload	提供文件上传功能
I18nInterceptor	i18n	记录用户选择的 locale
LoggingInterceptor	logger	输出 Action 的名字
MessageStoreInterceptor	store	存储或访问实现 ValidationAware 接口的 Action 类出现的消息、错误、字段错误等
ModelDrivenInterceptor	model-driven	如果一个类实现了 ModelDriven，将 getModel 得到的结果放在 Value Stack 中
ScopedModelDriven	scoped-model-driven	如果一个 Action 实现了 ScopedModelDriven，则这个拦截器会从相应的 Scope 中取出 model 调用 Action 的 setModel 方法将其放入 Action 内部
ParametersInterceptor	params	将请求中的参数设置到 Action 中去
PrepareInterceptor	prepare	如果 Action 实现了 Preparable，则该拦截器调用 Action 类的 prepare 方法
ScopeInterceptor	scope	将 Action 状态存入 session 和 application 的简单方法
ServletConfigInterceptor	servletConfig	提供访问 HttpServletRequest 和 HttpServletResponse 的方法，以 Map 的方式访问
StaticParametersInterceptor	staticParams	从 struts.xml 文件中将<action>中的<param>中的内容设置到对应的 Action 中
RolesInterceptor	roles	确定用户是否具有 JAAS 指定的 Role，否则不予执行
TimerInterceptor	timer	输出 Action 执行的时间

续表

拦 截 器	名 字	说 明
TokenInterceptor	token	通过 Token 来避免双击
TokenSessionInterceptor	tokenSession	和 Token Interceptor 一样，不过双击的时候把请求的数据存储在 Session 中
ValidationInterceptor	validation	使用 action-validation.xml 文件中定义的内容校验提交的数据
WorkflowInterceptor	workflow	调用 Action 的 validate 方法，一旦有错误返回，重新定位到 INPUT 画面
ParameterFilterInterceptor	N/A	从参数列表中删除不必要的参数
Profiling Interceptor	profiling	通过参数激活 profile

如果您想要使用上述拦截器，只需要在应用程序 struts.xml 文件中通过“<include file="struts-default.xml" />”将 struts-default.xml 文件包含进来，并继承其中的 struts-default 包（package），最后在定义 Action 时，使用“<interceptor-ref name="xx" />”引用拦截器或拦截器栈（interceptor stack）。一旦继承了 struts-default 包（package），所有 Action 都会调用拦截器栈——defaultStack。

在 struts-default.xml 中，拦截器的配置片段为：

```
①<package name="struts-default" abstract="true">
    <interceptors>
② <interceptor name="alias"
class="com.opensymphony.xwork2.interceptor. AliasInterceptor"/>
       <interceptor name="autowiring"
class="com.opensymphony.xwork2.spring.
interceptor. ActionAutowiringInterceptor"/>
       //…其他拦截器配置
③       <interceptor-stack name="defaultStack">
           <interceptor-ref name="exception"/>
           <interceptor-ref name="alias"/>
           <interceptor-ref name="servletConfig"/>
           <interceptor-ref name="i18n"/>
           //…其他拦截器的引用
        </interceptor-stack>
    </interceptors>
④    <default-interceptor-ref name="defaultStack"/>
</package>
```

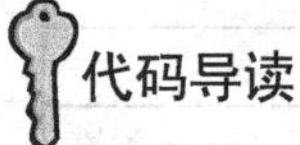
代码导读

① package将属性abstract设置为true，代表此package为一个抽象的package。抽象package和非抽象 package 的区别在于抽象的 package 中不能配置 Action。

② name 属性指定拦截器的名字，class 属性指定拦截器的完全限定名。

③ 多个拦截器可以组成拦截器栈。name 属性为拦截器栈的名字。

④ 指定当前 package 的默认拦截器（栈）。当前指定的默认拦截器栈为 defaultStack，该拦截器栈是 Struts 2 运行的一个基本拦截器栈，一般我们不用再自己配置它，因为在大多数情况下，我们自定义的 package 是继承自 struts-default 这个 package 的。

4.1.3 配置拦截器

在配置一个新的拦截器之前，首先要对它进行定义。<interceptors>和</interceptor >标签都要直接放到<package>标签里面。

```
<interceptors>
  ......
  <interceptor name="autowiring" class=" com.opensymphony.xwork2.spring.
  interceptor. ActionAuto
    wiringInterceptor"/>
  ......
</interceptors>
```

我们同时还要确保 Action 中应用了所需的拦截器。这可以通过两种方式来实现。第一种是把拦截器独立地分配给每一个 Action：

```
<action name="my" class="tutorial.MyAction" >
    <result>view.jsp</result>
    <interceptor-ref name="autowiring"/>
</action>
```

在这种情况下，Action 所应用的拦截器是没有数量限制的。但是拦截器的配置顺序必须要和执行的顺序一样。

第二种方式是在当前的 package 下面配置一个默认的拦截器：

```
<default-interceptor-ref name="autowiring"/>
```

这个声明也是直接放在<package/> 标签里面，但是只能有一个拦截器被配置为默认值。

现在拦截器已经被配置好了，每一次 Action 所映射的 URL 接到请求时，这个拦截器就会被执行。

4.1.4 拦截器栈

实际上，由于 Struts 2 的很多功能都是基于拦截器完成的，在大多数情况下，一个 Action 都要对应多个拦截器，如果要为每一个 Action 都逐一配置各个拦截器的话，那么我们很快就会变得焦头烂额。因此一般我们都用拦截器栈（Interceptor Stack）来管理拦截器。下面是 struts-default.xml 文件中的一个例子：

```
<interceptor-stack name="basicStack">
    <interceptor-ref name="exception"/>
    <interceptor-ref name="servletConfig"/>
    <interceptor-ref name="prepare"/>
    <interceptor-ref name="checkbox"/>
    <interceptor-ref name="params"/>
    <interceptor-ref name="conversionError"/>
</interceptor-stack>
```

这个配置节点是放在<package/> 节点中的。每一个 <interceptor-ref />标签都引用了在此之前配置的拦截器或拦截器栈。

我们已经看到了如何在 Action 中应用拦截器，而拦截器栈的用法也是一模一样的，而且还是同一个标签：

```
<action name="my" class="tutorial.MyAction" >
   <result>view.jsp</result>
   <interceptor-ref name="basicStack"/>
</action>
```

默认拦截器栈的情况也是一样的，只需要把单个拦截器的名字换成拦截器栈的名字就可以了。

```
<default-interceptor-ref name="basicStack"/>
```

在 struts.xml 文件中定义拦截器或拦截器栈：

```
<package name="my" extends="struts-default" namespace="/manage">
      <interceptors>
      <!-- 定义拦截器 -->
      <interceptor name="拦截器名" class="拦截器实现类"/>
      <!-- 定义拦截器栈 -->
      <interceptor-stack name="拦截器栈名">
          <interceptor-ref name="拦截器一"/>
          <interceptor-ref name="拦截器二"/>
      </interceptor-stack>
      </interceptors>
      ......
</package>
```

4.1.5 拦截器实例——计算 Action 执行的时间

新建 Web 工程 TimerInterceptor，安装 Struts 2 所需的 5 个 jar 文件，配置 web.xml。然后构建自己的拦截器，模拟实现 Timer 拦截器的效果。

新建 Action 类 TimerInterceptorAction，使线程休眠 500ms，代码如下：

```
package tutorial;

import com.opensymphony.xwork2.ActionSupport;

public class TimerInterceptorAction extends ActionSupport {
    public String execute() {
        try {
            // 模拟耗时的操作
            Thread.sleep( 500 );
        } catch (Exception e) {
            e.printStackTrace();
        }
        return SUCCESS;
    }
}
```

在 struts.xml 中配置 Action，并调用预定义的拦截器。

```
<?xml version="1.0" encoding="UTF-8"?>

<!DOCTYPE struts PUBLIC
    "-//Apache Software Foundation//DTD Struts Configuration 2.0//EN"
    "http://struts.apache.org/dtds/struts-2.0.dtd">
<struts>
 <include file ="struts-default.xml"/>
①    <package name ="InterceptorDemo" extends ="struts-default" >
        <action name ="Timer" class ="tutorial.TimerInterceptorAction" >
②           <interceptor-ref name ="timer" />
            <result>/index.jsp </result >
        </action >
    </package >
</struts>
```

代码导读

① 添加一个自定义的拦截器栈，并在其中包含 time 拦截器和 defaultStack 拦截器栈。

② 设置当前的 package 的默认拦截器栈为自定义的拦截器栈。

index.jsp 文件中无需写入什么内容，只是页面跳转的目的地。发布工程，启动 Tomcat 服务器，在浏览器中输入：http://localhost:8080/TimerInterceptor/Timer.action，查看服务器的后台输出，如图 4-2 所示。

```
2011-2-21 11:56:48 com.opensymphony.xwork2.interceptor.TimerInterceptor doLog
信息: Executed action [//Timer!execute] took 580 ms.
```

图 4-2 Timer 拦截器后台输出

上面的例子演示了拦截器 Timer 的用途，用于显示执行某个 Action 方法的耗时，这是粗略的性能调试。在你的环境中执行 Timer!execute 的耗时，可能与上述的时间有些不同，这取决于 PC 的性能。第一次加载 Timer 时，需要进行一定的初始工作。当你重新请求 Timer.action 时，时间会有所缩短。

4.2 使用自定义拦截器

4.2.1 自定义拦截器

作为“框架（framework）”，可扩展性是不可或缺的。虽然 Struts 2 提供了丰富的拦截器实现，但是这并不意味着我们失去了创建自定义拦截器的能力，恰恰相反，在 Struts 2 中自定义拦截器是相当容易的一件事。

自定义一个拦截器大致需要以下几步：

（1）自定义一个实现 Interceptor 接口（或继承自 AbstractInterceptor）的类，实现拦截器逻辑。

（2）在 strutx.xml 中配置自己的拦截器。

（3）在需要使用的 Action 中引用上述定义的拦截器，为了方便也可将拦截器定义为默认的拦截器，这样在不加特殊声明的情况下所有的 Action 都被这个拦截器拦截。

Struts 2 拦截器类必须从 com.opensymphony.xwork2.interceptor.Interceptor 接口继承，在 Intercepter 接口中有如下三个方法可以实现：

- void init();
- String intercept(ActionInvocation invocation) throws Exception;
- void destroy()。

技术细节

如果要创建自己的拦截器，只需要实现 Interceptor 接口，该接口中定义了以下三个方法：

① void init()

该方法在拦截器实例创建后、intercept()方法被调用之前调用，用于初始化拦截器所需要的资源，如数据库连接的初始化，该方法只执行一次。

② String intercept（ActionInvocation invocation）throws Exception

该方法是拦截器的核心方法，所有安装的拦截器都会调用这个方法。返回一个字符串，系统将会跳转到该字符串对应的视图资源。利用 ActionInvocation 参数，可以获取 Action 执行的状态。在 intercept()方法中，如果要继续执行后续的部分（包括余下的应用于 Action 的拦截器、Action 和 Result），可以调用 invocation.invoke()。如果要终止后续的执行，可以直接返回一个结果码，框架将根据这个结果码来呈现对应的结果视图。

③ void destroy()

该方法与 init 方法对应，在拦截器实例被销毁之前调用，用于释放在 init()方法中分配的资源。该方法只执行一次。

除了 Interceptor 接口外，Struts 2 中还提供了一个 AbstractInterceptor 类，该类提供了一个 init 和 destroy 方法的空实现。如果不需要就不用重写这两个方法，可见，继承自 AbstractInterceptor 类可以在我们构建拦截器时变得简单。

Intercept 是拦截器的主要拦截方法，如果需要调用后续的 Action 或拦截器，只需要在该方法中调用 invocation.invoke()方法即可，在该方法调用的前后可以插入 Action 调用前后拦截器需要做的方法。如果不需要调用后续的方法，则返回一个 String 类型的对象即可，如 String result = action.SUCCESS。另外，AbstractInterceptor 提供了一个简单的 Interceptor 的实现，在不需要编写 init 和 destroy 方法的时候，只需要从 AbstractInterceptor 继承而来，实现 intercept 方法即可。

所有的 Struts 2 的拦截器都直接或间接实现接口 com.opensymphony. xwork2.interceptor. Interceptor。除此之外，大家可能更喜欢继承类 com.opensymphony. xwork2.interceptor.Abstract Interceptor。下面提供分别实现 Interceptor 和继承 AbstractInterceptor 或继承 MethodFilterInterceptor 类的自定义拦截器。

第一种实现方法：实现 Interceptor 接口。

```
public class MyInterceptor implements Interceptor {
private String hello;
public void destroy() {
  System.out.println("destroy===========");
}

public void init() {
```

```
    System.out.println("init============");
    System.out.println("hello==================");
  }

  public String intercept(ActionInvocation invocation) throws Exception {
    System.out.println("intercept1============");
    String result = invocation.invoke();
    return result;
  }

  public String getHello() {
    return hello;
  }

  public void setHello(String hello) {
    this.hello = hello;
  }
  }
```

第二种实现方法：继承 AbstractInterceptor。

```
import com.opensymphony.xwork2.ActionInvocation;
import com.opensymphony.xwork2.interceptor.AbstractInterceptor;

public class MyInterceptor2 extends AbstractInterceptor {

public String intercept(ActionInvocation intercept) throws Exception{
      System.out.println("intercept2-----------");
      String result = intercept.invoke();
      return result;
  }
  }
```

Struts 2 还提供了一个特殊的拦截器抽象基类：com.opensymphony.xwork2.interceptor.MethodFilterInterceptor。这个拦截器可以指定要拦截或排除的方法列表。通常情况下，拦截器将拦截 Action 的所有方法调用，但在某些应用场景中，对某些方法的拦截将会出现一些问题。如对表单字段进行验证的拦截器，当我们通过 doDefault()方法输出表单时，该方法不应该被拦截，因此，此时表单字段都没有数据。

```
public class MyInterceptor3 extends MethodFilterInterceptor {
  protected String doIntercept(ActionInvocation invocate) throws Exception
  {

     System.out.println("interceptor3");
     //拿到session，此 session 虽为Map 型,但本质上还是和浏览器上的 session 一样.
     //Map map = invocate.getInvocationContext().getSession();
     //if(map.get("user")==null){
    //System.out.println("请输入用户名和密码");
    //return "login";
   // }else{
     String result = invocate.invoke();
     return result;}
   //}
}
```

从 MethodFilterInterceptor 继承的拦截器类有：

■ TokenInterceptor

■ TokenSessionStoreInterceptor

■ DefaultWorkflowInterceptor

■ ExecuteAndWaitInterceptor

■ ValidationInterceptor

■ ParametersInterceptor

■ PrepareInterceptor

MethodFilterInterceptor 通过指定 included/excluded 方法列表来选择要拦截或排除的方法，可以设置的参数如下：

■ excludeMethods——要排除的方法。

■ includeMethods——要拦截的方法。

例如，有如下的拦截器配置：

```
<interceptor-ref name="validation">
   <param name="excludeMethods">input,back,cancel</param>
   <param name="includeMethods">execute</param>
</interceptor-ref>
```

（1）当执行 Action 的 input、back 和 cancel 方法时，验证拦截器将不执行对输入数据的验证。当执行 Action 的 execute 方法时，验证拦截器将执行对输入数据的验证。

（2）在设置拦截或排除的方法时，如果有多个方法，那么以逗号(，)分隔，如上所示。如果一个方法的名字同时出现在 execeludeMethods 和 includeMethods 参数中，那么它会被当做要拦截的方法。也就是说， includeMethods 优先于 execeludeMethods。

4.2.2 自定义拦截器实例——用户登录验证的拦截

第 3 章我们实现了用户登录，本节实例在用户登录验证过程中加入拦截器，项目实现在原有代码基础上进行扩充。

新建工程 UserLoginInterceptor，安装 Struts 2 所必需的 5 个 jar 文件。

自定义拦截器类 UserLoginInterceptor，即计时拦截器，对 Action 执行前和执行后进行计时，并在 Action 执行前和结束后向控制台输出对应的日志信息，同时在 Action 执行完成后使用这两个时间计算出整个 Action 的运行时间，代码如下：

```
package tutorial;

import com.opensymphony.xwork2.ActionInvocation;
import com.opensymphony.xwork2.interceptor.AbstractInterceptor;
public class UserLoginInterceptor extends AbstractInterceptor {
   //重写抽象拦截器的拦截方法
   public String intercept(ActionInvocation invocation) throws Exception{
       System.out.println("开始拦截...");
       ①long startTime = System.currentTimeMillis();
       ②String result = invocation.invoke();
       ③long endTime = System.currentTimeMillis();
       System.out.println("Action 执行共需要" + (endTime - startTime) + "毫
秒");
```

```
        System.out.println("结束拦截...");
        return result;
    }
}
```

代码导读

① 获得 Action 执行的开始时间。

② 将控制权交给下一个拦截器，如果该拦截器是最后一个拦截器，则调用 Action 的 execute 方法。

③ 获得 Action 执行的结束时间。

UserLoginInterceptor 实现了抽象类 com.opensymphony.xwork2.interceptor.Abstract Interceptor。

它实现了 Interceptor 接口，并给出了 init()和 destroy()方法的空实现，拦截器类也可以选择继承 AbstractInterceptor 类，如果不需要 init()和 destroy()方法，那么你只需要重写抽象的 intercept()方法就可以了。

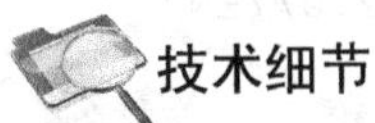

技术细节

invocation.invoke()是 ActionInvocation 中的方法，可以通过 invocation.invoke()作为 Action 代码真正的拦截点。ActionInvocation 是 Action 调度者，这个方法具备以下两层含义:

① 如果拦截器堆栈中还有其他的 Interceptor，那么 invocation.invoke()将调用堆栈中下一个 Interceptor 的执行。

② 如果拦截器堆栈中只有 Action 了，那么 invocation.invoke()将调用 Action 执行。

invocation.invoke()这个方法是整个拦截器框架的实现核心。如果在拦截器中，我们不使用 invocation.invoke()来完成堆栈中下一个元素的调用，而是直接返回一个字符串作为执行结果，那么整个执行将被中止。可以以 invocation.invoke()为界，将拦截器中的代码分成两个部分，在 invocation. invoke()之前的代码，将会在 Action 之前被依次执行，而在 invocation.invoke()之后的代码，将会在 Action 之后被逆序执行。

在配置文件 struts.xml 中配置拦截器，首先定义一个自定义的拦截器，然后在对应要使用的控制器中使用这个拦截器，完成拦截器的定义和控制器的装配，配置代码如下：

```
<?xml version="1.0" encoding="UTF-8"?>
<!DOCTYPE struts PUBLIC
    "-//Apache Software Foundation//DTD Struts Configuration 2.0//EN"
    "http://struts.apache.org/dtds/struts-2.0.dtd">
<struts>
   <!-- Action 所在包定义 -->
   <package name="tutorial" extends="struts-default">
   <!-- 拦截器配置定义 -->
       <interceptors>
   <interceptor name="logger"
           ①class="tutorial.UserLoginInterceptor">
           </interceptor>
       </interceptors>
       <action name="Login" class="tutorial.Login">
           <result name="input">login.jsp</result>
           <result name="success">result.jsp</result>
```

```
            <!-- Action 拦截器配置定义 -->
            ②<interceptor-ref name="logger"></interceptor-ref>
            <!-- Action 拦截器栈配置定义 -->
            <interceptor-ref name="defaultStack"></interceptor-ref>
        </action>
    </package>
</struts>
```

代码导读

① 定义一个新的拦截器，name 属性为拦截器的名字，class 属性为拦截器的完全限定名。

② 在 Action 中装配拦截器。

如果在配置文件 struts.xml 中使用拦截器栈的方式进行定义，拦截器栈可以包括一个或多个拦截器，也可以包括其他拦截器栈。使用拦截器栈修改上述定义的代码如下：

```
<?xml version="1.0" encoding="UTF-8"?>
<!DOCTYPE struts PUBLIC
    "-//Apache Software Foundation//DTD Struts Configuration 2.0//EN"
    "http://struts.apache.org/dtds/struts-2.0.dtd">
<struts>
   <!-- Action 所在包定义 -->
   <package name="tutorial" extends="struts-default">
          <interceptors>
              <interceptor name="myTimer"
              class="tutorial.UserLoginInterceptor"></interceptor>
              <interceptor-stack name="logger">
                  <interceptor-ref name="myTimer"/>
                  <interceptor-ref name="defaultStack"/>
              </interceptor-stack>
        </interceptors>

        <action name="Login" class="tutorial.Login">
            <result name="input">login.jsp</result>
            <result name="success">result.jsp</result>
            <!-- Action 拦截器配置定义 -->
            <interceptor-ref name="logger"></interceptor-ref>
            <!-- Action 拦截器栈配置定义 -->
            <interceptor-ref name="defaultStack"></interceptor-ref>
        </action>
    </package>
</struts>
```

链接

Login.java 类定义见第 3 章。

login.jsp 的设计见第 3 章。

result.jsp 的设计见第 3 章。

技巧

拦截器栈定义:

```
<package name="wwfy" extends="struts-default">
  <interceptors>
      <interceptor name="拦截器名称1" class="拦截器类1" />
      <interceptor name="拦截器名称2" class="拦截器类2" />
      ……
      <interceptor name="拦截器名称N" class="拦截器类N" />

  <interceptor-stack name="拦截器栈1">
      <interceptor-ref name="拦截器名称1"/>
      <interceptor-ref name="拦截器名称2"/>
      <interceptor-ref name="拦截器名称N"/>
  </interceptor-stack>

      <interceptor-stack name="拦截器栈2">
          <interceptor-ref name="拦截器栈1"/>
          <interceptor-ref name="拦截器名称3"/>
        </interceptor-stack>
      </interceptors>
</package>
```

发布工程，在浏览器中输入地址：http://localhost:8080/UserLoginInterceptor/，在登录页面输入用户名和密码，单击“登录”按钮，在服务器控制台可以看到如图 4-3 所示的拦截视图。

```
开始拦截...
Action执行共需要4毫秒
结束拦截...
```

图 4-3　自定义拦截器后台输出

4.3　拦截器实例

4.3.1　文字过滤拦截器

例如，网上有些论坛要求会员发帖的内容不能带有脏字，如果会员发帖时使用不文明语言，通常情况下，系统会以“*”替代这些脏字。在 Struts 2 中可以使用拦截器来实现这个功能。

新建 Web 工程 TextInterceptor，添加 Struts 2 开发支持（Add Struts Capabilities）。然后构建自己的文字拦截器，实现文字过滤的效果。

1. 新建新闻发布页面 news.jsp

```
<%@ page language="java" import="java.util.*" pageEncoding="utf-8"%>
<%@ taglib prefix="s" uri="/struts-tags"%>
<!DOCTYPE html PUBLIC "-//W3C//DTD HTML 4.01 Transitional//EN"
"http://www.w3.org/TR/ html4/loose.dtd">
<html>
<head>
<meta http-equiv="Content-Type" content="text/html; charset=ISO-8859-1">
<title>新闻发布</title>
</head>
```

```
  <body>
      <s:form action="Text.action" method="post">
          <s:textfield name="title" label="标题"/>
          <s:textarea cols="30" rows="6" name="content" label="内容"/>
          <s:submit value="发布"/>
      </s:form>
  </body>
</html>
```

2. 编写 Action 类 Text.java

```
package tutorial;
import com.opensymphony.xwork2.ActionSupport;

public class Text extends ActionSupport{
    private String title;
    private String content;
    public String getTitle() {
        return title;
    }
   public void setTitle(String title) {
        this.title = title;
   }
   public String getContent() {
        return content;
   }
   public void setContent(String content) {
        this.content = content;
   }
   public String execute() throws Exception{
        return SUCCESS;
   }

}
```

3. 自定义文字拦截器类 TextInterceptor.java

```
package tutorial;

import com.opensymphony.xwork2.Action;
import com.opensymphony.xwork2.ActionInvocation;
import com.opensymphony.xwork2.interceptor.AbstractInterceptor;
public class TextInterceptor extends AbstractInterceptor {
   public String intercept(ActionInvocation invocation) throws Exception {
       //获取当前访问的 Action
   Object object=invocation.getAction();
        if(object!=null){
          //判断 object 是否是 Text 的实例
        if(object instanceof Text){
            Text action=(Text)object;
            String content=action.getContent();
            System.out.println(content+"=========");
            if(content.contains("ter")){
                content=content.replaceAll("ter", "*");
                action.setContent(content);
            }
            return invocation.invoke();//调用 Action 或下一个拦截器执行
        }else{
            return Action.LOGIN;
```

```
        }
        }
        return Action.LOGIN;
    }
}
```

4. 配置 struts.xml

```
<?xml version="1.0" encoding="UTF-8"?>
<!DOCTYPE struts PUBLIC
    "-//Apache Software Foundation//DTD Struts Configuration 2.0//EN"
    "http://struts.apache.org/dtds/struts-2.0.dtd">
<struts>
    <constant name="struts.i18n.encodeing" value="GBK"/>
<!-- Action 所在包定义 -->
    <package name="tutorial" extends="struts-default">

        <interceptors>
            <interceptor name="replace"
            class="tutorial.TextInterceptor"></interceptor>
        </interceptors>

        <action name="Text" class="tutorial.Text">
            <result name="success">success.jsp</result>
            <result name="login">news.jsp</result>
            <interceptor-ref name="defaultStack"></interceptor-ref>
            <interceptor-ref name="replace"></interceptor-ref>
        </action>
    </package>
</struts>
```

5. 发布页面成功页面 success.jsp

```
<%@ page language="java" import="java.util.*" pageEncoding=" utf-8"%>
<%@ taglib prefix="s" uri="/struts-tags"%>
<!DOCTYPE html PUBLIC "-//W3C//DTD HTML 4.01 Transitional//EN"
"http://www.w3.org/ TR/html4/loose.dtd">
<html>
<head>
<meta http-equiv="Content-Type" content="text/html; charset=ISO-8859-1">
<title>欢迎您</title>
</head>
<body>
<h2><s:property value ="content"/></h2>
</body>
</html>
```

发布运行工程，在浏览器中输入地址：http://localhost:8080/TextInterceptor/news.jsp，显示如图 4-4 所示页面。

在标题中输入“struts 2”，在内容中输入“interceptor”，其中内容包含要拦截的字符串“ter”，单击“发布”按钮，在内容显示页面，我们看到“ter”被替换为“*”，如图 4-5 所示。

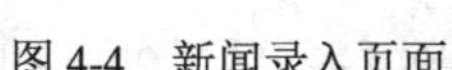
图 4-4　新闻录入页面

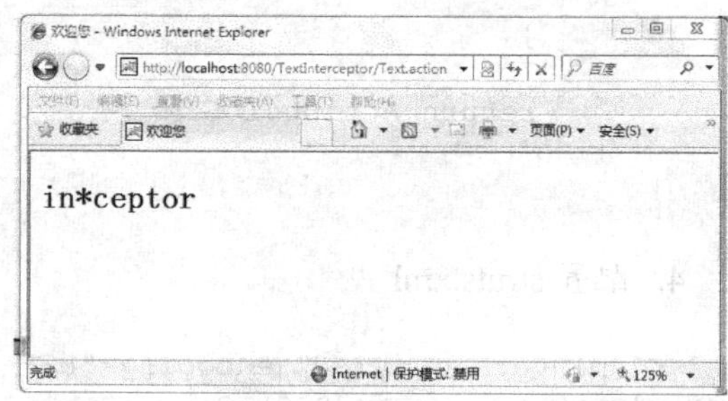

图 4-5　内容显示页面

4.3.2　表单提交授权拦截器

表单提交操作是我们经常要进行的操作，如用户登录注册、发表留言、信息发布等，在表单提交时经常需要进行拦截操作，如权限验证、非法 IP 地址用户等。本节我们以一个简单的表单提交案例进一步介绍如何使用拦截器。

新建 Web 工程 VoteInterceptor，添加 Struts 2 开发支持（Add Struts Capabilities）。

本实例较简单，没有使用数据库进行数据存储，我们利用集合类 Map，然后创建 tutorial.Teams 用于存储国家队足球队列表，代码如下：

```
package tutorial;

import java.util.Hashtable;
import java.util.Map;

public class Teams {
    public Map < String, String > getTeams() {
        Map < String, String > teams = new Hashtable < String, String > ( 2 );
        teams.put( "Brazil" , " 巴西 " );
        teams.put( "Argentina" , " 阿根廷" );
        teams.put( "Spain" , " 西班牙" );
        teams.put( "Germany" , " 德国" );
        return teams;
    }
}
```

技术细节

java.util 中的集合类包含 Java 中某些最常用的类。最常用的集合类是 List 和 Map，Map 集合类用于存储元素对（称做“键”和“值”），其中每个键映射到一个值。

Map 是接口，HashMap 是它的实现类，是基于哈希表的 Map 接口的实现。此实现提供所有可选的映射操作，并允许使用 null 值和 null 键。（除了非同步和允许使用 null 之外，HashMap 类与 Hashtable 大致相同）此类不保证映射的顺序，特别是它不保证该顺序恒久不变。此实现有两个关键的方法：put 和 get，可为基本操作（get 和 put）提供稳定的性能。

① clear()从 Map 中删除所有映射。

② remove(Object key)从 Map 中删除键和关联的值。

③ put(Object key,Object value)将指定值与指定键相关联。

④ clear()从 Map 中删除所有映射。

⑤ putAll(Map t)将指定 Map 中的所有映射复制到此 Map。

新建 select.jsp 文件，实例化 tutorial.Teams 类，并将其 teams 属性赋予<s:radio>标志，代码如下：

```
<%@ page language="java" import="java.util.*" pageEncoding="gbk"%>

<%@ taglib prefix="s" uri="/struts-tags" %>
<html>
<head>
<meta http-equiv="Content-Type" content="text/html; charset=ISO-8859-1">
<title>Insert title here</title>
</head>
<body>
   请选择你心目中最强的足球队：
    <s:bean id ="teams" name ="tutorial.Teams" />
    <s:form action ="Team" >
        <s:radio list ="#teams.teams" name ="team" label ="足球队" />
        <s:submit  value="选择"/>
    </s:form >
</body>
</html>
```

为了方便将球队名称放入 Action，定义了接口 tutorial.TeamAware，代码如下：

```
package tutorial;

public interface TeamAware {
   void setTeam(String team);
}
```

接着，创建 Action 类 tutorial.VoteAction 模拟访问受限资源，它的作用就是通过实现 TeamAware 获取角色，并将其显示到 result.jsp 中，代码如下：

```
package tutorial;

 import com.opensymphony.xwork2.ActionSupport;

  public class VoteAction extends ActionSupport implements TeamAware {
     private String team;

      public void setTeam(String team) {
         this.team = team;
     }

      public String getTeam() {
         return team;
     }

      public String execute() {
         return SUCCESS;
     }
}
```

创建 Action 类 tutorial.TeamAction，将 team 放到 session 中，并转到 Action 类，代码如下：

```
package tutorial;
import java.util.Map;
import org.apache.struts2.interceptor.SessionAware;
import com.opensymphony.xwork2.ActionSupport;
public class TeamAction extends ActionSupport implements SessionAware {
    private String team;
    private Map session;
    public String getTeam() {
        return team;
    }
    public void setTeam(String team) {
        this.team = team;
    }
    public void setSession(Map session) {
        this.session = session;
    }

    public String execute() {
       session.put( "TEAM" , team);
        return SUCCESS;
    }
}
```

创建表单提交的拦截器类 tutorial.VoteInterceptor，代码如下：

```
package tutorial;

import java.util.Map;

import com.opensymphony.xwork2.Action;
import com.opensymphony.xwork2.ActionInvocation;
import com.opensymphony.xwork2.interceptor.AbstractInterceptor;

public class VoteInterceptor extends AbstractInterceptor {

    public String intercept(ActionInvocation ai) throws Exception {
      Map session = ai.getInvocationContext().getSession();
      //获得 session 存储的值
      String team = (String) session.get( "TEAM" );
        if ( null != team) {
          Object o = ai.getAction();
            if (o instanceof TeamAware) {
             TeamAware action = (TeamAware) o;
              action.setTeam(team);
          }
          return ai.invoke();
        } else {
          return Action.LOGIN;
        }
    }

}
```

以上代码相当简单，我们通过检查 session 是否存在键为“TEAM”的字符串，判断用户是否登录。如果用户已经登录，将角色放到 Action 中，调用 Action；否则，拦截直接返回 Action.LOGIN 字段。为了方便将角色放入 Action，上面定义了接口 tutorial.TeamAware。

配置文件 struts.xml 文件的代码如下：

```
<?xml version="1.0" encoding="UTF-8"?>
<!DOCTYPE struts PUBLIC
        "-//Apache Software Foundation//DTD Struts Configuration 2.0//EN"
        "http://struts.apache.org/dtds/struts-2.0.dtd" >
<struts>
   <include file ="struts-default.xml"/>
   <package name ="tutorial" extends ="struts-default" >
      <interceptors >
         <interceptor name ="auth" class ="tutorial.VoteInterceptor" />
      </interceptors >
      <action name ="Team" class ="tutorial.TeamAction">
         <result type ="chain" >VoteAction </result >
      </action >
      <action name ="VoteAction" class ="tutorial.VoteAction" >
         <interceptor-ref name ="auth" />
         <result name ="login" >select.jsp </result >
         <result name ="success" >result.jsp </result >
      </action >
   </package >
</struts>
```

调查结果页面 result.jsp 代码如下：

```
<%@ page language="java" import="java.util.*" pageEncoding="gbk"%>
<%@ taglib prefix="s" uri="/struts-tags" %>
<!DOCTYPE html PUBLIC "-//W3C//DTD HTML 4.01 Transitional//EN"
"http://www.w3.org/TR/ html4/loose.dtd">
<html>
  <head>
     <meta http-equiv="Content-Type" content="text/html; charset=gbk">
     <title>世界最强足球队</title>
  </head>
  <body>
    <h1>你心目中全世界最强足球队是: <s:property value ="team" /></h1>
  </body>
</html>
```

发布运行应用程序，在浏览器地址栏中输入：http://localhost:8080/VoteInterceptor/ select.jsp。不选择球队，单击“选择”按钮，由于此时 session 还没有键为“TEAM”的值，所以返回 Login.jsp 页面，如图 4-6 所示。

选中巴西标签的单选按钮，单击“选择”按钮，出现如图 4-7 所示的页面。

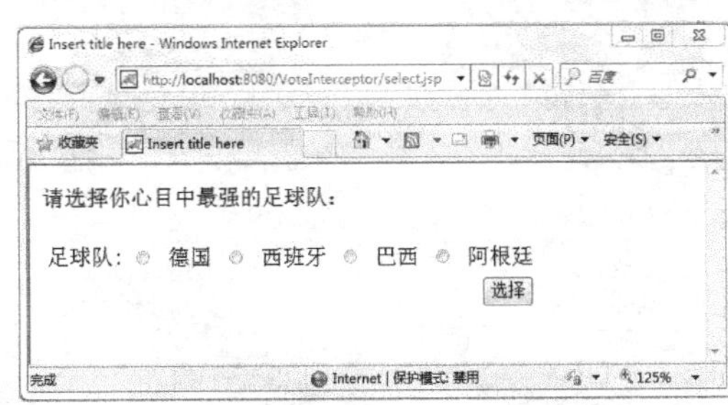

图 4-6　表单页面

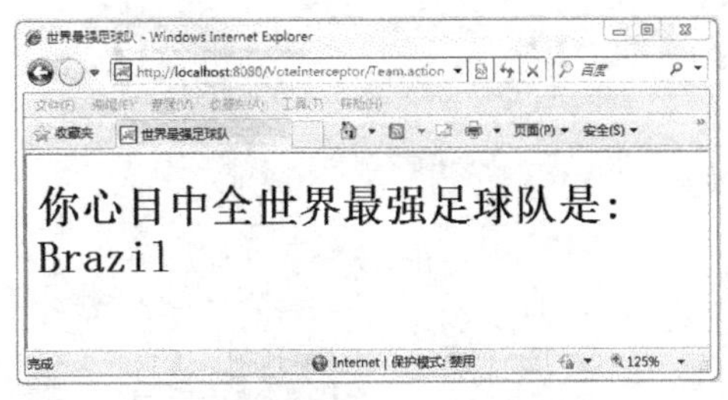

图 4-7　表单提交结果页面

4.4 总结与提高

拦截器在 Struts 2 框架中起到了至关重要的作用。通过掌握已有的拦截器，我们可以编写高可复用的代码。本章我们学习了什么是拦截器、如何使用框架提供的拦截器，以及如何自定义一个拦截器。

实现拦截器时，对于简单的应用，可以采用 Interceptor 接口来实现，对于较复杂的应用，可以使用框架提供的基类来进一步扩展自己的逻辑。自定义一个拦截器需要实现 Interceptor 接口（或继承自 AbstractInterceptor）的类，实现拦截器逻辑，并在 struts.xml 中配置自己的拦截器，在需要使用的 Action 中引用上述定义的拦截器。

第 5 章 类型转换

类型转换是 Web 应用程序开发一个常见的功能，常见的操作是不同类型的数据与字符串的转换。Struts 2 框架提供了多种常见数据类型的默认类型转换，掌握自定义类型转换器的实现，读者通过本章的学习可以掌握以下内容：

- 掌握 Struts 2 的默认类型转换。
- 掌握 Struts 2 集合类型转换。
- 掌握 Struts 2 自定义类型转换。
- 掌握 Struts 2 的类型转换错误的处理方法。

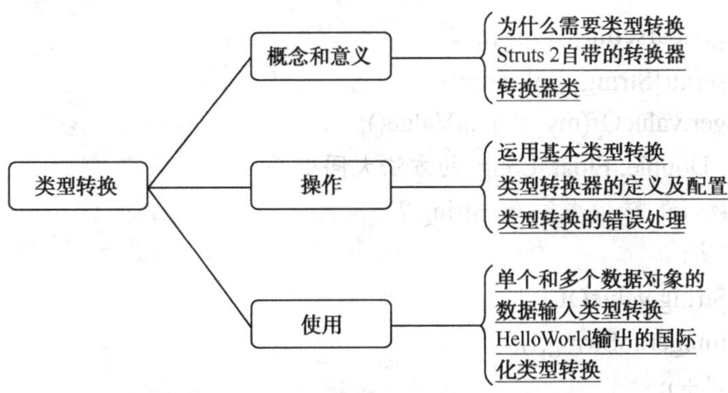

5.1 Struts 2 框架对类型转换的支持

5.1.1 为什么需要类型转换

开发 Web 应用程序与开发传统桌面应用程序不同，Web 应用程序通常是在分布于不同的主机上的两个进程之间互交。在 B/S 架构中，由于使用的是 HTTP 通信协议，所有的数据都是字符串类型，服务器可以接收到来自用户的数据只能是字符串或字符数组。

HTML 的 Form 控件不像桌面应用程序可以表示对象，其值只能为字符串类型，图 5-1 所示为 UI 数据与对象类型的关系，在服务器上的对象中，这些数据往往有多种不同的类型，如日期（Date）、整数（Int），浮点数（Float）或自定义类型（UDT）等，字符串转换成适当数据类型的工作转移给了开发人员，所以我们需要通过某种方式将特定对象转换成字符串。

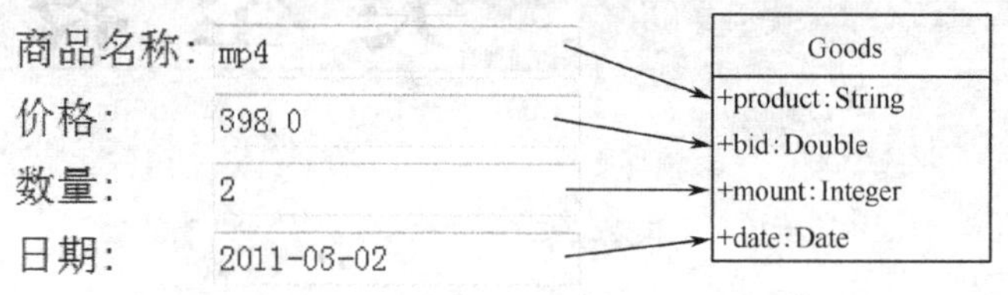

图 5-1　UI 与服务器对象关系

在 B/S 应用中，将字符串请求参数转换为相应的数据类型，是 MVC 框架提供的功能，而 Struts 2 是很好的 MVC 框架实现者，理所当然，它提供了类型转换机制。Struts 2.0 中有位魔术师可以帮到你——Converter。有了它，你不用一遍又一遍地重复编写诸如此类的代码：

```
    Date birthday = DateFormat.getInstance(DateFormat.SHORT).parse(strDate);
    <input  type="text"  value="<%=  DateFormat.getInstance(DateFormat.SHORT).
format (birthday) %>" />
```

技术细节

1. 如何将字串 String 转换成整数 int?

有以下两个方法：

1）int i = Integer.parseInt([String]); 或

i = Integer.parseInt([String],[int radix]);

2）int i = Integer.valueOf(my_str).intValue();

注：字串转成 Double, Float, Long 的方法大同小异。

2. 如何将整数 int 转换成字串 String？

有以下三种方法：

1）String s = String.valueOf(i);

2）String s = Integer.toString(i);

3）String s = "" + i;

注：Double, Float, Long 转成字串的方法大同小异。

除提供的默认类型转换之外，Struts 2 提供了很好的扩展性，开发者可以非常简便地开发自己的类型转换器，完成字符串和自定义复合类型之间的转换。总之，Struts 2 的类型转换器提供了非常强大的表现层数据处理机制，开发者可以利用 Struts 2 的类型转换机制来完成任意的类型转换。

技巧

Struts 2 的类型转换是基于 OGNL 表达式的，只要我们把 HTML 输入项（表单元素和其他 GET/POET 的参数）命名为合法的 OGNL 表达式，就可以充分利用 Struts 2 的转换机制。

5.1.2 Struts 2 框架内建的类型转换器

对于一些经常用到的转换器，如日期、整数和浮点数等类型，Struts 2 已经为您实现了默认的转换，下面列出已经实现的默认转换类型。

（1）预定义类型，如 int、boolean、double 等；

（2）日期类型，使用当前区域（Locale）的短格式转换，即 DateFormat.getInstance (DateFormat.SHORT)；

（3）集合（Collection）类型，将 request.getParameterValues（String arg）返回的字符串数据与 java.util.Collection 转换；

（4）集合（Set）类型，与 List 的转换相似，去掉相同的值；

（5）数组（Array）类型，将字符串数组的每一个元素转换成特定的类型，并组成一个数组。

对于已有的转换器，大家不必再去重新进行类型转换。Struts 2 在遇到这些类型时，会自动去调用相应的转换器。

本节实例使用 Struts 2 默认的类型转换，学习 Java 基本数据类型在 Struts 2 中的类型转换方式，包括基本类型转换在 Action 中的使用方式和基本类型转换在视图界面中的使用方式。新建 Web 工程 ConvertAdd，添加 Struts 2 开发支持（Add Struts Capabilities）。

1. 新建 Goods 类

Goods 类定义了 4 种基本类型数据：String、Double、Integer、Date，并定义了对应的 get 和 set 方法，对不同类型的数据进行封装，代码如下：

```
package tutorial;
import java.util.Date;

public class Goods {
   private String product;
   private Double bid;
   private Integer mount;
   private Date date;

   public String getProduct() {
       return product;
   }
   public void setProduct(String product) {
       this.product = product;
   }
   public Double getBid() {
       return bid;
   }
   public void setBid(Double bid) {
       this.bid = bid;
   }
   public Integer getMount() {
       return mount;
   }
   public void setMount(Integer mount) {
       this.mount = mount;
   }
   public Date getDate() {
       return date;
```

```
    }
    public void setDate(Date date) {
        this.date = date;
    }
}
```

2. 新建 Action 类

新建 Action 类 AddGoodsAction.java，定义 Goods 对象传递数据，分别接收 product、bid、mount 和 date 属性值，并定义 execute()方法返回成功的字符串。

```
package tutorial;
import com.opensymphony.xwork2.ActionSupport;

public class AddGoodsAction extends ActionSupport {
    //属性类型需要类型转换的对象
    private Goods goods;

    public Goods getGoods() {
        return goods;
    }
    public void setGoods(Goods goods) {
        this.goods = goods;
    }
    public String execute() throws Exception {
        return SUCCESS;
    }
}
```

3. 新建数据输入页面

数据输入页面由 addGoods.jsp 实现，该文件视图是表单信息提交页面，请注意表单控件的 name 属性值，它是 Goods 对象调用对应的成员变量。

```
<%@ page language="java" import="java.util.*" pageEncoding=" UTF-8"%>
<%@ taglib prefix="s" uri="/struts-tags"%>
<!DOCTYPE HTML PUBLIC "-//W3C//DTD HTML 4.01 Transitional//EN">
<html>
  <head>
    <title>My JSP 'addGoods.jsp' starting page</title>
  </head>
  <body>
        <!-- 提交购买的商品信息 -->
    <table>
        <s:form id="GoodsForm" action="addGoods">
            <s:textfield name="goods.product" label="商品名称"></s:textfield>
            <s:textfield name ="goods.bid" label="价格"></s:textfield>
            <s:textfield name ="goods.mount" label="数量"></s:textfield>
            <s:textfield name ="goods.date" label="日期"></s:textfield>
            <s:submit value="提交"></s:submit>
        </s:form>
    </table>
  </body>
</html>
```

4. 配置文件 struts.xml

该文件主要配置自定义的 Action。

```
<?xml version="1.0" encoding="UTF-8" ?>
<!DOCTYPE struts PUBLIC
   "-//Apache Software Foundation//DTD Struts Configuration 2.1//EN"
   "http://struts.apache.org/dtds/struts-2.1.dtd">
<struts>
   <constant name="struts.i18n.encodeing" value="GBK"/>
<package name="tutorial" extends="struts-default">
      <action name="addGoods" class="tutorial.AddGoodsAction">
          <result name="input">addGoods.jsp</result>
          <result name="success">showGoods.jsp</result>
       </action>
     </package>
</struts>
```

5. 显示数据转换结果

showGoods.jsp 页面获取表单输入的数据，通过 property 标签的 value 属性值从 Action 中获得相应表达式的内容，获取通过 Action 中定义的 getter()方法来完成。

```
<%@ page language="java" import="java.util.*" pageEncoding=" UTF-8"%>
<%@ taglib prefix="s" uri="/struts-tags"%>
<!DOCTYPE HTML PUBLIC "-//W3C//DTD HTML 4.01 Transitional//EN">
<html>
  <head>
   <title>My JSP 'showGoods.jsp' starting page</title>
  </head>
  <body>
      <h2>商品信息 </h2>
      商品名称:<s:property value="goods.product" ></s:property>
      价格: <s:property value="goods.bid" ></s:property>
      购买数量: <s:property value="goods.mount" ></s:property>
      购买日期: <s:property value="goods.date" ></s:property>
  </body>
</html>
```

至此，项目开发完成，发布工程，在浏览器中输入地址：http://localhost:8080/ConvertAdd/addGoods.jsp，在图 5-2 所示的页面中输入数据。

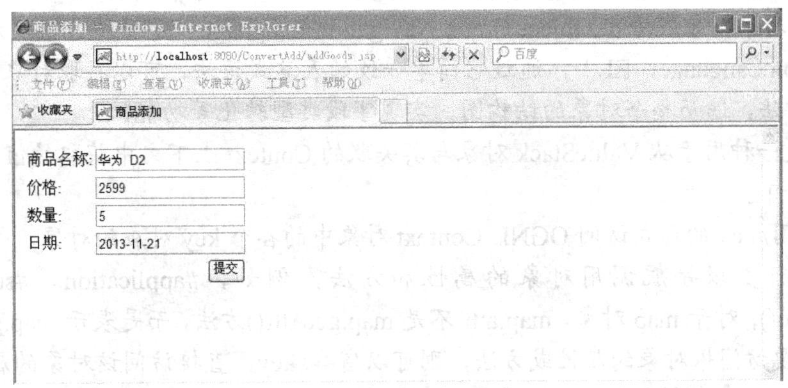

图 5-2 基本数据类型的数据输入

单击“提交”按钮，显示如图 5-3 所示的页面数据视图，可以看出各种基本类型的数据在显示与输入页面中的不同。

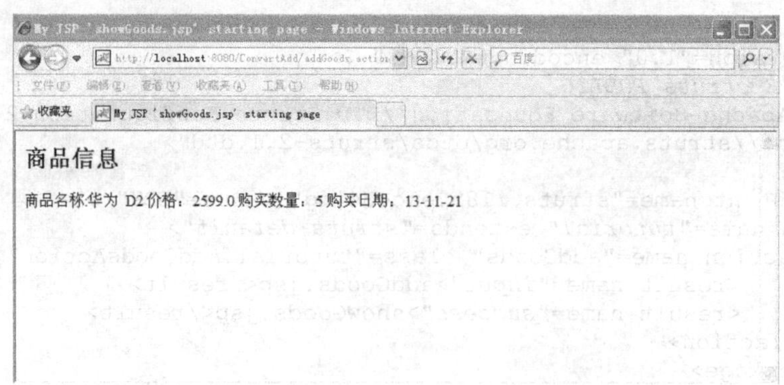

图 5-3　基本数据类型的数据显示

技术细节

① 在页面中输入一个 Goods 对象的所有属性值，并将它的属性值显示在页面上。

② 4 个成员变量的数据类型分别是 String、Double、Int、Date 四个 Java 类型，这些基本的 Java 类型转换根本不需要开发人员编写任何类型转换代码。

③ 输入数据页面，使用 OGNL 和 Struts 2 标签来建立一个数据输入表单。Goods 对象在 Action 中定义完成，并建立 getter、setter 方法，这样在 JSP 页面上就可以设置该对象。

④ 系统根据 struts.xml 配置文件执行 Action 之前，Struts 2 自带的类型转换拦截器就已经将 Goods 对象中几个属性变量的类型由页面上输入时 String 类型转换为 Goods 对象属性变量被定义的数据类型。

⑤ 数据显示页面显示数据时，Goods 对象中每个属性变量的数据类型又都转换为页面上需要显示的 String 类型。

实际的开发工作中，除非根据特殊需求需要类型转换之外，Struts 2 中绝大部分类型转换都已经由 Struts 2 自己完成。

注意

OGNL（对象图导航语言,Object Graph Navigation Language）是一种功能强大的表达式语言（Expression Language，EL），通过它简单一致的表达式语法，可以存取对象的任意属性，调用对象的方法，遍历整个对象的结构图，实现字段类型转化等功能。

OGNL 是一种用于从 ValueStack 对象与其关联的 Context 上下文中获取的值的表达式，最基本的语法如下。

① 可以用#key 的形式访问 OGNL Context 对象中的各个 key 对应的对象，并可以采用点(.)操作符进行多级导航调用对象的属性和方法，例如，#application、#session.attr1、#key1.sayHello(); 对于 map 对象，map.attr 不是 map.getAttr()方法，而是表示 map.get("attr1")。

② 如果要访问根对象的属性或方法，则可以省略#key，直接访问该对象的属性和方法。Struts 2 修改了 OGNL 表达式的默认属性访问器，它不是直接访问根对象 ValueStack 的属性或方法，而是在 ValueStack 内部的堆栈中的所有对象上逐一查找该属性或方法，搜索顺序是从栈顶对象开始查找，依次往下，直到找到为止，例如，sayHello()表示调用堆栈中某个对象的 sayHello()方法。

③ 特例：如果引用名前面没有#，且 valueStack 中存储的各个对象没有该属性，则把该名称当做 Context 对象中的某个 key 来检索对应的对象，但这种方式不支持点(.)操作符。

5.1.3 List 集合类型数据类型转换

本实例是对 5.1.2 中实例的扩充，实现包含多个 Java 对象的 List 集合类型的类型转换。主要掌握 List 集合类型转换在 Action 中的使用方式和 List 集合类型转换在视图界面中的显示。

新建 Web 工程 ConvertList，添加 Struts 2 开发支持（Add Struts Capabilities）。

链接

本工程的 Goods 类与 5.1.2 节相同。

1. 修改 Action 类

本实例的 Action 类是对上节的 AddGoodsAction.java 进行修改，定义 List 类型变量，List 集合类型变量的元素都是 Goods 对象。

```
package tutorial;
import java.util.List;
import com.opensymphony.xwork2.ActionSupport;

public class AddGoodsAction extends ActionSupport {
   private List<Goods> goodsList;

   public String execute() throws Exception {
       return SUCCESS;
   }

   public List<Goods> getGoodsList() {
       return goodsList;
   }

   public void setGoodsList(List<Goods> goodsList) {
       this.goodsList = goodsList;
   }
}
```

注意

List<Product>也是 J2SE 5.0 才有的泛型（Generic）。

2. 多对象数据输入页面

数据输入页面由 addGoods.jsp 实现，该文件视图由表单信息提交页面，表单控件的 name 属性值是 List 集合的 Goods 对象，通过 OGNL 类循环遍历，这样，在页面上可以依次输入多条数据。

```
<%@ page language="java" import="java.util.*" pageEncoding=" UTF-8"%>
<%@ taglib prefix="s" uri="/struts-tags"%>
<!DOCTYPE HTML PUBLIC "-//W3C//DTD HTML 4.01 Transitional//EN">
<html>
  <head>
```

```
    <title>商品添加</title>
  </head>
  <body>
    <h2>提交购买的商品信息 </h2>
        <table>
             <s:form id="goodsForm" action="addGoods" theme="simple">
             <table>
             <tr>
             <td>商品名称</td>
             <td>价格</td>
             <td>数量</td>
             <td>日期</td>
             </tr>
             <s:iterator value="new int[4]" status="m">
             <tr>
             <td><s:textfield name="%{'goodsList['+#m.index +'].product'}"
             /></td>
                 <td><s:textfield name="%{'goodsList['+#m.index +'].bid'}"
                 /></td>
                 <td><s:textfield name="%{'goodsList['+#m.index +'].mount'}"
                 /></td>
                 <td><s:textfield name="%{'goodsList['+#m.index +'].date'}"
                 /></td>
             </tr>
             </s:iterator>
             <tr>
             <td colspan="4"><s:submit value="提交"></s:submit>
             </tr>
             </table>
             </s:form>
        </table>
  </body>
</html>
```

代码中的<s:textfield>的 name 为“%{goodsList['+#m.index+'].bid}”，%{exp}格式表示使用 OGNL 表达式，上述表达式相当于<%= "goodsList[" + m.index + "].bid" %>。这是 Struts 2 将输入参数直接封装成 Map 里的对象，格式为“Action 属性名['key 值'].属性名”的形式，其中“Action 属性名”是 Action 类里包含的 Map 类型属性，后一个属性名是 Map 对象里复合类型对象的属性名。

技术细节

<s:iterator>标签用于迭代一个 OGNL 集合，并逐一将迭代出来的元素压入栈顶和弹栈。

➢ status 属性：创建代表当前迭代状态的 IteratorStatus 对象，并指定将其存储进 ValueStack Context 中时的 key。

➢ 输出迭代后的 ValueStack 栈顶对象的属性并利用迭代状态的示例代码如下：

```
<s:iterator value="#request" status="status">
<tr class='<s:property value="#status.odd ? 'odd':'even'"/>' >
   <td><s:property value="key"/>::::<s:property value="value"/></td>
</tr>
</s:iterator>
```

➢ 类似 EL 表达式的 JavaBean 属性访问和索引访问，例如，可以用“#parameter.id[0]”或“#parameter['id'][0]”访问名称作为 id 的请求参数。

➢ 支持类静态方法调用和属性访问，表达式的格式为@[类全名（包括包路径）]@[方法名|值名]，例如：@java.lang.String@format('foo %s', 'bar')或@cn.itcast.Constant@APP_NAME。

➢ session.attribute["foo"]等效于 session.getAttribute("foo")方法。

➢ 在 OGNL 中可以写很大的整数，例如，<s:property value="%{1111111111111111111111H.bitLength()}"/>，而在 Java 中则不能直接写 1111111111111111111111 这么大的整数。

3. 配置文件 struts.xml

该文件主要配置自定义的 Action。

```
<?xml version="1.0" encoding="UTF-8" ?>
<!DOCTYPE struts PUBLIC
   "-//Apache Software Foundation//DTD Struts Configuration 2.1//EN"
   "http://struts.apache.org/dtds/struts-2.1.dtd">
<struts>
   <package name="tutorial" extends="struts-default">
      <action name="addGoods" class="tutorial.AddGoodsAction">
         <result name="input">addGoods.jsp</result>
         <result name="success">showGoods.jsp</result>
      </action>
    </package>
</struts>
```

4. 显示数据转换结果

showGoods.jsp 页面获取表单输入的数据，通过 property 标签的 value 属性值从 Action 中获得相应表达式的内容，获取通过 Action 中定义的 getter()方法来完成。

```
<%@ page language="java" import="java.util.*" pageEncoding="UTF-8"%>
<%@ taglib prefix="s" uri="/struts-tags"%>
<!DOCTYPE HTML PUBLIC "-//W3C//DTD HTML 4.01 Transitional//EN">
<html>
  <head>
    <title>商品显示</title>
  </head>
  <body>
       <table>
          <tr>
          <td>商品名称</td>
          <td>商品价格</td>
          <td>商品数量</td>
          <td>购买日期</td>
          </tr>
          <s:iterator value="goodsList" status="m">
            <tr>
               <td><s:property value="product" ></s:property></td>
               <td><s:property value="bid" ></s:property></td>
               <td><s:property value="mount" ></s:property></td>
               <td><s:property value="date" ></s:property></td>
             </tr>
          </s:iterator>
        </table>
  </body>
</html>
```

至此，项目开发完成，发布工程，在浏览器中输入地址：http://localhost:8080/ConvertList/addGoods.jsp，在图 5-4 所示页面中输入多条数据。

单击提交按钮，显示如图 5-5 所示的页面数据视图，可以看到多个数据对象的数据显示页面。

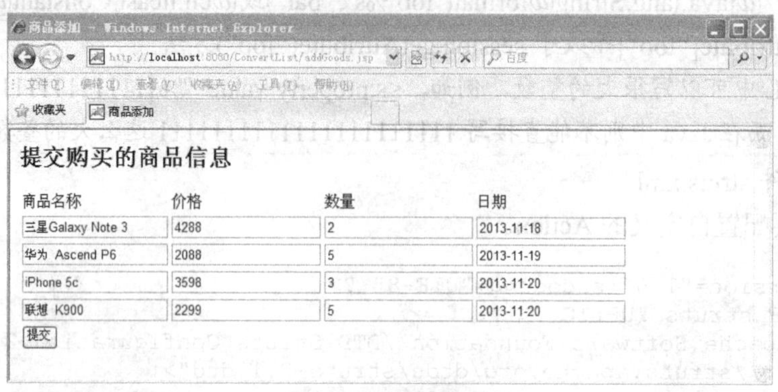

图 5-4　多个数据对象的数据输入

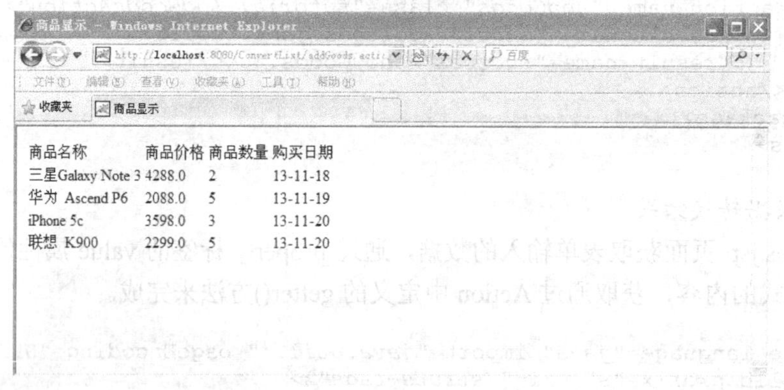

图 5-5　多个数据对象的数据显示

从项目显示结果可以看出，批量的多个 Goods 对象数据输入和单个 Goods 对象输入本质上区别不大，在视图界面上只是利用 OGNL、Struts 2 标签来保证数据可以输入和显示。

5.2　使用自定义转换器实现类型转换

Struts 2 已经为我们提供了几乎所有的 primitive 类型及常用类型（如 Date）的类型转换器，但是对于一些较为复杂或特殊的类型转换，我们也可以自定义类型转换器，Struts 2 的自定义类型转换机制为复杂类型的输入和输出处理提供了便利。

5.2.1　编写类型转换器类

Struts 2 的类型转换器是基于 OGNL 实现的，在 OGNL 项目中有一个 TypeConverter 接口，这个接口就是实现类型转换器所必须实现的接口。该接口的定义代码如下：

```
    public interface TypeConverter{
        public Object convertValue(Map context,Object target,Member member,
String propertyName,
    Object value,Class toType)
    }
```

实现类型转换器必须实现 TypeConverter，不过该类接口里的方法太过复杂，该接口有一个实现类 DefaultTypeConverter，通过继承该类来实现自己的类型转换器。

如果自定义类型转换器类继承 DefaultTypeConverter 实现类（该类实现了 TypeCoverter 接口），只要重写 convertValue 方法即可，继承该类一般适合简单应用的开发。

为了简化类型转换器的实现，Struts 2 提供了一个 StrutsTypeConverter 抽象类，这个类是 DefaultTypeConverter 的子类，其实在实际开发中我们很少去使用 DefaultTypeConverter 类来转换。自定义类型转换器也可通过继承 StrutsTypeConverter 类来实现，大部分用的是 StrutsTypeConverter。

如果自定义类型转换器类继承 StrutsTypeConverter 类，就必须实现父类的两个核心方法：

（1）publicabstract Object convertFromString(Map context, String[] values, Class toClass);

（2）publicabstract String convertToString(Map context, Object o)。

下面是 StrutsTypeConverter 类的代码。

```
    package org.apache.struts2.util;
    import java.util.Map;
    import ognl.DefaultTypeConverter;

    public abstract class StrutsTypeConverter extends DefaultTypeConverter {
      ① public Object convertValue(Map context, Object o, Class toClass) {
      ②    if (toClass.equals(String.class)) {
                return convertToString(context, o);
            } else if (o instanceof String[]) {
                return convertFromString(context, (String[]) o, toClass);
      ③     } else if (o instanceof String) {
                return convertFromString(context, new String[]{(String) o},
toClass);
            } else {
                return performFallbackConversion(context, o, toClass);
            }
        }

        protected Object performFallbackConversion(Map context, Object o, Class
toClass) {
            return super.convertValue(context, o, toClass);
        }

        public abstract Object convertFromString(Map context, String[] values,
Class toClass);

        public abstract String convertToString(Map context, Object o);
    }
```

代码导读

① StrutsTypeConverter 类中定义了 convertValue()方法，该方法是为了完成字符串与其他类型之间的转换。

② 如果是其他类型向字符串转换，即 toClass.equals(String.class)，就会调用 convertToString()方法，convertToString()方法用于将对象以字符串的方式输出到页面，该方法是一个抽象方法，在子类中必须加以实现。

③ 如果是字符串向其他类型的转换，就会调用 convertFromString()方法，convertFromString()方法用于从前台页面获取字符串，将字符串转化为对象，该方法也是一个抽象方法，需要在子类中加以实现。

5.2.2 类型转换器的配置

实现了自定义类型转换器之后，将该类型转换器注册在 Web 应用中，Struts 2 框架才可以正常使用该类型转换器。Struts2 自定义类型转换从大的方面来讲分为两种：局部类型转换和全局类型转换。无论是全局类型转换还是局部类型转换，转换器与 Action 之间都是用 properties 文件来关联的，.properties 文件指明了转换规则。

类型转换需要配置文件（.properties 文件），配置文件有两种，一种是单独对某个 Action 进行配置，另一种是全局配置。

（1）局部类的转换（一个处理类对应一个类型转换类，仅仅对某个 Action 的属性起作用）。

在对应的 Action 的同级目录下新建 xxxAction-conversion.properties 文件“xxxAction”处理类的名字（要完全相同）。“-conversion.properties”要固定不变，如本例的 Action 是 AddGoodsAction.java，对应的属性文件是 AddGoodsAction-conversion.propterties。

xxxAction-conversion.properties 文件内容格式为：待转换的属性的名字=转换器类的全名，例如：

```
point=com.struts.convert.PointConverter
```

point 是 xxxAction 处理类里的属性，com.struts.convert.PointConverter 是此属性要用的类型转换器。

（2）全局类的转换（多个处理类共用一个类型转换类，对所有 Action 的特定类型的属性都会生效）。

如果多个 Action 都需要将某一变量的类型进行转换，可以为每一个 Action 定义一个对应的属性文件，这样太麻烦。可以定义全局类型转换属性文件，所有需要类型转换的 Action 都可以调用该文件中定义的类型转换变量。

首先要在项目的 src 文件目录下增加 xwork-conversion.properties 文件，文件名不能变，xwork-conversion.properties 文件内容格式为：待转换的类型的全名（包括包路径和类名）=转换器类的全名，例如：

```
com.struts.bean.Point=com.struts.convert.PointConverter
```

代码中的 com.struts.bean.Point 类，用 com.struts.convert. PointConverter 转换器来转换，这样的任何 xxxAction 类，只要有类型为 com.struts.bean.Point 的属性都用 com.struts.convert. PointConverter 转换器来转换（需要注意的是 xwork-conversion.properties 文件的存放位置）。

5.2.3 自定义转换器实例

1. 自定义日期格式

由于 Struts 2 对日期转换时，会显示日期和时间，如果项目只需要显示日期，需要采用自定义的类型转换器来实现日期显示。类型转换类定义如下：

```
import java.text.SimpleDateFormat;
import java.util.Date;
import java.util.Map;
import org.apache.struts2.util.StrutsTypeConverter;
import
com.sun.org.apache.xerces.internal.impl.xpath.regex.ParseException;
public class DateConverter extends StrutsTypeConverter {
    private static String DATE_TIME_FOMART_IE = "yyyy-MM-dd HH:mm:ss";
    private static String DATE_TIME_FOMART_FF = "yy/MM/dd hh:mm:ss";
    public Object convertFromString(Map context, String[] values, Class
    toClass) {
        Date date = null;
        String dateString = null;
        if (values != null && values.length > 0) {
            dateString = values[0];
            if (dateString != null) {
                // 匹配 IE 浏览器
               SimpleDateFormat format = new SimpleDateFormat (DATE_TIME_FOMART_
               IE);
                try {
                    date = format.parse(dateString);
                } catch (ParseException e) {
                    date = null;
                }
                if (date == null) {
                    format = new SimpleDateFormat(DATE_TIME_FOMART_FF);
                    try {
                        date = format.parse(dateString);
                    } catch (ParseException e) {
                       date = null;
                    }
                }
            }
        }
        return date;
    }

   public String convertToString(Map context, Object o) {
        // 格式化为 date 格式的字符串
        Date date = (Date) o;
        String dateTimeString=DateUtils.formatDate(date);
    }
}
```

DateUtils.formatDate(date)是调用该项目一个基础包的公用方法，如果单独使用，直接用日期格式化代码代替。

xwork-conversion.properties 配置文件定义如下：

```
java.util.Date=tutorial(包).DateConverter
```

2. 字符型与整型的转换

本例在编写类型时对输入的字符串和整型进行相互转换，如果接收的数据类型是 String，则转换器类的代码如下：

```
package com.zchen.struts.converter;
import java.util.Map;
import org.apache.struts2.util.StrutsTypeConverter;
import com.zchen.struts.bean.Point;

public class PointConverter2 extends StrutsTypeConverter {
    public Object convertFromString(Map context, String[] values, Class
    toClass) {
        Point point = new Point();
        String[] str = (String[])values;//取得的值是一个数组（通用性考虑）
        String[] paramValues = str[0].split(",");
        int x = Integer.parseInt(paramValues[0]);
        int y = Integer.parseInt(paramValues[1]);
        point.setX(x);
        point.setY(y);
        return point;
    }

   public String convertToString(Map context, Object o) {
        Point point = (Point)o;
        int x = point.getX();
        int y = point.getY();
        String result = "[x="+x+" y="+y+"]";
        return result;
    }
}
```

如果接收的 values 不是 String，而是字符串数组，那么转换器类的代码如下：

```
package com.zchen.struts.converter;
import java.util.ArrayList;
import java.util.List;
import java.util.Map;
import org.apache.struts2.util.StrutsTypeConverter;
import com.zchen.struts.bean.Point;

public class PointConverter3 extends StrutsTypeConverter {
    public Object convertFromString(Map context, String[] values, Class
    toClass) {
        List<Point> list = new ArrayList<Point>();
        for(String value:values){
            Point point = new Point();
            String[] paramValues = value.split(",");
            int x = Integer.parseInt(paramValues[0]);
            int y = Integer.parseInt(paramValues[1]);
            point.setX(x);
            point.setY(y);
```

```
            list.add(point);
        }
        return list;
    }

    public String convertToString(Map context, Object o) {

        List<Point> list = (List<Point>)o;
        StringBuilder sb = new StringBuilder();
        sb.append("[");
        int number = 0;
        for (Point point:list) {
            ++number;
            int x = point.getX();
            int y = point.getY();
            sb.append(number).append("x=").append(x).append("
            y=").append(y);
        }
        sb.append("]");
        return sb.toString();
    }
}
```

注意

代码中的 Point 类封装 Int 型数据 x、y，代码定义了成员属性 x、y，以及对应的 setter 和 getter 方法。

5.2.4 类型转换综合实例

本实例是对简单 HelloWorld 程序的扩展，并结合了 Struts 2 类型转换与国际化的知识。首先新建 Web 工程 ConvertHelloWorld，添加 Struts 2 开发支持（Add Struts Capabilities）。

1. Action 类 HelloWorld

新建 tutorial 包，创建 HelloWorld.java 文件，代码如下：

```
package tutorial;
import java.util.Locale;
import com.opensymphony.xwork2.ActionSupport;
import com.opensymphony.xwork2.util.LocalizedTextUtil;
public class HelloWorld extends ActionSupport {
    private String msg;
    private Locale loc = Locale.US;
public String getMsg() {
    return msg;
  }

    public Locale getLoc() {
        return loc;
  }

    public void setLoc(Locale loc) {
        this .loc = loc;
  }

    public String execute() {
```

```
        // LocalizedTextUtil 是 Struts 2 中国际化的工具类，<s:text>标志就是通过调
        用它实现国际化的
        msg = LocalizedTextUtil.findDefaultText("HelloWorld",loc);
        return SUCCESS;
    }
}
```

技术细节

Locale 是 JDK 中的类 java.util.locale，是 Java 语言对于国际化的支持，对应各个国家的语言支持。创建完 Locale 后，就可以查询有关其自身的信息，Locale 类有下面一些主要方法。

① getAvailableLocales()：返回一个 Locale[]存储所有对语言的支持；

② getDisplayCountry()：获得国家名称；

③ getCountry()：获得国家编码；

④ getDisplayLanguage()：获得语言名称；

⑤ getLanguage()：获得语言标志。

2. 配置 Action

在源代码文件夹下的 struts.xml 中加入如下代码，新建 Action：

```
<?xml version="1.0" encoding="UTF-8" ?>
<!DOCTYPE struts PUBLIC
    "-//Apache Software Foundation//DTD Struts Configuration 2.1//EN"
    "http://struts.apache.org/dtds/struts-2.1.dtd">
<struts>
    <constant name="struts.i18n.encodeing" value="GBK"/>
<package name ="tutorial" extends ="struts-default">
        <action name ="HelloWorld" class ="tutorial.HelloWorld">
            <result>/HelloWorld.jsp </result>
        </action>
    </package>
</struts>
```

3. 页面视图

在 Web 文件夹下，新建 HelloWorld.jsp，该文件视图有一表单，通过文本框输入要显示的语言种类编码，文本框的 name 属性值为 loc，表单的 Action 属性为 HelloWorld，代码如下：

```
<%@ page language="java" contentType="text/html; charset=UTF-8"
    pageEncoding="ISO-8859-1"%>
<%@taglib prefix="s" uri="/struts-tags"%>
<!DOCTYPE html PUBLIC "-//W3C//DTD HTML 4.01 Transitional//EN"
"http://www.w3.org/TR/ html4/loose.dtd">
<html>
<head>
<meta http-equiv="Content-Type" content="text/html; charset=ISO-8859-1">
<title>Insert title here</title>
</head>
<body>
    <s:form action ="HelloWorld" theme ="simple" >
        Locale: <s:textfield name ="loc" />   <s:submit />
    </s:form >
```

```
    <h2><s:property value ="msg" /></h2 >
</body>
</html>
```

4. 转换器类

自定义类型转换类 LocaleConverter 继承了 DefaultTypeConverter，继承该类需要实现 convertValue()方法，在该方法中实现。

接下来，在源代码文件夹的 tutorial 包中新建 LocaleConverter.java 文件，代码如下：

```
package tutorial;
import java.util.Locale;
import java.util.Map;

public class LocaleConverter extends ognl.DefaultTypeConverter {
   public Object convertValue(Map context, Object value, Class toType) {
      ① if (toType == Locale. class ) {
      ②     String locale = ((String[]) value)[ 0 ];
         return new Locale(locale.substring( 0 , 2 ), locale.substring( 3 ));
      ③} else if (toType == String. class ) {
            Locale locale = (Locale) value;
          return locale.toString();
      }
     return null ;
   }
}
```

代码导读

① 判断 toType 类型为 Locale 类型。

② 将 Locale 类型转换为 String 类型。

③ 判断 toType 类型为 String 类型。

ConvertValue 方法负责完成类型的转换，这种转换是双向的。为了让该方法实现双向转换，通过判断 toType 的类型即可判断转换的方向，一旦判断了类型转换的方向，我们就可以分别实现两个方向的转换逻辑了。

Locale 文本输入框对应是 Action 中的类型为 java.util.Locale 的属性 loc，所以需要创建一个自定义转换器实现两者间的转换。在本例中，LocaleConverter 继承了 ognl.DefaultTypeConverter，重载了其方法原型为 “public Object convertValue(Map context, Object value, Class toType)” 的方法。

① context——用于获取当前的 ActionContext，是类型转换环境的上下文。

② value——需要转换的参数，随着转换方向的不同，value 参数的值也是不一样的。

③ toType——需要转换成的目标类型。

5. 转换器配置文件

为了转换 Locale 类型，本项目中配置全局的类型转换器，指定转换器类是 LocaleConverter。在 scr 文件夹下新建 xwork-conversion.properties，用于类型转换时调用自定义的类型转换器类，并在其中添加如下代码：

```
java.util.Locale = tutorial.LocaleConverter
```

6. 转换器配置文件

国际化程序如果能提供多语言的用户界面，需要在某个地方定义并存放各种语言版本“标签”的信息。这些字符串类型的信息事先被保存在多个文本文件中，每个文件对应一种不同语言的版本，这些文件被称为“属性文件”（Properties File），所有属性文件组合在一起被称为资源包（Resource Bundle）。详细讲解见本书的第 7 章。

新建属性文件 struts.properties：

```
struts.custom.i18n.resources=globalMessages
```

新建属性文件 globalMessages_en_US.properties：

```
HelloWorld=Hello World\!
```

新建属性文件 globalMessages_zh_CN.properties：

```
HelloWorld=\u4F60\u597D\uFF0C\u4E16\u754C\uFF01
```

该文件的中文字符进行了 Unicode 转义，将“你好，世界！”转换为“\u4F60\u597D\uFF0C\u4E16\u754C\uFF01”。

7. 发布运行

发布工程 ConvertHelloWorld，重启 Tomcat 服务器，在浏览器中输入：http://localhost:8080/ConvertHelloWorld/HelloWorld.action，页面显示如图 5-6 所示。

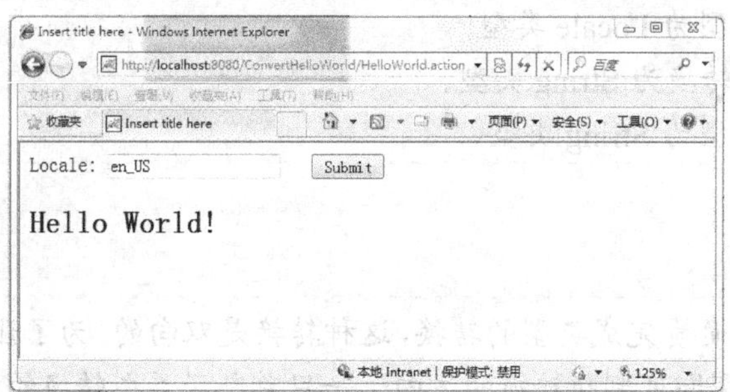

图 5-6　HelloWorld 英文输出

在 Locale 输入框中输入“zh_CN”，单击“Submit”提交，出现如图 5-7 所示页面。

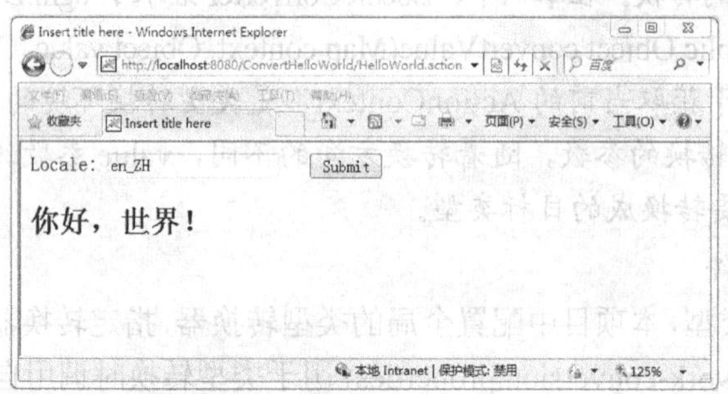

图 5-7　HelloWorld 中文输出

本实例中，Locale 文本输入框对应是 Action 中的类型为 java.util.Locale 的属性 loc，所以需要创建一个自定义转变器来实现两者间的转换。

5.3 类型转换中的错误处理

5.3.1 Struts 2 自带异常提示

如果类型之间不能转换或转换出错，例如，字符串如果要转换成整型数据，Struts 2 如何对类型转换进行处理呢？这些错误不会被直接报告出来，它们被添加到 ActionContext.conversionErrors 中，可以通过集中方法来访问该 Map 中对应的错误信息。

错误信息的获取通过拦截器实现，在 Action 配置 stack 时，把 conversionError interceptor 增加进去就会把这些错误当做字段来报告。默认情况下，conversionError interceptor 包含在 Struts 2 的默认拦截器栈中，这是一个全局错误报告方式。如果想只对一个字段报告错误，就需要修改拦截器栈并添加其他的校验规则，即使用 conversion validator 报告错误。

链接

本节实例是对 5.1.2 节的工程 ConvertAdd 进行的扩充。

在数据输入页面 addGoods.jsp 中输入如图 5-8 所示的数据。

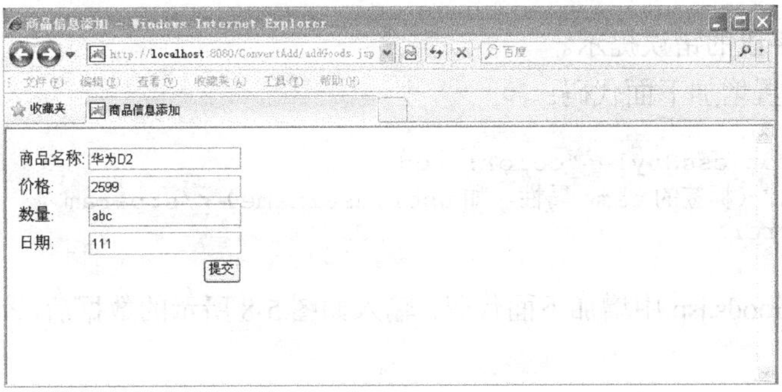

图 5-8　错误类型输入

提交表单数据后，显示的错误提示页面如图 5-9 所示。

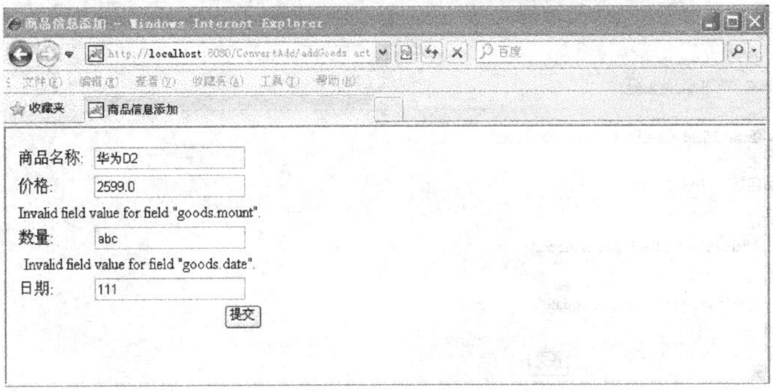

图 5-9　错误类型输入提示

在页面输入数据时，输入的数量和日期数据为字符串类型，由于类型转换时，数量 Mout 和日期 Date 作为 Goods 对象的一个属性，它的 Java 代码定义的类型分别是 Interger 和 Date 类型，因此如果页面输入的数据不是整型和日期型，则转换类型时必定会发生类型转换异常，此时 Struts 2 自带的处理类型转换异常的机制就会显示错误提示信息和出错数据的输入框提示，如图 5-9 所示。

Struts 2 显示验证结果一般通过两种方式：

① 在页面的上面或某个位置显示全部错误。

在 addGoods.jsp 文件代码中增加代码：<s:fielderror/>，这样会显示所有的错误信息，输入如图 5-8 所示的数据后，效果如图 5-10 所示。

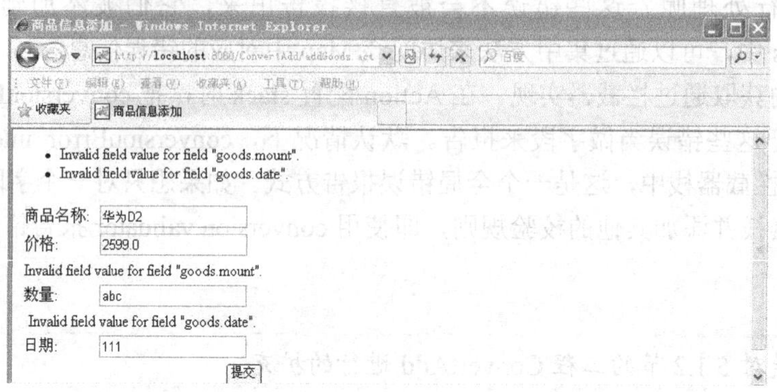

图 5-10　引入标签 fielderror 后的输入错误提示图

② 显示特定字段的错误提示。

在网页某个位置增加下面代码：

```
<s:fielderror cssStyle="color: red">
<s:param>XXX（标签的 name 属性，如 user.username）</s:param>
</s:fielderror>
```

本例中在 addGoods.jsp 中增加下面代码，输入如图 5-8 所示的数据后，效果如图 5-11 所示。

```
<s:fielderror>
    <s:param>goods.mount</s:param>
</s:fielderror>
```

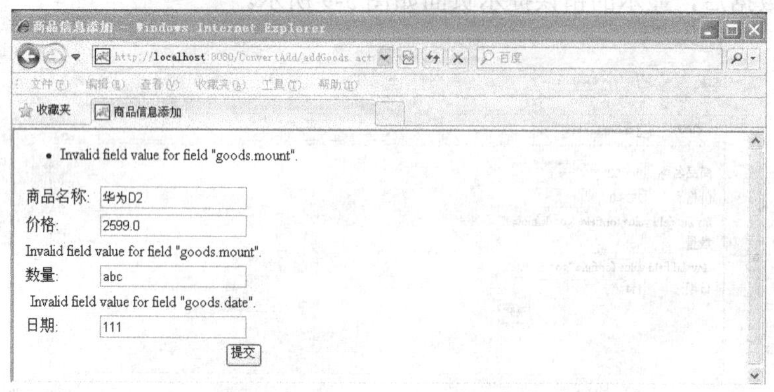

图 5-11　显示特定字段的错误提示

5.3.2 Struts 2 局部异常提示属性文件

在类型转换发生时，往往需要我们自定义的异常错误提示，通过定义局部属性文件，实现异常错误提示。本节实例仍然是对 5.1.2 节的工程 ConvertAdd 进行的扩充。

定义局部属性文件 AddGoodsAction.properties，代码为：

```
invalid.fieldvalue.goods.mount=非法数量输入
```

在和 Action 文件同目录下定义相关的资源文件（Action-Name.properties）属性文件，在该属性文件中对类型转换错误的属性进行定义。其中“goods.mount”是输入数据的 JSP 页面中定义的 field 的 name，而“invalid.fieldvalue”则是固定不变的格式。

从图 5-12 中，我们看到属性文件定义的中文“非法数量输入”显示为乱码，我们重新编辑 AddGoodsAction.properties 文件内容。在 Outline 窗口中单击选中该文件，右键选中 Add→Property 菜单，操作提示如图 5-13 和图 5-14 所示。在出现的对话框中输入属性名称和值，如图 5-15 所示。

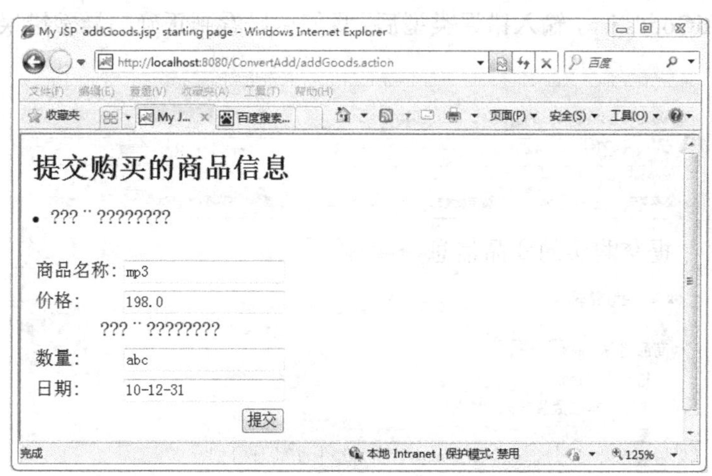

图 5-12 局部异常提示属性文件显示

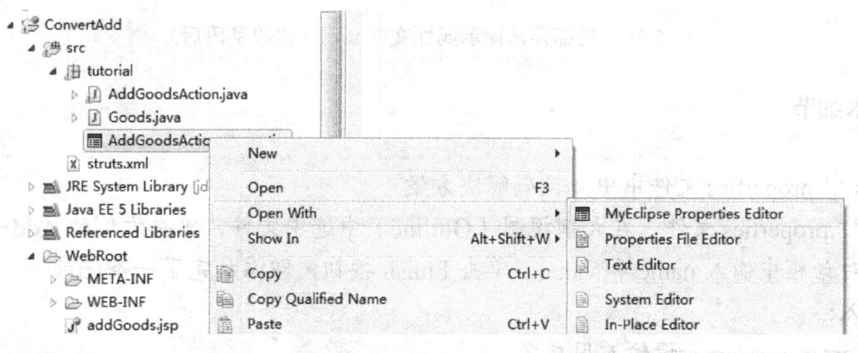

图 5-13 属性文件内容编辑

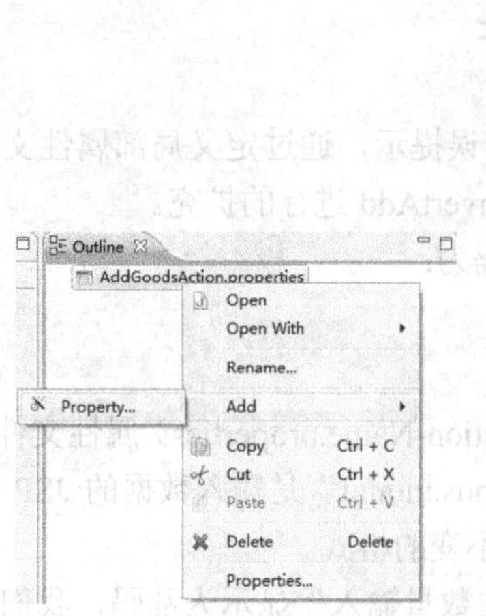

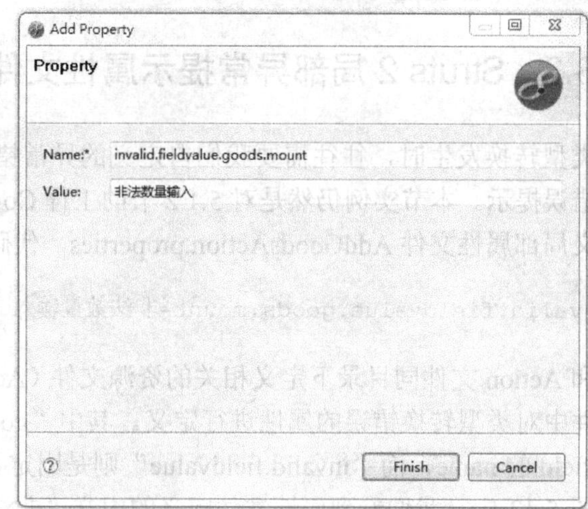

图 5-14　打开编辑对话框命令　　　　图 5-15　属性文件内容输入

添加完成后，中文已经被 Unicode 转义。

invalid.fieldvalue.goods.mount=\u975E\u6CD5\u6570\u91CF\u8F93\u5165

重新运行 addGoods.jsp，输入错误类型后，我们可以看到正确的异常错误提示，如图 5-16 所示。

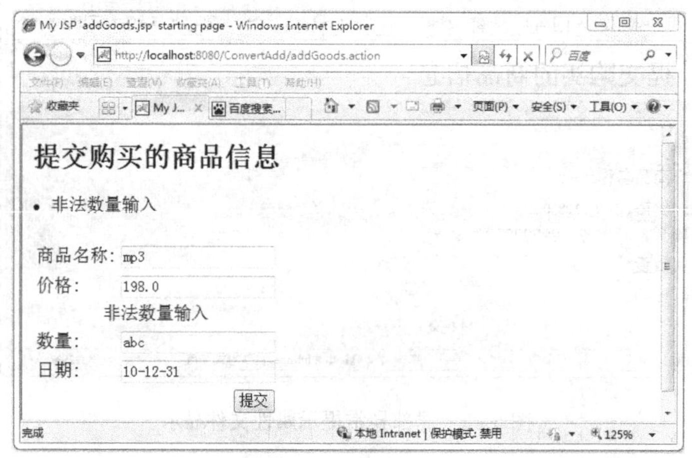

图 5-16　局部异常提示属性文件显示（修改乱码后）

技术细节

Struts 中 properties 文件中中文乱码解决方案

打开**.properties 文件，在大纲视图（Outline）中选中文件，单击右侧的 Add→Property，在出现的对话框中输入 name 和 value，单击 Finish 按钮，即添加完了一条记录。

如输入：

login.error.username=请输入用户名

login.error.userpassword=请输入用户密码

添加完成后，中文已经被转换为另一种形式的编码，以 source 视图查看，可见上面的记录变为：

login.error.username=\u8BF7\u8F93\u5165\u7528\u6237\u540D

login.error.userpassword=\u8BF7\u8F93\u5165\u7528\u6237\u5BC6\u7801

以上的功能的都是通过 Struts 2 里的一个名为 conversionError 的拦截器（interceptor）实现的，它被注册到默认拦截器栈（default interceptor stack）中。Struts 2 在转换出错后，会将错误放到 ActionContext 中，conversionError 的作用是将这些错误封装为对应的项错误（field error），因此我们可以通过<s:fielderror />将其在页面上显示出来。

5.4 总结与提高

本章主要介绍了 Struts 2 的类型转换机制。其他数据类型的数据与字符串类型的数据相互转换是一个繁杂的过程，Struts 2 框架提供了许多默认的转换，这样程序员的大部分精力就会集中在业务逻辑的处理上。

Struts 2 提供了非常强大的类型转换机制，Struts 2 的类型转换是基于 OGNL 表达式的，只要我们把 HTML 输入项（表单元素和其他 GET/POST 的参数）命名为合法的 OGNL 表达式，就可以充分利用 Struts 2 的类型转换机制。

Struts 2 提供了很好的扩展性，开发者可以非常简单地把开发出自己的类型转换器，完成字符串和自定义复合类型之间的转换。如果类型转换中出现未知异常，类型转换器无须关心异常处理逻辑，Struts 2 的 conversionError 拦截器会自动处理该异常，并且在页面上生成提示信息。

第 6 章 Struts 2 输入校验

本章介绍了 Struts 2 的输入校验方式，包括利用手动编程实现输入校验和 Struts 2 校验框架实现输入校验，以注册表单、文本输入、用户登录的实例校验全面讲解 Struts 2 的输入校验方法。读者通过本章的学习可以掌握以下内容：

- 使用 validate()方法进行输入校验。
- 使用 validateXxx()方法进行输入校验。
- 使用 Struts 2 校验框架实现输入校验。
- 自定义校验器。

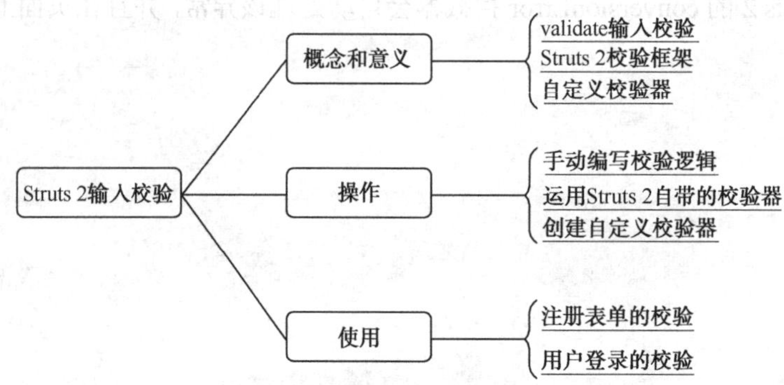

6.1 使用手动编程实现输入校验

对于一个 Web 应用而言，所有的用户数据都是通过浏览器收集的，用户的输入信息是非常复杂的。用户操作不熟练、输入出错、硬件设备不正常、网络传输不稳定，甚至恶意的蓄意破坏，这些都有可能导致输入异常。应用程序必须能正常处理对异常输入的过滤，这就是输入校验，也称为数据校验，通常的做法是碰到异常输入时，应用程序直接返回，提示浏览者必须重新输入。

输入校验分为客户端校验和服务器端校验，客户端校验主要是过滤正常用户的误操作，主要通过 JavaScript 代码完成；服务器端校验是整个应用阻止非法数据的最后防线，主要通过在应用中编程实现。

本节通过下面两种方式在类中通过手动编程实现输入校验。

（1）重写 validate()方法。在 struts 2 框架中，专门用来校验数据的方法是 validate()方法。开发者可以通过继承 ActionSupport 类，并重写 validate()方法来完成输入校验。

（2）重写 validateXxx()方法。Struts 2 框架允许在 Action 中提供一个 validateXxx()方法，专门校验 Xxx()这个处理逻辑。例如，有一个处理逻辑为 regist()的方法，在 Action 中，就可以使用 validateRegist()方法来校验这个处理逻辑。

本节以用户注册来讲解如何通过重写 validate()方法完成输入校验。该实例实现了对输入为空的限制、日期格式的限制、手机号码的限制、年龄范围的限制，讲解几种基本数据的校验方式。

注册信息的输入错误如图 6-1 所示，信息的用户名输入为 3 个字符，而且不是字母或数字，长度也只有 3 个字符；生日日期的输入大于注册页面的当时时间；手机号码的输入长度不是 11 位；年龄的数据也超出了范围。

输入错误的注册信息后，单击注册按钮，显示如图 6-2 所示的校验出错页面，该页面将校验的错误信息进行显示，图 6-3 所示为通过验证的注册成功页面。

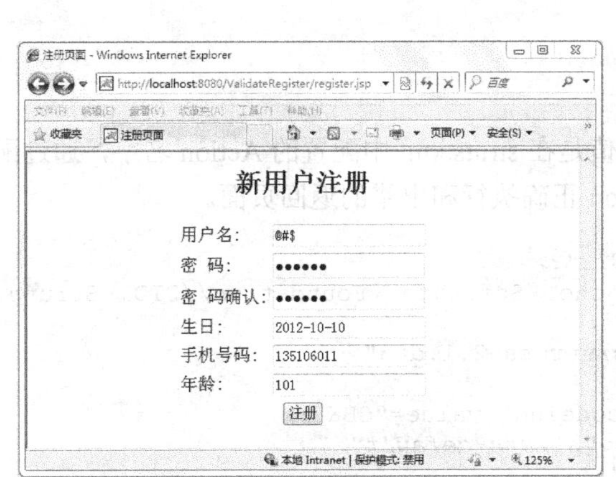

图 6-1　注册信息的错误输入

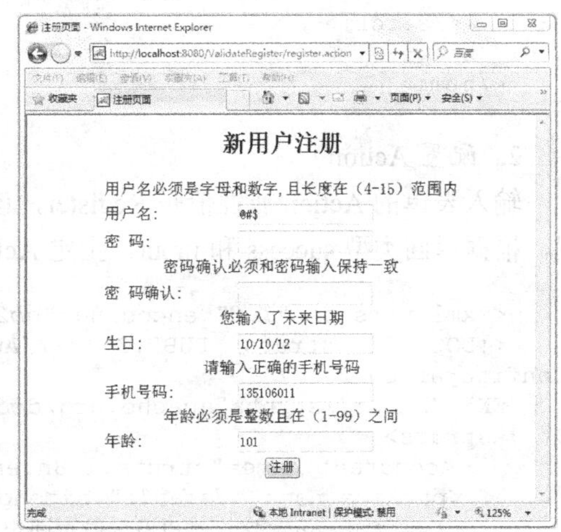

图 6-2　注册信息的校验

图 6-3　注册成功页面

6.1.1　使用 validate 方法进行输入校验

新建 Web 工程 ValidateRegister，添加 Struts 2 开发支持（Add Struts Capabilities）。

1. 注册页面

注册页面 register.jsp 的运行页面如图 6-1 所示，该页面利用 Struts 2 标签，实现了注册表单，代码如下：

```
<%@ page language="java" pageEncoding="UTF-8"%>
<%@taglib prefix="s" uri="/struts-tags"%>
<!DOCTYPE HTML PUBLIC "-//W3C//DTD HTML 4.01 Transitional//EN">
<html>
<head>
   <title>注册页面</title>
</head>
<body>
<!-- 用户信息注册 form 表单 -->
  <s:form action="Register">
    <!-- 各标签定义 -->
    <s:textfield name="name" label="用户名"/>
    <s:password name="pass1" label="密  码" />
    <s:password name="pass2" label="密  码确认" />
    <s:textfield name="birthday" label="生日"/>
    <s:textfield name="mobile" label="手机号码"/>
    <s:textfield name="age" label="年龄"/>
    <s:submit value="注册" align="center"/>
   </s:form>
</body>
</html>
```

2. 配置 Action

输入表单的 Action 属性值是 Register，该值是在 struts.xml 中配置的 Action 名字，通过配置，根据返回类型 success 和 input，指定 Action 正确执行和出错的返回页面。

```
<?xml version="1.0" encoding="gb2312"?>
<!DOCTYPE  struts  PUBLIC  "-//Apache  Software  Foundation//DTD  Struts
Configuration 2.1//
EN" "http://struts.apache.org/dtds/struts-2.1.dtd">
<struts>
   <constant name="struts.i18n.encodeing" value="GBK"/>
   <package name="default" extends="struts-default">
   <!-- Action 名字，类以及导航页面定义 -->
       <!-- 通过 Action 类处理才导航的 Action 定义 -->
       <action name="Register" class="tutorial.RegisterAction">
           <result name="input">register.jsp</result>
           <result name="success">success.jsp</result>
       </action>
   </package>
</struts>
```

3. Action 文件

Action 的实现文件是 RegisterAction.java，该 Action 继承了 ActionSupport 类，并且重写了它的输入校验方法 validate()。

注意

如果 Action 通过实现 com.opensyphony.xwork2.action 接口而实现，那么不能使用 Struts 2 框架提供的 API 支持，所以大部分的校验逻辑都由用户自行在 execute()方法里完成，这种方式无法集成出错的处理，如果要添加出错信息，只能在 Action 里添加新的属性字段。这种将校验逻辑混

合在 execute()方法里的校验方式，会造成维护的困难，而且代码的复用性也大大降低。

Action 的 execute()方法的另一种实现方式是从 com.opensymphony. xwork2.Action Support 基类派生。ActionSupport 实现了很多的成员函数，特别是为校验提供了便利的成员函数，这种方法将校验与业务逻辑的流程独立开来，因此，继承 ActionSupport 类比实现 Action 接口更适合做校验。

```
package tutorial;

import java.util.Date;
import java.util.regex.Pattern;
import com.opensymphony.xwork2.ActionSupport;

public class RegisterAction extends ActionSupport {
   private String name;
   private String pass1;
   private String pass2;
   private Date birthday;
   private String mobile;
   private int age;

   public String getName() {
       return name;
   }
   public void setName(String name) {
       this.name = name;
   }
   public String getPass1() {
       return pass1;
   }
   public void setPass1(String pass1) {
       this.pass1 = pass1;
   }

   public String getPass2() {
       return pass2;
   }
   public void setPass2(String pass2) {
       this.pass2 = pass2;
   }
   public Date getBirthday() {
       return birthday;
   }
   public void setBirthday(Date birthday) {
       this.birthday = birthday;
   }
   public String getMobile() {
       return mobile;
   }
   public void setMobile(String mobile) {
       this.mobile = mobile;
   }
   public int getAge() {
       return age;
   }
   public void setAge(int age) {
       this.age = age;
   }
   public String execute() throws Exception {
```

```
        return SUCCESS;
    }
    // 校验方法，用来输入校验
    public void validate() {
        // 校验是否输入用户名
        if (getName() == null || getName().trim().equals("")) {
            addFieldError("name", "必须输入用户名");
        }else
        //校验用户名的组成与长度
            if(!Pattern.matches("\\w{4,15}",name)){
            addFieldError("name", "用户名必须是字母和数字,且长度在（4-15）范围内
            ");
        }
        // 校验是否输入密码
        if (getPass1() == null || getPass1().trim().equals("")) {
            addFieldError("pass1", "请输入密码");
        }
        //校验密码的组成与长度
        else if(!Pattern.matches("\\w{6,15}",pass1)){
            addFieldError("pass1","密码必须是字母和数字,且长度在(6-15)范围内");
        }
        // 校验是否输入确认密码
        if (getPass2() == null || getPass2().trim().equals("")) {
            addFieldError("pass2", "必须输入确认密码");
        }else
        // 校验输入的密码和确认密码是否一致
        if(!getPass2().equals(getPass1())) {
            addFieldError("pass2", "确认密码必须和密码输入保持一致");
        }
        // 校验是否输入生日
        if (getBirthday() == null) {
            addFieldError("birthday", "必须输入生日日期");
        } else
        // 校验是否输入正确的生日日期
        if (getBirthday().after(new Date())) {
            addFieldError("birthday", "您输入了未来日期");
        }


        // 校验输入的手机号码长度是否正确
        if (getMobile().length() != 11) {
            addFieldError("mobile", "请输入正确的手机号码");
        }
        // 校验输入的年龄是否正确
        if (getAge() < 1 || getAge() > 99) {
            addFieldError("age", "年龄必须是整数且在（1-99）之间");
        }
    }
}
```

根据页面上输入的各种校验，将所有不符合输入校验规则的错误信息都由 ActionSupport 类中的 addFieldError()方法加入到表单错误信息，并且在输入数据的页面显示，不会再由 Action 导航到注册成功页面。

技术细节——Pattern 类

Pattern 类是正则表达式的编译表示形式。指定为字符串的正则表达式必须首先被编译为此类的实例。然后，可将得到的模式用于创建 Matcher 对象，依照正则表达式，该对象可以与任意字符序列匹配。执行匹配所涉及的所有状态都驻留在匹配器中，所以多个匹配器可以共享同一模式。

因此，典型的调用顺序是：

```
Pattern p = Pattern.compile("a*b");
Matcher m = p.matcher("aaaaab");
boolean b = m.matches();
```

在仅使用一次正则表达式时，可以方便地通过此类定义 matches 方法。此方法编译表达式并在单个调用中将输入序列与其匹配。

语句 boolean b = Pattern.matches("a*b", "aaaaab");等效于上面的三个语句，尽管对于重复的匹配而言它效率不高，因为它不允许重用已编译的模式。

语句 Pattern 类的主要方法如下。

① static Pattern compile(String regex) ：将给定的正则表达式编译到模式中。

② static Pattern compile(String regex, int flags) ：将给定的正则表达式编译到具有给定标志的模式中。

③ int flags() ：返回此模式的匹配标志。

④ Matcher matcher(CharSequence input) ：给定输入此模式的匹配器。

⑤ static boolean matches(String regex, CharSequence input) ：编译给定正则表达式并尝试将给定输入与其匹配。

⑥ String pattern() ：返回在其中编译过此模式的正则表达式。

⑦ static String quote(String s) ：返回指定 String 的字面值模式 String。

⑧ String[] split(CharSequence input) ：围绕此模式的匹配拆分给定输入序列。

⑨ String[] split(CharSequence input, int limit) ：围绕此模式的匹配拆分给定输入序列，limit 参数可以限制分隔的次数。

⑩ String to String()返回此模式的字符串表示形式。

4. 注册成功页面

当注册信息正确输入后，单击“注册”按钮，显示注册成功页面，如图 6-3 所示，success.jsp 的代码如下：

```
<%@ page language="java" pageEncoding="UTF-8"%>
<%@taglib prefix="s" uri="/struts-tags"%>
<!DOCTYPE HTML PUBLIC "-//W3C//DTD HTML 4.01 Transitional//EN">
<html>
<head>
   <title>注册成功</title>
</head>
<body>
    <s:property value="name"/>，您已注册成功！
</body>
</html>
```

6.1.2 使用 validateXxx 方法进行输入校验

Struts 2 的 Action 类里可以包含多个处理逻辑，不同的处理逻辑对应不同的方法。即 Struts 2 的Action类里可以定义几个类似于execute的方法。如果我们的输入校验只想校验某个处理逻辑，也就是仅校验某个处理方法， validate 方法无法知道需要校验哪个处理逻辑，因为如果我们重写了 Action 的 validate 方法，则该方法会校验所有的处理逻辑。

为了实现校验指定处理逻辑的功能，Struts 2 的 Action 允许提供一个 validateXxx 方法，其中“Xxx”是 Action 对应的处理逻辑方法，针对 Action 中某一特定方法进行该方法的各种字段的输入校验。

本节实例中的 Action 实现文件仍然是 RegisterAction.java，类的定义中定义了一个 Register 方法，而没有 execute 方法，没有了 validate 方法，而是定义了 validateRegister 方法。代码如下：

```
package tutorial;

import java.util.Date;
import java.util.regex.Pattern;
import com.opensymphony.xwork2.ActionSupport;

public class RegisterAction extends ActionSupport {
    // Action 类公用私有变量，用来做页面导航标志
    //private static String FORWARD = null;
    private String name;
    private String pass1;
    private String pass2;
    private Date birthday;
    private String mobile;
    private int age;

    *********************省略了 set 和 get 方法*****************
    //public String execute() throws Exception {
    public String Register() throws Exception {
        return SUCCESS;
    }
    // 校验方法，用来输入校验
    //public void validate() {
    public void validateRegister() {
    // 校验是否输入用户名
    ********************校验逻辑同上节代码*******************
    }
}
```

struts.xml 配置文件同 6.1.1 节，输入表单数据的页面 registe.jsp 代码略有不同，即 Form 表单的 Action 属性值不同。

```
<s:form action="Register!Register.action">
```

注意

① validate 方法是对所有 Action 中方法的输入都进行校验，而 validateRegister 方法只对

Register 方法进行校验。

② form表单的action属性值是: Register!Register.action，第一个“Register”是RegisterAction中的方法名，一定要和方法名保持一致；而“!”后的“Register”是在struts.xml配置文件中定义的Action配置的name值。

③注册页面 register.jsp 表单提交后，地址栏为：http://localhost:8080/ ValidateRegister/Register!Register.action，表明该表单数据输入后提交时执行的是 Register 方法。这是 Struts 2 的一个特殊的使用方式，可以根据特定业务逻辑不执行 execute 方法而执行另外一个特定开发的方法，视图页面的表单提交后，执行该开发的方法。

6.1.3 Struts 2 的输入校验流程

通过上面的实例，总结 Struts 2 的输入校验流程为如下几个步骤。

(1)类型转换器负责对字符串的请求参数执行类型转换，并将这些值设置成 Action 的属性值。

(2) 在执行类型转换过程中可能出现异常，如果出现异常，将异常信息保存到 ActionContext 中，conversionError 拦截器负责将其封装到 fieldError 里，然后执行第（3）步。

(3) 通过反射调用 validateXxx()方法，其中 Xxx 是即将处理用户请求的处理逻辑所对应的方法名。

(4) 调用 Action 类里的 validate()方法。

(5) 如果经过上面 4 步，都没有出现 fieldError，将调用 Action 里处理用户请求的处理方法；如果出现了 fieldError，系统将转入 input 逻辑视图所指定的视图资源。

以上步骤的处理流程如图 6-4 所示。

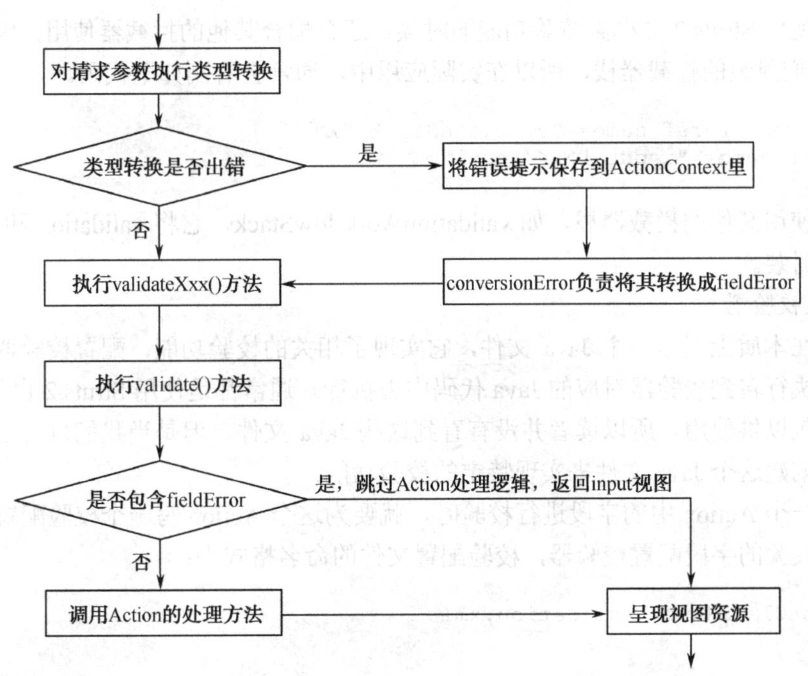

图 6-4 Struts 2 执行数据校验的流程图

6.2 使用 Struts 2 校验框架实现输入校验

6.2.1 Struts 2 校验框架

使用手动编程实现输入校验使代码显得很混乱，依然要写很多代码，编程依然很烦琐，代码复用率不高。Struts 2 提供了非常强大的输入校验体系，通过 Struts 2 内建的输入校验器，Struts 2 应用无须书写任何输入校验代码，即可完成绝大部分输入校验，并可以同时完成客户端校验和服务器端校验。在这种校验方式下，所有的输入校验只需要通过指定简单的配置文件即可。

实现框架校验功能，要完成两项任务：

① 给 Action 配置拦截器，这个拦截器必须能让 Action 被暂停，然后转而执行校验器部分；

② 给 Action 配置校验器，通过该配置文件找到对应的校验器以实现校验功能。

1. 配置拦截器

要实现框架校验功能，就要给 Action 配上 validation 拦截器，由它打开校验提交到 Action 中的字段的功能，只要在 struts.xml 对应的 Action 标签下添加如下代码就能打开 Struts 2 的校验功能了。

```
<interceptor-ref name= "validation "/>
<result name= "input ">…</result>
```

其中第一行指引用 validation 拦截器，实现打开校验器功能，第二行是当该拦截器失败或校验器失败时将要跳转到的地方。

通常在使用 Struts 2 的框架校验功能的时候，还会配合其他的拦截器使用，因此可以使用 Struts 2 为我们封装的拦截器栈，所以在实际应用中，通常会看到如下代码。

```
<interceptor-ref name= "completeStack "/>
<result name= "input ">…</result>
```

也可以使用其他的拦截器栈，如 validationWorkflowStack，它将 validation 和 workflow 拦截器进行了封装。

2. 配置校验器

校验器在本质上就是一个 Java 文件，它实现了相关的校验功能，配置校验器的目的就是能够把程序执行转到校验器对应的 Java 代码中去执行。通常都是使用 Struts 2 自带的校验器，它们被打成包以供使用，所以读者并没有看到这些 Java 文件，但是当我们自己创建一个校验器时，必须创建这个 Java 文件来实现特定的校验功能。

当要对一个 Action 中的字段进行校验时，就要为这个 Action 写一个校验配置文件，其内容是给需要校验的字段配置校验器，校验配置文件的命名格式为：

```
<ActionClassName>-validation.xml
```

或

```
<ActionClassName>-<ActionContextName>-validation.xml
```

一般情况下使用第一种方式，例如，有一个 Action，其文件名为 LogginAction.java，校验配置文件的名字就应该是 LogginAction-validation.xml。配置文件必须进行<!DOCTYPE>声明，声明代码如下：

```
<!DOCTYPE validators PUBLIC "-//OpenSymphony Group//XWork Validator 1.0.2//EN"
"http://www.opensymphony.com/xwork/xwork-validator-1.0.2.dtd">
```

给 Action 中的字段配置校验器。例如，LoginAction.java 里有属性 name 和 password，配置文件 LogginAction-validation.xml 里对这两个属性的校验配置代码如下：

```
<validators>
    <!--给字段 name 配置校验器-->
    <field name="name">
      <!--校验器的名字是 requiredstring-->
     <field-validator type="requiredstring">
        <!--校验失败时给出的出错信息-->
        <message>not null</message>
      </field-validator>
    </field>
    <!--校验器的名字是 requiredstring-->
   <validator type="requiredstring">
      <!--给字段 password 配置校验器-->
      <param name="fieldName">password</param>
      <!--校验失败时给出的出错信息-->
      <message>password empty.</message>
   </validator>
</validators>
```

所有的校验器都要放在<validators></validators>标签里，用来声明校验器。

两个字段使用的是同一校验器，但是却使用了两种不同的校验配置方式。

- 对 name 字段的校验方式叫做“字段校验”（Field Validator）
- 对 password 字段的校验方式叫做“非字段校验”（Non-Field Validator）。

两种校验方式的区别是一个使用<field>标签进行声明，另一个使用<validator>标签进行声明。校验器分为“字段校验器”（field-specific FieldValidator）和“普通校验器”（plain Validator）。非字段校验方式可以配置所有的校验器，包括普通校验器和字段校验器，而字段校验方式只能配置字段校验器。

非字段校验方式配置的校验器比字段校验方式配置的校验器执行优先级高。Struts 2 在执行的时候是先按照定义的顺序执行非字段校验方式配置的校验器，然后再按照定义的顺序执行字段校验方式配置的校验器。

注意

需要注意的是，使用非字段校验方式，即使用<validator>标签声明字段校验器时，必须有<param name="fieldname"></param>，即必须指定该字段校验器是配置给哪个字段的。而当使用字段校验方式配置普通校验器时，<param name="fieldname"></param>不是必需的，是因为普通校验器只返回 Action 级的错误。

短路校验器（short-circuiting validator），它能打断校验器的执行，定义如下：

```
<!-- 将该校验器设置为短路 -->
<field-validator type="requiredstring" short-circuit="true">
   <!-- 对 age 字段校验 -->
   <param name="fieldName">age</param>
   <message>not null</message>
</field-validator>
```

short-circuit 属性指定该校验器是否是短路校验器，该属性默认值是 false，即默认是非短路校验器。

技巧——校验器的短路原则

① 所有非字段检验器是最优先执行的，如果某个非字段校验器校验失败了，则该字段上的所有字段校验器都不会获得校验机会；

② 非字段校验校验失败，不会阻止其他非字段校验执行；

③ 如果一个字段校验器校验失败，则排在其后的其他字段校验器不会获得校验机会；

④ 字段校验器永远不会阻止非字段校验器的执行。

6.2.2 运用 Struts 2 内置的校验器

1. Struts 2 自带的校验器

validate 方法实现校验的原理是当程序执行到 Action 时，先判断 Action 有没有实现 validate 方法，如果已经实现了，就先执行 validate 方法，然后再执行 execute 方法，如果还没有实现，就直接执行 execute 方法。

Struts 2 已经为我们准备了一些内建校验器，我们可以直接使用它们，可以打开 Struts 2 的 lib 包下的 xwork.jar 包，在 com\opensymphony\xwork2\validator\validators\default.xml 文件中，我们可以看到 Struts 2 的内建校验器。

```
<?xml version="1.0" encoding="UTF-8"?>
<!DOCTYPE validators PUBLIC
      "-//OpenSymphony Group//XWork Validator Config 1.0//EN"
 "http://www.opensymphony.com/xwork/xwork-validator-config-1.0.dtd">
<!-- START SNIPPET: validators-default -->
<validators>
   <validator name="required" class="com.opensymphony.xwork2.validator.
   validators.RequiredFieldValidator"/>
   <validator name="requiredstring" class="com.opensymphony.xwork2.validator.
   validators. RequiredStringValidator"/>
   <validator name="int" class="com.opensymphony.xwork2.validator.
   validators.IntRangeFieldValidator"/>
   <validator name="double" class="com.opensymphony.xwork2.validator.
   validators.DoubleRangeFieldValidator"/>
   <validator name="date" class="com.opensymphony.xwork2.validator.
   validators.DateRangeFieldValidator"/>
   <validator name="expression" class="com.opensymphony.xwork2.validator.
   validators.ExpressionValidator"/>
   <validator name="fieldexpression" class="com.opensymphony.xwork2.validator.
   validators.FieldExpressionValidator"/>
```

```
        <validator name="email" class="com.opensymphony.xwork2.validator.
        validators.EmailValidator"/>
        <validator name="url" class="com.opensymphony.xwork2.validator. validators.
        URLValidator"/>
        <validator name="visitor" class="com.opensymphony.xwork2.validator.
        validators.VisitorFieldValidator"/>
        <validator name="conversion" class="com.opensymphony.xwork2.validator.
        validators.ConversionErrorFieldValidator"/>
        <validator name="stringlength" class="com.opensymphony.xwork2.
        validator. validators.StringLengthFieldValidator"/>
        <validator name="regex" class="com.opensymphony.xwork2.validator.
        validators.RegexFieldValidator"/>
    </validators>
```

这些校验器已经可以满足大多数的验证需求，如果还有特殊的要求，建议直接采用 Java 代码实现，如果你有很多地方都要用到，此时你可以自定义一个校验器。校验器功能说明见表 6-1。

表 6-1 校验器功能说明

序 号	校验器名称	功 能 描 述
1	required	必填校验器，要求字段必须有值
2	requiredstring	必填字符串校验器，要求必须有值且长度大于 0，即不能是空字符串。默认会去掉字符串前后空格
3	int	整数校验器，要求校验字段的整数值必须在指定范围内
4	double	双精度浮点数校验器，要求校验字段的双精度浮点数值必须在指定范围内
5	date	日期校验器，要求校验字段的日期值必须在指定范围内
6	expression	表达式校验器，它是一个非字段校验器，当参数 expression 计算的值为 true 时，校验通过，否则返回提示
7	fieldexpression	字段表达式校验器，当参数 expression 计算的值为 true 时，校验通过，否则返回提示。它和 expression 一样多用于在用户的两次输入中间进行判断
8	url	网址校验器，要求被检查的字段如果非空，则必须是合法的 URL 地址
9	email	邮件地址校验器，要求被检查的字段如果非空，则必须是合法的邮件地址
10	vistor	vistor 校验器，将当前校验推送到另一相关校验
11	conversion	转换校验器，校验指定字段是否发生转换错误
12	stringlength	字符串长度校验器，要求校验字符长度必须在指定范围内
13	regex	正则表达式校验器，指定使用正则表达式的字符字段

2. Struts 2 内置校验器配置

（1）类型转换检验器

非字段校验：

```
<validator type="conversion">
    <param name="fieldName">myField</param>
    <message>类型转换错误</message>
</validator>
```

字段校验：

```
<field name="myField">
    <field-validator type="conversion">
        <message>类型转换错误</message>
    </field-validator>
</field>
```

fieldName：该参数指定检查是否存在转换异常的字段名称，如果是字段校验，则不用指定该参数。

repopulateField：该参数指定当类型转换失败后，返回 input 页面时，类型转换失败的表单是否保留原来的错误输入。true 为保留，false 为不保留。

（2）日期校验器

非字段校验：

```
<validator type="date">
    <param name="fieldName">birthday</param>
    <param name="min">1990-01-02</param>
    <param name="max">2010-07-28</param>
    <message>生日数据错误</message>
</validator>
```

字段校验：

```
<field name="birthday">
    <field-validator type="date">
        <param name="min">1990-01-01</param>
        <param name="max">2010-07-28</param>
        <message key="error.birthday"></message>
    </field-validator>
</field>
```

min：指定字段日期值的最小值，该参数为可选参数。

max：指定字段日期值的最大值，该参数为可选参数。

（3）浮点数值校验器

非字段校验：

```
<validator type="double">
    <param name="fieldName">percentage</param>
    <param name="minInclusive">20.1</param>
    <param name="maxInclusive">50.1</param>
    <message>生日数据错误</message>
</validator>
```

字段校验：

```
<field name="percentage">
    <field-validator type="double">
        <param name="minInclusive">20.1</param>
        <param name="maxInclusive">50.1</param>
        <message key="error.birthday"></message>
    </field-validator>
</field>
```

（4）邮件地址校验器

非字段校验：

```
<validator type="email">
    <param name="fieldName">MyEmail</param>
    <message>非法的邮件地址</message>
</validator>
```

字段校验：

```
<field name="MyEmail">
    <field-validator type="email">
        <message>非法的邮件地址</message>
    </field-validator>
</field>
```

（5）表达式校验器

```
<validator type="expression">
    <param name="expression">.......</param>
    <message>Failed to meet Ognl Expression...</message>
</validator>
```

expression：该参数为一个逻辑表达式，该参数使用 OGNL 表达式，并基于值栈计算，返回一个 Boolean 类型值。

（6）字段表达式校验器

非字段校验：

```
<validator type="fieldexpression">
    <param name="fieldName">myField</param>
    <param name="expression"><![CDATA[#myCreditLimit > #myGirfriend
    CreditLimit]]></param>
    <message>My credit limit should be MORE than my girlfriend</message>
</validator>
```

字段校验：

```
<field name="myField">
    <field-validator type="fieldexpression">
        <param name="expression"><![CDATA[#myCreditLimit > #myGir friend
        CreditLimit]]>
        </param>
        <message>My credit limit should be MORE than my girlfriend</message>
    </field-validator>
</field>
```

（7）整数校验器

非字段校验：

```
<validator type="int">
    <param name="fieldName">age</param>
    <param name="min">10</param>
    <param name="max">100</param>
```

```
        <message>年龄必须在${min}～${max}之间</message>
</validator>
```

字段校验：

```
<field name="age">
        <field-validator type="int">
            <param name="min">10</param>
            <param name="max">100</param>
            <message>年龄必须在${min}～${max}之间</message>
        </field-validator>
</field>
```

（8）正则表达式校验器

非字段校验：

```
<validator type="regex">
        <param name="fieldName">myStrangePostcode</param>
        <param name="expression">
<![CDATA[([aAbBcCdD][123][eEfFgG][456])]></param>
</validator>
```

字段校验：

```
<field name="myStrangePostcode">
        <field-validator type="regex">
            <param name="expression"><![CDATA[#myCreditLimit >
            #myGirfriendCreditLimit]]> /param>
          <message>My credit limit should be MORE than my girlfriend</message>
        </field-validator>
</field>
```

expression：必选参数，指定匹配的表达式。

caseSensitive：指明进行匹配时是否区分大小写，为可选参数，默认为true。

（9）必填校验器

非字段校验：

```
<validator type="required">
        <param name="fieldName">username</param>
        <message>用户名不能为空</message>
</validator>
```

字段校验：

```
<field name="username">
        <field-validator type="required">
            <message>用户名不能为空</message>
        </field-validator>
</field>
```

（10）必填字符串校验器

非字段校验：

```
<validator type="requiredstring">
        <param name="fieldName">username</param>
        <param name="trim">true</param>
        <message>用户名不能为空</message>
</validator>
```

字段校验：

```
<field name="username">
        <field-validator type="requiredstring">
            <param name="trim">true</param>
            <message>用户名不能为空</message>
        </field-validator>
</field>
```

trim：可选参数，用于指定是否在校验之前对字符串进行整理，默认为true。

（11）字符串长度校验器

非字段校验：

```
<validator type="stringlength">
        <param name="fieldName">username</param>
        <param name="minLength">4</param>
        <param name="maxLength">10</param>
        <message>用户名长度在${minLength}到${maxLength}之间</message>
</validator>
```

字段校验：

```
<field name="username">
        <field-validator type="stringlength">
            <param name="minLength">4</param>
            <param name="maxLength">10</param>
            <param name="trim">true</param>
            <message key="error.length.username"></message>
        </field-validator>
</field>
```

（12）网址校验器

非字段校验：

```
<validator type="url">
        <param name="fieldName">myHomePage</param>
        <message>Invalid homepage url</message>
</validator>
```

字段校验：

```
<field name="myHomePage">
        <field-validator type="url">
            <message>Invalid homepage url</message>
        </field-validator>
</field>
```

（13）visitor 校验器

该校验器名称为：visitor，用来校验 Action 中定义的复合类型属性，支持简单的复合类型、数组类型、Map 等集合类型。

非字段校验：

```
<validator type="visitor">
        <param name="fieldName">user</param>
        <param name="context">myContext</param>
        <param name="appendPrefix">true</param>
</validator>
```

字段校验：

```
<field name="user">
        <field-validator type="visitor">
            <param name="context">myContext</param>
            <param name="appendPrefix">true</param>
        </field-validator>
</field>
```

6.2.3 注册表单校验实例

本节使用 Struts 2 自带的校验器对 6.1 节的注册实例进行修改。注册的页面同 6.1 节，Action 文件 RegisterAction.java 文件则简单，很多只是简单的属性定义及对应的 setter 和 getter 方法，而没有 validate 和 validateXxx 方法的校验。代码缩略如下：

```
package tutorial;
import java.util.Date;
import com.opensymphony.xwork2.ActionSupport;

public class RegisterAction extends ActionSupport {
   // Action 类公用私有变量，用来做页面导航标志
   //private static String FORWARD = null;
   private String name;
   private String pass1;
   private String pass2;
   private Date birthday;
   private String mobile;
   private int age;

   public String getName() {
       return name;
   }
   public void setName(String name) {
       this.name = name;
   }
/*--------省略其他的 set 和 get 方法---------------*/
   public String execute() throws Exception {
       return SUCCESS;
   }
}
```

1. 校验*-validation.xml 文件

采用 Struts 2 的校验框架时，只需要为该 Action 指定一个校验文件即可。校验文件是一个 XML 配置文件，每一个 Action 都有一个校验文件，该文件的文件名是<Action 名字>-validation.xml，该 XML 文件中所有输入校验的规则定义和错误信息显示方式都只针对该

Action 有效。该文件应该被保存在与 Action class 文件相同的路径下，便于管理。增加了该校验文件后，其他部分无须任何修改，系统自动会加载该文件，当用户提交请求时，Struts 2 的校验框架会根据该文件对用户请求进行校验。

本实例中 Action 的文件名是 RegisterAction.java，在该文件的同一级目录下建立 RegisterAction-validation.xml 配置文件，即如果 Action 类名字是 XXX，则配置文件名为 XXX-validation.xml。

表单输入校验的配置文件有两种书写格式，下面是字段校验方式，该校验是在<validators>和</validators>之间使用<field>来对输入界面表单中每一字段进行输入校验规则的定义和错误信息定义，<param>标签定义了一些输入校验规则需要用到的参数，<message>标签定义的是输入校验出错后的出错信息，这些信息可以显示在视图界面上。

配置校验规则是用户名、密码、生日、手机号码、年龄都非空，用户名长度为 4～15，密码长度为 6～15，用户名和密码都必须是字母和数字，密码和密码确认输入必须保持一致，输入的生日日期在 1900-01-01 至 2011-04-01 之间，手机号码位数为 11，年龄的输入值在 1～99 之间。

```
<!DOCTYPE validators PUBLIC "-//OpenSymphony Group//XWork Validator
1.0.2//EN"
 "http://www.opensymphony.com/xwork/xwork-validator-1.0.2.dtd">

<validators>
   <field name="name">
       <field-validator type="regex">
           <param name="expression"><![CDATA[(\w{4,15})]]></param>
           <message>用户名必须是字母和数字,且长度在（4-15）范围内</message>
       </field-validator>
       <field-validator type="requiredstring">
           <message>请输入用户名</message>
       </field-validator>
   </field>
       <field name="pass1">
       <field-validator type="regex">
           <param name="expression"><![CDATA[(\w{6,15})]]></param>
           <message>密码必须是字母和数字,且长度在（6-15）范围内</message>
       </field-validator>
       <field-validator type="requiredstring">
           <message>请输入密码</message>
       </field-validator>
   </field>
   <field name="pass2">
      <field-validator type="regex">
           <param name="expression"><![CDATA[(\w{6,15})]]></param>
           <message>确认密码必须是字母和数字,且长度在（6-15）范围内</message>
       </field-validator>
       <field-validator type="requiredstring">
           <message>请输入确认密码</message>
       </field-validator>
       <field-validator type="fieldexpression">
           <param name="expression">pass1==pass2</param>
           <message>确认密码和密码输入不一致</message>
       </field-validator>
   </field>
```

```
    <field name="birthday">
        <field-validator type="required">
            <message>请输入生日日期</message>
        </field-validator>
        <field-validator type="date">
            <param name="min">1900-01-01</param>
            <param name="max">2011-04-01</param>
            <message>输入生日日期无效</message>
        </field-validator>
    </field>

    <field name="mobile">
        <field-validator type="requiredstring">
            <message>请输入手机号码</message>
        </field-validator>
        <field-validator type="stringlength">
            <param name="minLength">11</param>
            <message>请输入正确的手机号码,号码位数必须为11位</message>
        </field-validator>
    </field>

    <field name="age">
    <field-validator type="required">
           <message>请输入年龄</message>
        </field-validator>
        <field-validator type="int">
            <param name="min">1</param>
            <param name="max">99</param>
            <message>年龄必须在${min}-${max}之间</message>
        </field-validator>
    </field>
</validators>
```

非字段校验配置是使用<validator>标签，其 type 属性定义要使用的字段校验器，<param name="fieldName"> </param>指定该校验是对哪个字段的。校验配置文件的代码如下：

```
<!DOCTYPE validators PUBLIC "-//OpenSymphony Group//XWork Validator
1.0.2//EN"
 "http://www.opensymphony.com/xwork/xwork-validator-1.0.2.dtd">

<validators>
    <validator type="regex">
        <param name="fieldName">name</param>
        <param name="expression"><![CDATA[(\w{4,15})]]></param>
        <message>用户名必须是字母和数字,且长度在（4-15）范围内</message>
    </validator>
    <validator type="requiredstring">
        <param name="fieldName">name</param>
        <message>请输入用户名</message>
    </validator>
    <validator type="regex">
        <param name="fieldName">pass1</param>
        <param name="expression"><![CDATA[(\w{6,15})]]></param>
        <message>密码必须是字母和数字,且长度在（6-15）范围内</message>
    </validator>
    <validator type="requiredstring">
        <param name="fieldName">pass1</param>
```

```
        <message>请输入密码</message>
    </validator>
    <validator type="regex">
        <param name="fieldName">pass2</param>
        <param name="expression"><![CDATA[(\w{6,15})]]></param>
        <message>确认密码必须是字母和数字,且长度在 (6-15) 范围内</message>
    </validator>
    <validator type="requiredstring">
        <param name="fieldName">pass2</param>
        <message>请输入确认密码</message>
    </validator>
    <validator type="fieldexpression">
        <param name="fieldName">pass1</param>
        <param name="fieldName">pass2</param>
        <param name="expression">pass1==pass2</param>
        <message>确认密码和密码输入不一致</message>
    </validator>
    <validator type="required">
        <param name="fieldName">birthday</param>
        <message>请输入生日日期</message>
    </validator>
    <validator type="date">
        <param name="fieldName">birthday</param>
        <param name="min">1900-01-01</param>
        <param name="max">2011-04-01</param>
        <message>输入生日日期无效</message>
    </validator>
    <validator type="requiredstring">
        <param name="fieldName">mobile</param>
        <message>请输入手机号码</message>
    </validator>
    <validator type="stringlength">
        <param name="fieldName">mobile</param>
        <message>请输入正确的手机号码,号码位数必须为 11 位</message>
    </validator>
    <validator type="required">
        <param name="fieldName">age</param>
        <message>请输入年龄</message>
    </validator>
    <validator type="int">
        <param name="fieldName">age</param>
        <param name="min">1</param>
        <param name="max">99</param>
        <message>年龄必须在${min}-${max}之间</message>
    </validator>
</validators>
```

2. 配置文件 struts.xml

struts.xml 文件声明了 Action，success 定义了 Action 的 execute 方法返回 SUCCESS 时的转向地址，input 指向了校验失败时的转向地址。

```
<?xml version="1.0" encoding="UTF-8" ?>
<!DOCTYPE struts PUBLIC
"-//Apache Software Foundation//DTD Struts Configuration 2.1//EN"
"http://struts.apache.org/dtds/struts-2.1.dtd">
<struts>
    <constant name="struts.i18n.encodeing" value="GBK"/>
```

```
    ①<include file="struts-default.xml"/>
    <package name="default" extends="struts-default">
    <!-- 配置Action名字、类，以及导航页面定义 -->
        <action name="Register" class="tutorial.RegisterAction">
          <!-- 配置拦截器 -->
        ②   <interceptor-ref name="validationWorkflowStack" />
            <result name="input">register.jsp</result>
            <result name="success">success.jsp</result>
        </action>
    </package>
</struts>
```

代码导读

① <include file="struts-default.xml"/>声明将 struts-default.xml 包含进来，该文件对 result、interceptor，以及 interceptor stack 进行了声明。

② 引用了“validationWorkflowStack”拦截器栈，实现打开校验器功能。validationWorkflowStack 将 validation 和 workflow 拦截器进行了封装。

至此，用配置文件进行表单校验已经完成，发布该工程后，运行的效果如图 6-1、图 6-2 和图 6-3 所示。

注意

本实例是通过 struts.xml 打开校验器功能，也可以通过客户端校验的方式实现，方法是在输入页面的表单元素中使用 Struts 2 标签，在<s:form>中添加 validate="true"属性。

6.2.4 注册实例拓展——复合类型验证器

本节是对 6.2.3 实例的拓展，在 RegisterAction.java 文件中，定义了表单注册的所有属性及方法，对多个实例化对象进行了统一的校验。使用 Struts 2 自带的特殊的校验器—— vistor validator，能把 Action 里的一个对象的校验推送到这个对象的类的校验配置，然后利用为该对象的类所配置的校验器来校验该对象的属性。这种使用复合类型的校验方式，可以定义多个实例化对象，对同一类对象进行统一校验，如果需要对这几个对象进行校验，将这些相同类的对象都推送到这个类的校验配置文件中去校验。这种复合校验方式在很大程度上提高了工作效率。

1. 定义 User 类

可以定义 User 类，将 name、birthday、mobile 和 age 属性单独定义，并定义其 set 和 get 方法。

```
package tutorial;
import java.util.Date;

public class User {
   private String name;
   private Date birthday;
   private String mobile;
   private int age;

   public String getName() {
       return name;
```

```
    }

    public void setName(String name) {
        this.name = name;
    }

    public Date getBirthday() {
        return birthday;
    }

    public void setBirthday(Date birthday) {
        this.birthday = birthday;
    }

    public String getMobile() {
        return mobile;
    }

    public void setMobile(String mobile) {
        this.mobile = mobile;
    }

    public int getAge() {
        return age;
    }

    public void setAge(int age) {
        this.age = age;
    }

}
```

2. User 类的校验配置文件

User.java 类的校验配置文件是 User-validation.xml，存放在同一级目录，代码如下：

```
<!DOCTYPE validators PUBLIC "-//OpenSymphony Group//XWork Validator
1.0.2//EN"
 "http://www.opensymphony.com/xwork/xwork-validator-1.0.2.dtd">
<validators>
    <field name="name">
        <field-validator type="regex">
            <param name="expression"><![CDATA[(\w{4,15})]]></param>
            <message>用户名必须是字母和数字,且长度在（4-15）范围内</message>
        </field-validator>
        <field-validator type="requiredstring">
            <message>请输入用户名</message>
        </field-validator>
    </field>

    <field name="birthday">
        <field-validator type="required">
            <message>请输入生日日期</message>
        </field-validator>
        <field-validator type="date">
            <param name="min">1900-01-01</param>
            <param name="max">2011-04-01</param>
            <message>输入生日日期无效</message>
        </field-validator>
    </field>
```

```
    <field name="mobile">
        <field-validator type="requiredstring">
            <message>请输入手机号码</message>
        </field-validator>
        <field-validator type="stringlength">
            <param name="minLength">11</param>
            <message>请输入正确的手机号码,号码位数必须为11位</message>
        </field-validator>
    </field>

    <field name="age">
    <field-validator type="required">
           <message>请输入年龄</message>
        </field-validator>
        <field-validator type="int">
            <param name="min">1</param>
            <param name="max">99</param>
            <message>年龄必须在${min}-${max}之间</message>
        </field-validator>
    </field>
</validators>
```

3. Action 文件

RegisterAction.java 是进行注册的 Action，定义了 User 类成员变量，当从页面提交一个 User 对象后，该对象将会被推送到 User.java 的校验配置文件 User-validation.xml 去校验。

```
package tutorial;
import java.util.Date;
import com.opensymphony.xwork2.ActionSupport;

public class RegisterAction extends ActionSupport {
    // Action类公用私有变量，用来做页面导航标志
    //private static String FORWARD = null;
    private User user;
    private String pass1;
    private String pass2;

    public User getUser() {
        return user;
    }

    public void setUser(User user) {
        this.user = user;
    }

    public String getPass1() {
        return pass1;
    }

    public void setPass1(String pass1) {
        this.pass1 = pass1;
    }

    public String getPass2() {
        return pass2;
    }
```

```
    public void setPass2(String pass2) {
        this.pass2 = pass2;
    }

    // 执行注册方法
    public String execute() throws Exception {
        //FORWARD = "success";
        //return FORWARD;
        return SUCCESS;
    }
}
```

4. Action 类的校验配置文件

Action 类 RegisterAction.java 的校验配置文件是 RegisterAction-validation.xml，对RegisterAction.java 的成员进行校验，利用 visitor 校验器，将对象 user 的校验推送到 user 对象的类校验配置文件 User-validation.xml。RegisterAction-validation.xml 代码如下：

```
<!DOCTYPE validators PUBLIC "-//OpenSymphony Group//XWork Validator 1.0.2//EN"
 "http://www.opensymphony.com/xwork/xwork-validator-1.0.2.dtd">

<validators>
   <field name="user">
      <field-validator type="visitor">
         <param name="appendPrefix">true</param>
         <message></message>
      </field-validator>
   </field>

   <field name="pass1">
        <field-validator type="regex">
            <param name="expression"><![CDATA[(\w{6,15})]]></param>
            <message>密码必须是字母和数字,且长度在（6-15）范围内</message>
        </field-validator>
        <field-validator type="requiredstring">
            <message>请输入密码</message>
        </field-validator>
    </field>
    <field name="pass2">
       <field-validator type="regex">
            <param name="expression"><![CDATA[(\w{6,15})]]></param>
            <message>确认密码必须是字母和数字,且长度在（6-15）范围内</message>
        </field-validator>
        <field-validator type="requiredstring">
            <message>请输入确认密码</message>
        </field-validator>
        <field-validator type="fieldexpression">
            <param name="expression">pass1==pass2</param>
            <message>确认密码和密码输入不一致</message>
        </field-validator>
    </field>
</validators>
```

代码导读

① <include file="struts-default.xml"/>声明将 struts-default.xml 包含进来，该文件对 result、 interceptor，以及 interceptor stack 进行了声明。

② 引用了“validationWorkflowStack”拦截器栈，实现打开校验器功能。validationWorkflowStack 将 validation 和 workflow 拦截器进行了封装。

5. 注册页面的修改

注册页面使用了 Struts 2 的标签，注意各个表单控件的 name 属性值，其值与 User 类及 RegisterAction 类的成员变量保持一致。其中 name、birthday、mobile 与 age 的 name 值指明了 User 类的对象 user。

```
<s:form action="Register.action">
    <table width="60%" height="76" border="0">
        <s:textfield name="user.name" label="用户名"/>
        <s:password name="pass1" label="密  码" />
        <s:password name="pass2" label="密  码确认" />
        <s:textfield name="user.birthday" label="生日"/>
        <s:textfield name="user.mobile" label="手机号码"/>
        <s:textfield name="user.age" label="年龄"/>
        <s:submit value="注册" align="center"/>
    </table>
</s:form>
```

使用<s:fielderror>标签可以显示 field 级的错误，例如，对于表单的用户名错误提示，可使用如下代码显示其错误。

```
<s:fielderror>
        <s:param>user.name</s:param>
</s:fielderror>
```

6.3 自定义校验器

要实现自定义校验器，需要一个校验类，这个类需要满足一定的规则，也就是需要实现一些接口。可以通过实现 com.opensymphony.opensymphony.xwork2.validator 接口或继承其子类，也可以通过继承 com.opensymphony.xwork2.validator.validators.FieldValidatorSupport 类（这是一个抽象类，需要重写 validate()方法），来实现一个自定义校验器类。

使用自定义校验器包括下面 3 个步骤：创建校验器、注册校验器、使用校验器。

（1）实现接口 Validator 或继承类 FieldValidatorSupport，在验证器中提供与参数同名的属性及对应的 setter 和 getter 方法，重写 validate()方法。

（2）在 classpath 中配置文件 validators.xml。

（3）在验证文件中使用自定义校验器。

6.3.1 自定义校验器实例

本实例是对输入数据进行校验，限制其输入值必须是“admin”，否则运行出错。Struts 2 自带的校验器无法显示这样的验证逻辑，这就需要我们去自定义校验器，扩展了校验器的功能，使应用方便灵活。

项目运行的初始页面如图 6-5 所示，用于值的输入，如果输入的值是“fxc”，则显示出错页面，并提示输入的姓名必须为“admin”，如图 6-6 所示。如果输入值是“admin”，则页面跳转到成功页面。

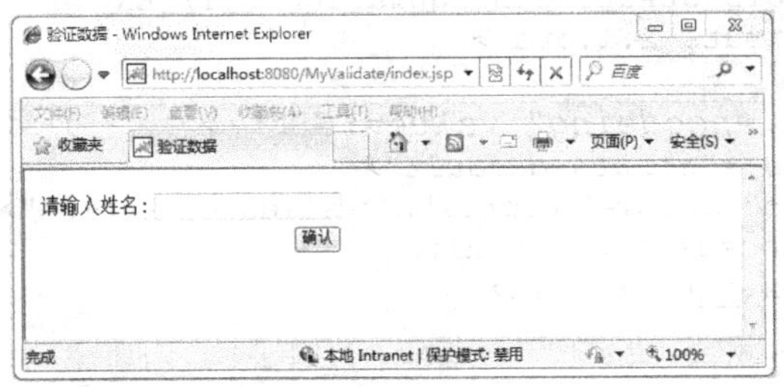

图 6-5　初始页面

图 6-6　出错页面

新建 Web 工程 ValidateRegister，添加 Struts 2 开发支持（Add Struts Capabilities）。

1. 数据输入表单

该页面 index.jsp 只是一个简单的表单数据输入，Form 的 Action 属性值是 myValidatorAction，文本框的 name 属性值是 userName。

```
<%@ page language="java" contentType="text/html; charset=UTF-8"%>
<%@ taglib prefix="s" uri="/struts-tags" %>
<html>
  <head>
    <title>验证数据</title>
  </head>
  <body>
    <s:form action="myValidatorAction"  method="post">
        <s:textfield name="userName" label="请输入姓名"/>
        <s:submit value="确认"/>
    </s:form>
  </body>
</html>
```

2. Action 及 struts.xml 配置

Action 文件是 MyValidatorAction.java，是对输入姓名值的获取与设置，execute 方法无业务逻辑，返回 SUCCESS。

```
package tutorial;
import com.opensymphony.xwork2.ActionSupport;

public class MyValidatorAction extends ActionSupport{
private String userName;
    public String getUserName() {
        return userName;
    }
   public void setUserName(String userName) {
        this.userName = userName;
    }
    public String execute(){
        return SUCCESS;
     }
 }
```

struts.xml 配置文件对 Action 进行了配置。

```
<?xml version="1.0" encoding="UTF-8" ?>
   <!DOCTYPE struts PUBLIC
   "-//Apache Software Foundation//DTD Struts Configuration 2.1//EN"
   "http://struts.apache.org/dtds/struts-2.1.dtd">
  <struts>
     <constant name="struts.i18n.encodeing" value="GBK"/>
     <package name="default" extends ="struts-default">
      <action name="myValidatorAction" class="tutorial.MyValidator Action">
         <result name="success">success.jsp</result>
         <result name="input">index.jsp</result>
      </action>
    </package>
  </struts>
```

3. 创建校验器

校验器本质上就是一个 Java 文件，校验规则由校验器定义执行。校验器类可以是一个实现了 com.opensymphony.opensymphony.xwork2.validator 接口的类或继承 com.opensymphony.opensymphony.xwork2.validators.validators. FieldValidatorSupport 类。本实例 MyValidator.java 定义了参数 str 及其 setter 和 getter 方法，并重写了 validate()方法。

```
package tutorial;
import com.opensymphony.xwork2.validator.ValidationException;
import com.opensymphony.xwork2.validator.validators.FieldValidator
Support;

public class MyValidator extends FieldValidatorSupport{
   private String str;
   public String getStr() {
      return str;
   }
   public void setStr(String str) {
      this.str = str;
   }

   public void validate(Object obj) throws ValidationException{
     //获取当前属性字段名
        String userName=super.getFieldName();
     //获取当前属性字段值，并转换为字符串类型
      String value=super.getFieldValue(userName, obj).toString();
     //判断输入的值与配置文件设置的值是否相同
      if(!str.equals(value)){
         //显示出错信息
            super.addFieldError(super.getFieldName(), obj);
      }
   }
}
```

在 validate()方法中，获取表单输入的数据，同时获取校验配置文件 MyValidatorAction-validation.xml 设定的值“admin”，将输入值与设定值做比较，如果不相同则调用 addFieldError()方法进行错误处理。

4. 注册校验器

Struts 2 的所有校验器都必须被注册到校验工厂，且可以通过 registerValidator 方法实现。

在 Struts 2 中，也可以通过配置文件来注册自定义的校验器，只需在 classpath 的根目录下（即/WEB-INF/classes）创建 validators.xml，然后在该文件中声明要使用的校验器，Struts 2 就能够找到我们所需的校验器。本实例注册的代码如下：

```
<?xml version="1.0" encoding="UTF-8"?>
<!DOCTYPE validators PUBLIC
   "-//OpenSymphony Group//XWork Validator Config 1.0//EN"
   "http://www.opensymphony.com/xwork/xwork-validator-config-1.0.dtd">
<validators>
   <validator name="test" class="tutorial.MyValidator"/>
</validators>
```

其中，name 指定要声明的校验器的名字，这里是“test”，class 指定这个校验器的 Java 文件，这里即为上面定义的 MyValidator.java。

注意

本实例的 validator.xml 在 src 目录下进行创建，在/WEB-INF/classes 目录下会自动备份。

一旦创建了 validators.xml 文件，Struts 2 将不会去装载默认的文件 default.xml（即 com\opensymphony\xwork2\validator\validators\default.xml），即除 validators.xml 文件中所注册的校验器，其他所有的校验器都不能使用。

5. 校验配置文件

校验配置文件为 MyValidatorAction-validation.xml，该配置文件的 type 属性值为“test”，即为注册的校验器名字，param 标签指定了必须在表单中输入的值“admin”，message 标签声明出错信息。

```
<!DOCTYPE validators PUBLIC "-//OpenSymphony Group//XWork Validator 1.0.2//EN"
 "http://www.opensymphony.com/xwork/xwork-validator-1.0.2.dtd">
 <validators>
    <field name="userName">
      <field-validator type="test">
         <param name="str">admin</param>
         <message>联系人姓名必须为 admin!</message>
      </field-validator>
    </field>
 </validators>
```

输入成功页面为 success.jsp，关键代码如下。

```
您输入的值是：<s:property value="userName"/>
```

6.3.2 自定义校验器实例拓展

本实例运行初始页面如图 6-7 所示，如果没有输入用户名、没有输入密码或输入的全是数字或字母，则显示如图 6-8 所示的出错页面。Struts 2 自带的校验器可以校验指定字段是否为空，而如果校验输入的值是字母和数字的组合，则需要我们自定义校验器。

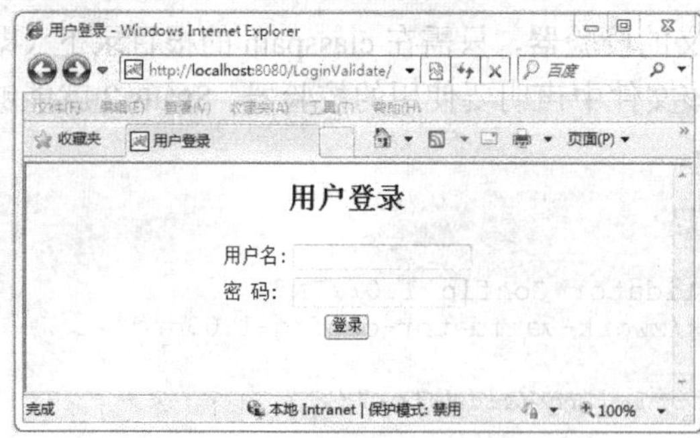

图 6-7　运行初始页面

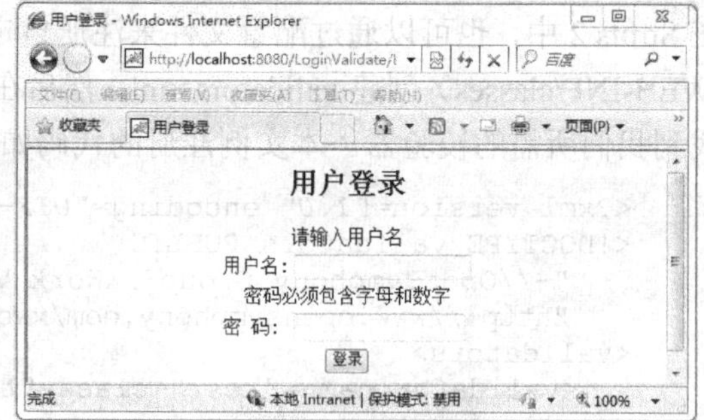

图 6-8　登录出错页面

新建 Web 工程 ValidateRegister，添加 Struts 2 开发支持（Add Struts Capabilities）。登录页面 index.jsp 代码如下：

```
<%@ page language="java" contentType="text/html; charset=UTF-8"%>
<%@taglib prefix="s" uri="/struts-tags"%>
<!DOCTYPE HTML PUBLIC "-//W3C//DTD HTML 4.01 Transitional//EN"><html>
<head>
   <title>用户登录</title>
</head>
<body>
    <center>
        <h2>用户登录</h2>
        <s:form action="Login">
            <s:textfield name="name" label="用户名"/>
            <s:password name="password" label="密  码" />
            <s:submit value="登录" align="center"/>
        </s:form>
    </center>
</body>
</html>
```

处理登录表单提交数据的 Action 文件时 LoginAction.java，代码如下：

```
package tutorial;
import com.opensymphony.xwork2.ActionSupport;
public class LoginAction extends ActionSupport{
    private String name;
    private String password;

    public String getName() {
        return name;
    }

    public void setName(String name) {
        this.name = name;
    }
    public String getPassword() {
        return password;
    }

    public void setPassword(String password) {
        this.password = password;
    }
```

```
    public String execute(){
        return SUCCESS;
    }
}
```

struts.xml 配置了 Action，名字为 Login，并打开了校验功能。

```
<?xml version="1.0" encoding="UTF-8" ?>
<!DOCTYPE struts PUBLIC
"-//Apache Software Foundation//DTD Struts Configuration 2.1//EN"
"http://struts.apache.org/dtds/struts-2.1.dtd">
<struts>
  <constant name="struts.i18n.encodeing" value="GBK"/>
       <package name="default" extends ="struts-default">
<action name="Login" class="tutorial.LoginAction">
          <interceptor-ref name="validationWorkflowStack" />
          <result name="success">success.jsp</result>
          <result name="input">index.jsp</result>
      </action>
   </package>
  </struts>
```

校验文件 LoginAction-validation.xml 配置了用户名和密码的校验。用户名使用了 Struts 2 自带的校验器 requiredstring，校验 name 字段是否为空，密码使用了自定义的校验器 StrNum，校验 password 字段是否包含字符和数字。

```
<!DOCTYPE validators PUBLIC "-//OpenSymphony Group//XWork Validator 1.0.2//EN"
 "http://www.opensymphony.com/xwork/xwork-validator-1.0.2.dtd">
 <validators>
 <field name="password">
   <field-validator type="StrNum">
   <message>密码必须包含字母和数字</message>
 </field-validator>
 </field>
 <field name="name">
   <field-validator type="requiredstring">
   <message>请输入用户名</message>
   </field-validator>
   </field>
 </validators>
```

校验器 StrNum 文件是 LoginValidator.java，该类用来判断一个字符串是否包含字母与数字。该类继承 FieldValidatorSupport 类。在验证器中重写 valide()方法，实现校验逻辑。

```
package tutorial;

import com.opensymphony.xwork2.validator.ValidationException;
import
com.opensymphony.xwork2.validator.validators.FieldValidatorSupport;
public class LoginValidator extends FieldValidatorSupport{
      //判断是否含有数字的变量定义
    Boolean hasDigit=false;
//判断是否含有字符的变量定义
    Boolean hasLetter=false;

    public Boolean getHasDigit() {
        return hasDigit;
```

```
    }

    public void setHasDigit(Boolean hasDigit) {
        this.hasDigit = hasDigit;
    }

    public Boolean getHasLetter() {
        return hasLetter;
    }

    public void setHasLetter(Boolean hasLetter) {
        this.hasLetter = hasLetter;
    }

    public void validate(Object object)
        throws ValidationException{
        String fieldName=getFieldName();
        String Str=(String)getFieldValue(fieldName,object);

        char ch;
        //对提交的字符串的每一个字符进行判断
        for(int i=0;i<Str.length();i++){
            ch=Str.charAt(i);
            //判断是否含有数字
            if (Character.isDigit(ch)==true){
              hasDigit=true;
            }
            //判断是否含有字母
            if(Character.isLetter(ch)==true){
              hasLetter=true;
            }
        }
        //如果不是含有字母和数字，则添加错误信息
        if(!(hasDigit&hasLetter)){
            addFieldError(fieldName,object);
        }
    }
}
```

如果在应用开发中使用 Struts 2 自带的校验器，还必须把要使用的校验器在 validators.xml 里注册。在 src 目录下新建 validator.xml 文件，注册自定义的校验器 StrNum 及 Struts 2 自带的校验器 requiredstring。

```
<?xml version="1.0" encoding="UTF-8"?>
<!DOCTYPE validators PUBLIC
      "-//OpenSymphony Group//XWork Validator Config 1.0//EN"
      "http://www.opensymphony.com/xwork/xwork-validator-
      config-1.0.dtd">
<validators>
   <validator name="StrNum"
      class="tutorial.LoginValidator"/>
   <validator name="requiredstring"
  class="com.opensymphony.xwork2.validator.validators.RequiredStringVal
  idator"/>
</validators>
```

6.4 总结与提高

校验是业务逻辑中经常遇到的问题，在项目实现中，可以通过很多方法实现这个业务逻辑。本章通过用户注册表单的校验阐述了手动输入校验和基于 Struts 2 框架的校验，通过限制用户名输入值的校验和登录表单的用户名和密码的校验阐述了如何自定义校验器。

手动输入完成校验：Struts 2 对输入校验这方面采用的最基本方法是在每个 Action 里继承 ActionSupport 类，并且重写它的输入校验方法 validate()。 validate 方法是对所有 Action 中方法的输入都进行校验，validateXxx 方法用于对指定 Action 对应的处理逻辑进行校验。

基于验证框架的输入校验：编写校验配置文件 Action 类名-validatin.xml.，配置文件存放在与 Action 相同的文件夹内。校验器有两种配置风格：字段校验器和非字段校验器。Struts 2 自带的校验器提供了常用的校验功能，对于某些有特殊要求的校验，我们可以通过编写自定义校验器实现校验功能。实现校验功能需要进行配置拦截器、配置校验器和使用校验器等步骤。

第 7 章 国际化

理解国际化的含义及原理，并掌握在 Struts 2 应用中实现国际化资源文件的创建与加载，学会对不同级别的资源文件的应用，实现 jsp 页面 Action、校验国际化。读者通过本章的学习可以掌握以下内容：

- 理解国际化的概念。
- 掌握 Struts 2 资源包的建立。
- 掌握 Struts 2 对资源文件的加载。
- 实现 Struts 2 的国际化。

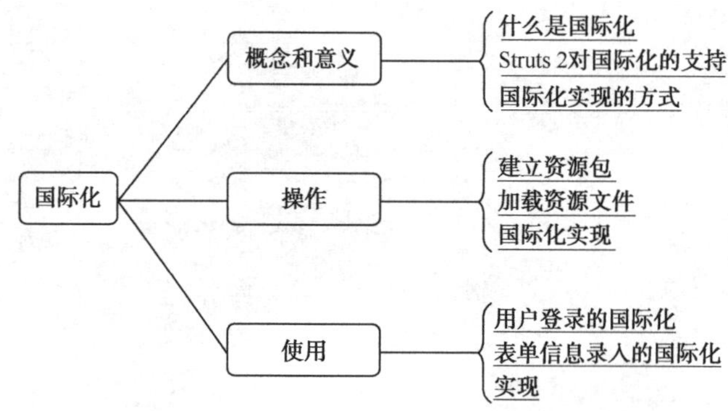

7.1 Struts 2 国际化

7.1.1 什么是国际化

国际化（I18N，因为 internationalization 的 i 和 n 之间有 18 个字母，通常简写为 I18N）是指应用程序支持多种语言和格式化的习惯集合，是为了满足应用程序在世界上不同地区的用户群中的习惯而提出的。程序在不做任何修改的情况下，就可以在不同的国家或地区和不同的语言环境下，按照当地的语言和格式习惯显示字符。国际化包括两方面的内容：语言和格式化。国际化要求项目视图能够根据所来自的国家/地区的客户端请求，在应用程序运行时，自适应显示对应的用户界面，图 7-1 和图 7-2 所示为不同国家语言环境下的对话框和视图显示。

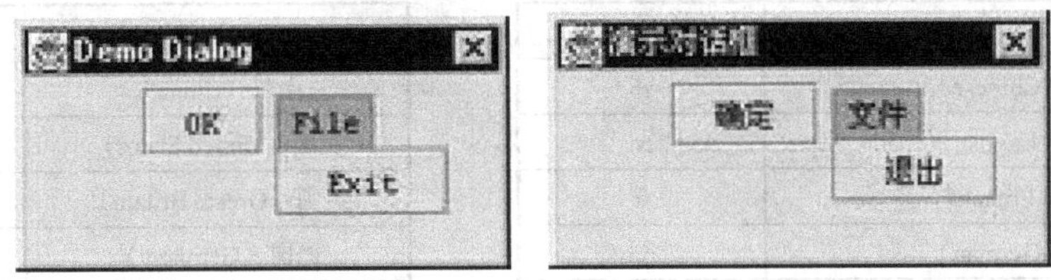

图 7-1　中英语言环境的对话框

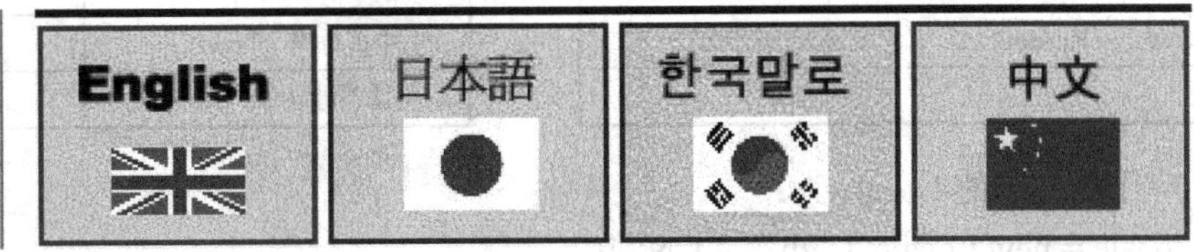

图 7-2　不同语言环境的界面视图

本地化是指为使应用程序符合世界上的某个特定区域的习惯而做的处理，本地化要使用用户本地的语言来显示文件，尤其是对日期、时间、数值的处理。例如，数字 123456.78，在法国它的书写格式是 123　456,78，在德国是 123.456,78，而在美国则是 123,456.78。

一个国际化的程序，当它运行在本地机器中时，需要根据本地机器的语言和地区设置显示相应的字符，这个过程就叫做本地化（Localization，通常简称为 L10N）。

在 Java 中编写国际化程序主要通过两个类来完成：

① java.util.Locale 类。

Locale 类用于提供本地信息，通常称它为语言环境。不同的语言、不同的国家和地区采用不同的 Locale 对象来表示。

② java.util.ResourceBundle 抽象类。

ResourceBundle 类包含了特定于语言环境的资源对象。当程序需要一个特定于语言环境的资源时（如字符串资源），程序可以从适合当前用户语言环境的资源包中加载它。

7.1.2　Locale 类

Java 的 Locale 类定义了一个区域，该区域定义了一种主流语言和一组规则。Locale 包含 3 个属性：语言代码、国家代码及标志。需要注意的是，Locale 类本身并没有提供国家化的功能，但是使用它会对国家化功能提供支持。

Java.util.Locale 类的常用构造方法如下。

① public Locale（String language）：根据语言代码构造一个语言环境。

② public Locale（String language,String country）：根据语言和国家构造一个语言环境。

其中 language 表示语言，它的取值是由 ISO639 定义的小写的、由两个字母组成的语言代码，country 表示国家或地区，它的取值是由 ISO3166 定义的大写的、由两个字母组成的代码

表 7-1 所示为常用的 ISO639 语言代码。表 7-2 所示为常用的 ISO3166 语言代码。

表 7-1　常用 ISO639 语言代码

语　　言	代　　码
汉语（Chinese）	zh
英语（English）	en
法语（French）	fr
德语（German）	de
日语（Japanese）	ja
意大利语（Italian）	it
朝鲜语（Korean）	ko

表 7-2　常用 ISO3166 语言代码

语　　言	代　　码
中国（China）	CN
美国（United States）	US
英国（Greate Britain）	GB
德国（Germany）	DE
日本（Japan）	JP
韩国（Korea）	KR
中国台湾（Taiwan）	TW
中国香港（HongKong）	HK

例如，应用于中国的 Locale 为：

Locale locale = new Locale（“zh”，“CN”）；

应用于美国的 Locale 为：

Locale locale = new Locale（“en”，“US”）；

应用于英国的 Locale 为：

Locale locale = new Locale（“en”，“GB”）；

对于各个国家的编码，只需要知道几个常用的就可以了，如果需要知道全部的国家编码可以直接搜索 ISO 国家编码，也可以直接在 IE 浏览器中查看各个国家的编码，操作步骤为：选择“工具”→“Internet 选项”命令，在打开的对话框中选择“常规”选项卡，单击“语言”按钮，在打开的对话框中单击“添加“按钮，弹出如图 7-3 所示的对话框。

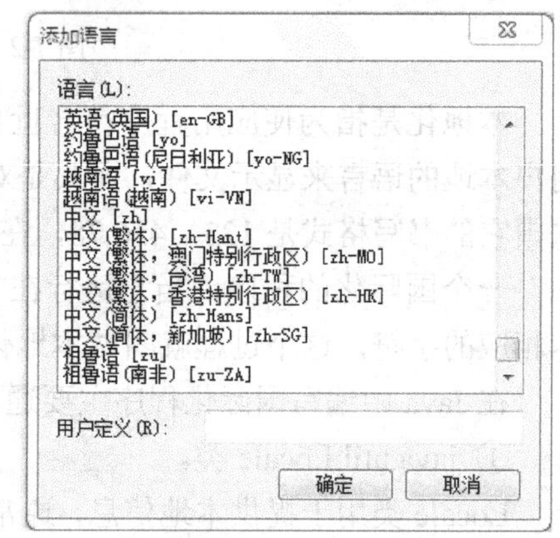

图 7-3　不同国家和地区的语言编码

7.1.3　ResourceBundle 类

对于不同的 Locale，应该有不同的字符串与之对应，这就需要用一个资源文件来存取这些字符串，Java 的抽象类 ResourceBundle 类提供了这一功能。

ResourceBundle 类的主要作用是读取属性文件，读取属性文件时可以直接指定属性文件的名称（指定名称时不需要文件的后缀），也可以根据 Locale 所指定的区域码来选取指定的资源文件，ResourceBundle 类的常用方法如下。

① public static final ResourceBundle getBundle（String baseName）：取得 ResourceBundle 的实例，并指定要操作的资源文件名称。

② public static final ResourceBundle getBundle（String baseName,Locale locale）：取得 ResourceBundle 的实例，并指定要操作的资源文件名称和区域码。

③ public final String getString（String key）：根据 key 从资源文件中取出对应的 value。

来看下面的例子：通过 ResourceBundle 取得资源文件中的内容。

（1）定义资源文件：Message.properties。

```
info = HELLO
```

（2）从资源文件中取得内容。

```
import java.util.ResourceBundle;
public class ReDemo {
    public static void main(String[] args) {
        ResourceBundle rb = ResourceBundle.getBundle("Message") ;
        // 找到资源文件
        System.out.println("内容：" + rb.getString("info")) ;
        // 从资源文件中取得内容
    }
}
```

程序输出的内容是：HELLO

从上面程序中可以发现，程序通过资源文件中的 key 取得了对应的 value。

从本质上来说，ResourceBundle 是一个中心信息库，应用程序用它来存取资源。对于所有语言环境来说，资源名称是一样的，应用程序在获取资源信息时，将发送一个指定的环境参数。资源束大都包含应用程序中特定语言环境的文本，如错误信息、字段、按扭信息等。

ResourceBundle 类提供了处理资源束的核心接口，但它是一个抽象类，不能直接使用它。Java 提供了 ResourceBundle 的两个子类：

① java.util.ListResourceBundle

ListResourceBundle 是一个抽象类，提供了一种使用列表来存取资源的机制。必须提供一个具体子类实现才能使用它。

② java.util.Property ResourceBundle。

PropertyResourceBundle 类提供了一种使用属性文件来存储资源的机制，它是用来处理资源束的一个最常用的类，并且是 ResourceBundle 的静态方法 getBundle()方法使用的默认机制。PropertyResourceBundle 是 ResourceBundle 类的默认实现。

技巧

PropertyResourceBundle 类要求使用特定的方法命名资源属性文件，格式如下：

<bundlename>_<language>_<country>_<variant>.properties

例如，如果有一个文件在美国的 windows 平台中用英文命名为 SampleResources，则属性名称就是：SampleResources_en_US_WIN.properties。当然，不是所有的名称都需要包含语言环境的每个部分。因此，简单的英文属性名称可以为：SampleResources_en.properties。

7.2 Struts 2 对国际化的支持

本节我们以一个用户登录程序的国际化应用来讲解 Struts 2 对国际化的支持。首先新建 Web 工程 I18nLogin，添加 Struts 2 开发支持（Add Struts Capabilities）。

7.2.1 资源包属性文件

最理想的实现国际化的方法是将要显示的字符内容从程序中分离，然后统一存储到一个资源包中，当显示时，从资源包中取出和 Locale 对象相一致的字符内容。在 Java 中，这种资源包是由类来实现的，这个类必须要扩展 java.util.ResourceBundle。ResourceBundle 资源包可以存放不同区域用户的文本和图片。

Struts 2 的所有国际化功能是通过 ResourceBundle.getBundle()方法实现的，在该方法被调用的时候，它首先会查找包含语言和国家后缀的类。如果这个类扩展了 java.util. ResourceBundle 就会被调用，否则 ResourceBundle 会查找对应的属性文件。即不管是属性文件还是类文件都可以用来作为 ResourceBundle。

通常的做法是把字符串信息放在属性文件中，而不是放在类文件中。例如，当要装载一个名称为 Message 的资源包的时候，Struts 2 将会查找下面一系列的属性文件。

- Message.properties
- Message_en.properties
- Message_zh.properties
- Message_fr.properties

在编写国际化程序时，要为不同的国家地区和语言编写不同的资源类，这些资源类同属一个资源系列，共享同一个基名（base name）。不同语言所对应的资源类的名称为基名加上 ISO639 标准的语言代码，而应用于某个特定国家或地区的资源类的名称，则是在基名和语言代码后加上 ISO3166 标准的同家或地区代码。

例如，有一个资源包系列的基名是 MyResource，那么说中文的所有国家或地区共享的资源属于 MyResource_zh 类，中国台湾地区的特定资源则属于 MyResource_zh_TW 类。一个资源包系列可以有一个默认的资源包，它的名字就是基名，当请求的资源包不存在时，将使用默认的资源包。

本节项目所需要的资源文件为 messageResource_en_US.properties 和 messageResource_zh_ CN. properties，分别保存项目中的英文和中文信息。

messageResource_en_US.properties 文件定义如下：

```
username=User Name
password=User Password
loginSubmit=login
loginPage=login page
successPage=success page
welcome=Welcome You
user.required=please input your name\uFF01
pass.required=please input your password\uFF01
successMessage={0},Welcome \!Your password is{1}\u3002
```

保存中文信息的属性值需要进行 Unicode 转义，因为 Java 从流中读取属性或向流中保存属性时使用的是 ISO8859—1 字符集编码。例如，键 title 的中文值是“请选择页面浏览语言”，经过转义后的值是“\u8BF7\u9009\u62E9\u9875\u9762\u6D4F\u89C8\u8BED\u8A00”。

```
messageResource_zh_CN.properties 文件定义如下：
username=\u7528\u6237\u540D
password=\u5BC6 \u7801
loginSubmit=\u767B\u5F55
loginPage=\u767B\u9646\u9875\u9762
successPage=\u64CD\u4F5C\u6210\u529F\u9875\u9762
welcome=\u6B22\u8FCE\u60A8
```

```
    user.required=\u8BF7\u8F93\u5165\u7528\u6237\u540D\uFF01
    pass.required=\u8BF7\u8F93\u5165\u5BC6\u7801\uFF01
    successMessage={0},\u6B22\u8FCE\u60A8\u7684\u767B\u5F55\!\u60A8\u7684\u5
BC6\u7801\u662F{1}\u3002
```

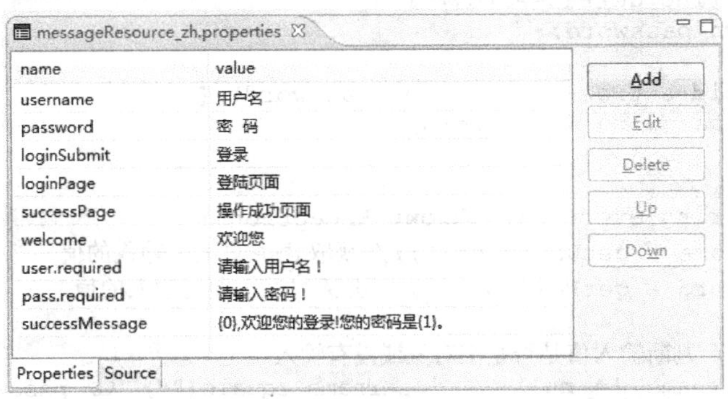

图 7-4 messageResource 属性文件内容编辑

技巧

中文字符的 Unicode 转义可以通过下面几种方式进行。

（1）Java 提供的工具 native2ascii，使用的语法格式：native2ascii 源文件目标文件，源文件是键值输入中文，而目标文件是新创建的且中文被 Unicode 字符转义的新文件名。如在 d 盘放有 aa.txt 并在里面输入“中国”然后再到 cmd 命令行中执行 d:\>native2acsii aa.txt bb.properties 如此一来就得到了一个 bb.properties 文件，而文件中的字符刚好就是转换后得到的。注意，如果其中含有英文字符，则原样输出。

（2）可以在 MyEclipse 开发环境的属性中设计视图，通过键值 Add 的方式编辑属性值，对应值则自动进行 Unicode 字符转义，如图 7-4 所示。

（3）可以通过安装插件的方式进行 Unicode 字符转义，如 PropertiesEditor.

7.2.2 Action 及配置文件

1. Action

Action 文件定义的成员变量与登录表单的控件名相同，通过 setXxx 和 getXxx 方法设置和获取输入的用户名、密码。execute()方法对输入的用户名和密码进行限制，如果都不为空则跳转到成功页面。如果用户名或密码为空，则挑转到失败页面。

```
package tutorial.struts.action;
import com.opensymphony.xwork2.ActionContext;
import com.opensymphony.xwork2.ActionSupport;

public class LoginAction extends ActionSupport {
   // Action 类公用私有变量，用来做页面导航标志
   private static String FORWARD = null;
   private String username;
   private String password;

   public String getUsername() {
```

```
        return username;
    }
    public void setUsername(String username) {
        this.username = username;
    }
    public String getPassword() {
        return password;
    }
    public void setPassword(String password) {
        this.password = password;
    }

    public String execute() throws Exception {
        username = getUsername();// 获取 JSP 页面上输入的值
        password = getPassword();//获取 JSP 页面上输入的值
        try {
            // 判断输入值是否是空对象或没有输入
      if (username != null && !username.equals("") && password != null&& !
      password.equals("")) {
            // 根据标志内容跳转到操作成功页面
                FORWARD = "success";
            } else {
            // 根据标志内容跳转到操作失败页面
                FORWARD = "input";
            }
        } catch (Exception ex) {
            ex.printStackTrace();
        }
        return FORWARD;
    }
    //校验方法，用来校验输入值为空或没有输入返回错误信息
    public void validate() {
        if (getUsername() == null || getUsername().trim().equals("")) {
            //返回错误信息键值，user.required 包含具体内容见 messageResource.
            properties
            addFieldError("username", getText("user.required"));
        }
        if (getPassword() == null || getPassword().trim().equals("")) {
            //返回错误信息键值，pass.required 包含具体内容见 messageResource.
            properties
            addFieldError("password", getText("pass.required"));
        }
    }
}
```

validate()方法用于输入校验，通过 addFieldError()将错误信息加入到表单错误信息，并且在输入数据的页面显示，而不会再由 Action 跳转到登录成功页面。在 struts.xml 中定义了一个名字为“input”的 result，它表明将所有输入失败的错误信息导航到一个特定页面，即为输入的页面。错误信息是通过 getText()方法获取属性文件的键值，实现了国际化错误信息的显示。

2. 配置文件

struts.xml 文件定义了两个 Action，分别为用户登录的控制和首页导航的控制。

```
<?xml version="1.0" encoding="gb2312"?>
<!DOCTYPE struts PUBLIC
"-//Apache Software Foundation//DTD Struts Configuration 2.0//EN"
```

```
"http://struts.apache.org/dtds/struts-2.0.dtd">
<struts>
    <constant name="struts.i18n.encodeing" value="GBK"/>
   <package name="default" extends="struts-default">
        <action name="Login" class="tutorial.struts.action.LoginAction">
          <result name="input">/login.jsp</result>
          <result name="success">/success.jsp</result>
     </action>
       <!-- 首页导航的的 Action 定义 -->
       <action name="index" >
          <result >/login.jsp</result>
       </action>
   </package>
</struts>
```

7.2.3 Struts 2 中加载资源文件的方式

对于一个大型的应用而言，可能资源文件非常庞大，因此有必要将它分成多个较小的文件，Struts 2 可以指定包范围资源文件、类范围资源文件，以及临时范围资源文件实现不同级别资源文件的加载。

1. 全局资源文件

在 src 目录下新建 struts.properties 文件，该文件指定了国际化全局资源文件。该文件是 Struts 2 的属性配置文件，如果没有创建这个文件，Struts 2 会到默认的位置加载 default.properties 文件；如果创建了这个文件，也会加载 default.properties 文件，全局资源文件存放路径如图 7-5 所示，struts.properties 文件代码如下：

```
struts.custom.i18n.resources= messageResource
```

struts.custom.i18n.resources 并不是随意起的名字，是 Struts 2 定义的使用全局国际化属性文件的常量名，作为属性文件名，它可以实现支持各个不同国家语言的国际化属性文件。本实例的登录实例属性文件存放在 src 目录下，通过 struts.properties 指定其作为全局属性文件为 messageResource。

注意

国际化属性文件名的定义不仅仅可以在 struts.properties 中定义，也可以在 struts.xml 和 web.xml 这两个配置文件中定义。

2. 包范围资源文件

Struts 2 指定包范围资源文件的方法是：在包的根目录下建立名为“package_<language>_<country>.properties”的文件，这个文件的命名同普通资源文件的命名方式一样。建立了此文件之后，该包下的所有 Action 都可以访问资源文件。

例如，我们在 tutorial 包下建立资源文件，文件名分别为：messageResource_en_US.properties 和 messageResource_zh_CN.properties，包资源文件存放路径如图 7-6 所示。在此包中所有的 Action 都可以获取资源文件，获取的方式同普通的一样。

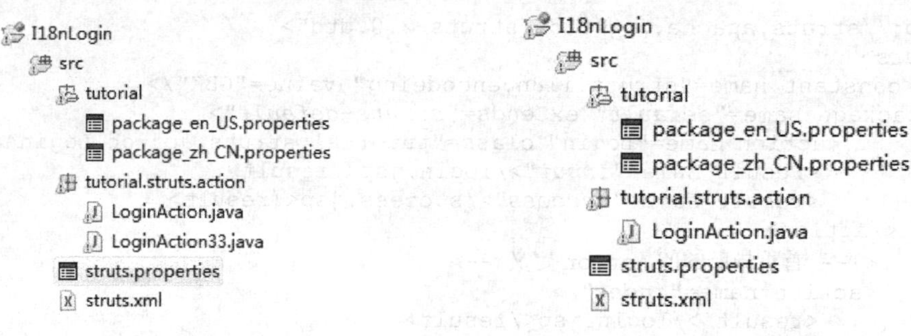

图 7-5　全局资源文件存放路径　　　　图 7-6　包资源文件存放路径

3. Action 范围资源文件

Struts 2 还允许为 Action 单独指定一份国际化资源文件。它的方式为：在 Action 类文件所在的路径下建立文件名为<ActionName>_<language>_<country>.properties 的文件。

例如，在 LoginAction 的同目录下建立资源文件：LoginAction_en_US.properties 和 LoginAction_zh_CN.properties，Action 资源文件存放路径如图 7-7 所示。那么这个资源文件仅对此 Action 开放。获取资源文件中内容的方式不变。如果存在 Action 范围资源文件，则此文件中的内容将优先于所有的资源文件。

图 7-7　Action 资源文件存放路径

4. 临时范围资源文件

Struts 2 还允许定义临时的国际化资源文件。它的方式为：在某个路径下建立文件名为<Name>_<language>_<country>.properties 的文件。Struts 2 的页面有一个标签<s:i18n>，可以通过它来指定资源文件的位置。这个标签一般可作为其他标签的父标签，这样其他标签所读取的内容就是<s:i18n>标签所指定的资源文件中的内容。

例如，在 tutorial.struts 目录下建立资源文件：info_en_US.properties 和 info_zh_CN.Properties，这里的 info 是自由命名的。<s:i18n>标签的 name 属性值是属性文件的存放路径，在<s:i18n name="xxxxx">到</s:i18n>之间，所有的国际化字符串都会在临时资源名的资源文件中查找，如果找不到，Struts 2 就会输出默认值（国际化字符串的名字）。临时范围资源文件存放路径如图 7-8 所示，例如 JSP 获取资源属性的代码如下。

```
<s:i18n name="tutorial.struts.info">
        <s:text name="successPage"></s:text>
    </s:i18n>
```

5. 查找资源包的文件优先级

Struts 2 提供了灵活的资源包组织和加载方式，你可以为某个类提供一个资源包，也可以为某一个接口提供一个资源包，还可以为包中所有的类提供一个资源包，不同级别的资源包适用的加载顺序是不一样的。

你可以在 struts.properties 或 struts.xml 文件中，通过 struts.custom.i18n.resources 属性设置默认的资源包。还可以使用 Struts 2 和 i18n 标签来加载特定的资源包。如果消息字

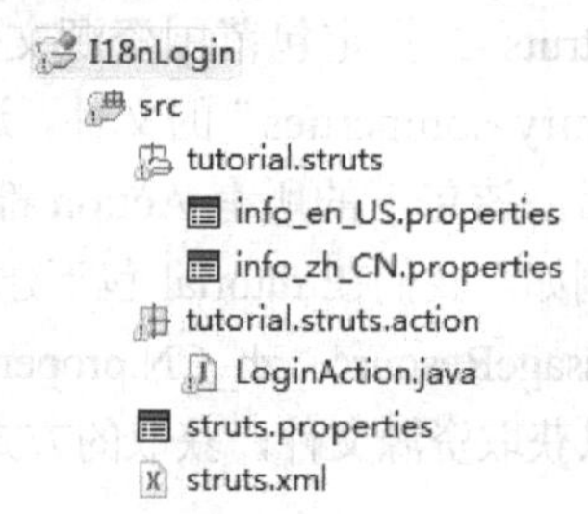

图 7-8　临时范围资源文件存放路径

符串没有在 i18n 标签指定的资源包中找到，则将按照下面的 7 个步骤进行查找，图 7-9 所示为查找资源包的文件优先级。

（1）查找与调用的 Action 类同名的资源文件（与 Action 在同一个包中）。例如，Action 类名为 LoginAction，当访问 LoginAction 时，将首先查找 LoginAction.properties。

（2）查找所有与 Action 类的基类同名的资源文件。例如，LoginAction 的基类为 ActionSupport，那么将查找 ActionSupport.properties，如果没有找到消息字符串，则继续查找 ActionSupport 基类，直到 object.properties。

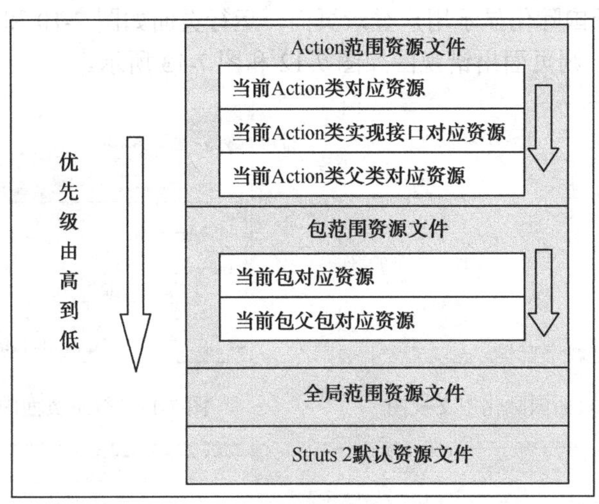

图 7-9　查找资源包的文件优先级

（3）查找所有与 Action 类实现的接口同名的资源文件，例如，RegAction 实现了 Action 和 Validateable 接口，则依次搜索 Action.properties 和 Validateable.properties。

（4）如果 Action 类实现了 ModelDriven 接口，则 Struts 2 会调用 getModel()方法获得模型对象，然后以模型对象所属的类进行类层次的查找，这将从步骤（1）开始重复。

（5）查找类所在的包和父包中的 package.properties，直到最顶层包。例如，LoginAction 在 tutorial.struts.action 中，则依次查找 action 目录、struts 目录、tutorial 目录中的 package.properties 资源文件。

（6）查找 I18N 消息 key 本身的层次关系。例如，某个消息 key 是 user.label.username,如果 user 是 Action 类的某个属性，则以该属性所属的类，在它的类层次中去查找 key 为 label.username 的消息字符串，这与前面的步骤是一样的。

（7）查找默认的 ResourceBundle 里的资源包。

7.2.4 用户登录程序的国际化显示

本实例的资源文件 messageResource_en_US.properties 和 messageResource_zh_CN.properties 以全局的方式进行加载。

index.jsp 文件用于页面导航的跳转，代码如下：

```
<%@ page language="java" pageEncoding="UTF-8"%>
<html>
```

```
    <head>
      <%String contextPath = request.getContextPath();%>
      <meta http-equiv="Content-Type" content="text/html; charset=gb2312">
      <meta  http-equiv="refresh"  content="0;  URL=<%=contextPath%>/index.
action">
    </head>
    <body>
    </body>
  </html>
```

login.jsp 文件用于国际化显示用户登录页面，运行页面如图 7-10 和图 7-11 所示，如果用户名和密码输入为空，则页面出错视图如图 7-12 和图 7-13 所示。

图 7-10　登录页面国际化中文视图

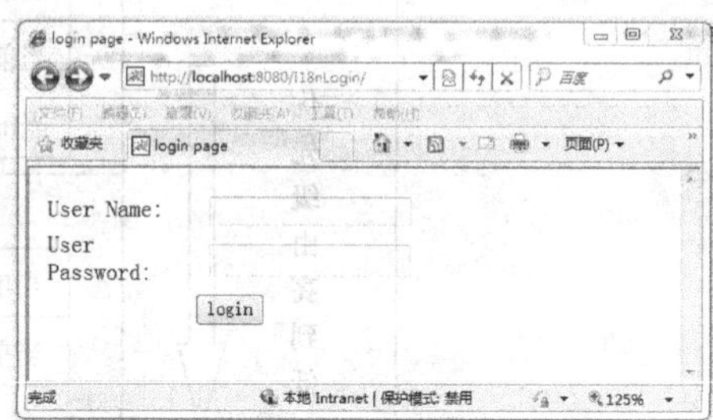

图 7-11　登录页面国际化英文视图

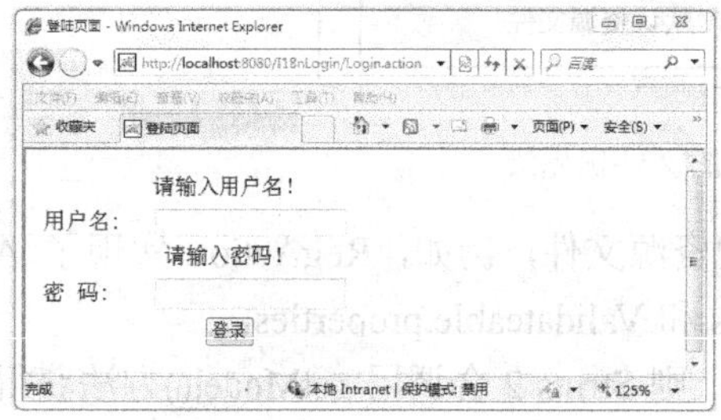

图 7-12　登录页面国际化中文出错视图

图 7-13　登录页面国际化英文出错视图

```
<%@ page language="java" pageEncoding="UTF-8"%>
<!DOCTYPE HTML PUBLIC "-//W3C//DTD HTML 4.01 Transitional//EN">
<!-- struts2 标签库调用声明 -->
<%@taglib prefix="s" uri="/struts-tags"%>
<html>
<head>
   <title><s:text name="loginPage"></s:text></title>
</head>
<body>
   <!-- form 标签库定义，以及调用哪个 Action 声明 -->
   <s:form action="Login">
       <table width="60%" height="76" border="0">
               <!-- 各标签定义 -->
               <s:textfield name="username" key="username"/>
               <s:password name="password" key="password" />
               <s:submit key="loginSubmit"  align="center"/>
       </table>
   </s:form>
</body>
</html>
```

success.jsp 页面显示成果登录的信息，由于本实例并没有对用户名和密码进行值的验证，该页面只是显示用户输入的名字和密码值，登录成功页面如图 7-14 和图 7-15 所示。

图 7-14 登录成功中文页面

图 7-15 登录成功英文页面

```
<%@ page language="java" pageEncoding="UTF-8"%>
<!DOCTYPE HTML PUBLIC "-//W3C//DTD HTML 4.01 Transitional//EN">
<!-- struts2 标签库调用声明 -->
<%@taglib prefix="s" uri"/struts-tags"%>
<html>
<head>
   <title><s:text name="successPage"></s:text></title>
</head>
<body>
    <!-- 取得属性文件中定义的值 -->
    <s:text name="successMessage">
    <!-- 占位符{0}的值由用户名值填充 -->
    <s:param><s:property value="username"/></s:param>
    <!-- 占位符{1}的值由密码值填充 -->
    <s:param><s:property value="password"/></s:param>
    </s:text>
</body>
</html>
```

7.3 Struts 2 的国际化实现

Struts 2 提供了多种方式来访问资源文件中的本地化消息，以适应不同的应用场景，主要分为：

- 在 Action 中访问本地化消息；
- 在 JSP 页面中访问本地化消息；
- 在表单标签的属性中访问本地化消息；
- 在资源文件中访问本地化消息。

7.3.1 Struts 2 国际化信息的获取

资源包提供了信息字符串，Struts 2 中使用<s:text>标签和 getText()方法来获取信息字符串。

（1）<s:text>标签：只需要指定一个 name 属性，即可查找对应字符串的 key。

例如，<s:text name="tutorial.login"/>将在资源文件中查找对应键名为 tutorial.login 的字符串。这里 key 可以是像上面那样的硬编码，也可以使用如%{……}语法表达式求值，使字符串的表达方式更灵活。

（2）getText()方法：适合在为界面元素获取本地化信息时使用，通常放在<s:property>标签里。

例如，<s:property value="getText('tutorial.login') "/>。还可以使用 OGNL 表达式动态获取信息字符串。

例如，<s:textfield label="%{getText('tutorial.login') " name="label1"/>，代码中利用 getText()方法取得资源文件中对应键名为 tutorial.login 的字符串作为此处的 label 值。

技巧

在使用表单标签时，label 属性的值通常都是从资源文件中获取的。在 label 属性中，我们可以使用 getText()方法来获取消息字符串，如下所示：

<s:textfield name="user.username" label="%{getText('username')} "/>

除了使用 getText()方法外，我们还可以使用表单标签的 key 属性来指定消息字符串的 key，该属性可以使用消息字符串来自动生成 label 属性的值，如下所示：

```
<s:textfield name="user.username" key="username"/>
```

■ public String getText(String aTextName)

获取以参数 aTextName 为键的消息字符串，如果没有找到，则返回 null。

■ public String getText（String aTextName, String defaultValue）

获取以参数 aTextName 为键的消息字符串，如果没有找到，则返回 defaultValue。

■ public String getText（String aTextName, List args）

获取以参数 aTextName 为键的消息字符串，参数 args 用于替换消息字符串中的占位符，列表中的第一个元素替换占位符{0},第二个元素替换占位符{1}……依此类推。

■ public String getText（String aTextName, String[] args）

获取以参数 aTextName 为键的消息字符串，参数 args 用于替换消息字符串中的占位符，数组中的第一个元素替换占位符{0},第二个元素替换占位符{1}……依次类推。

7.3.2 Action 的国际化

Struts 2 中，当由一个 Action 跳转到一个页面中时，就可以在该页面中获取这个 Action 的资源包中的信息字符串。

例如，有一个 Action 名为 LoginAction.java，在同级目录下建立属性文件 LoginAction_en.properties 和 LoginAction_zh.properties。当从 LoginAction 跳转到页面 success.jsp 时，可在 success.jsp 页面按照设置的 Locale 获取属性文件中的信息字符串。

对于设置的 Locale，在整个 session 过程中，当选择不同的显示语言时，需要在程序运行过程中改变 Locale 的值。可通过在 session 中放置一个“locale”的方法来实现。当需要改变显示语言的时候，将 session 中的“locale”改变即可，然后在整个 session 过程中维护这个“locale”，直到有再次改变显示语言的要求。

将 Locale.CHINA 作为 Locale 的值放入 session 中，可用如下方法：

```
ActionContext.getContext().getSession().put("locale", Locale.CHINA);
```

如果将 Locale 的值从 session 中取出，可用如下方法：

```
ActionContext.getContext().getSession().get("locale");
```

如果要使用上面的方法实现对 Locale 的读取，从而实现对整个 session 过程中 Locale 的控制，就需要重载 ActionSupport 的 getLocale()方法，以便从 session 中获取 Locale 的信息。

```
public Locale getLocale() {
    Locale l = (Locale) ActionContext.getContext().getSession(). get
("locale");
    return (l == null) ? Locale.getDefault() : l;//如果 session 中没有 locale，
返回默认 Locale
}
```

在 Action 中访问本地消息示例：

```
greeting={0},欢迎学习 Struts 2，今天是 {1}。
```

在 Action 中可以使用 getText()方法按照如下调用方式获取键为 greeting 的消息字符串。

```
String msg=getText("greeting",new String[ ]{ "张三", new java.util.Date().
toString()});
```

7.3.3 JSP 页面的国际化

对于 JSP 页面，一般使用默认的 Locale 来设置页面的文字。Struts 2 默认的是通过 Locale 的 getDefault()方法来获得。如果需要改变这个默认值，可以在 Struts 2 的配置文件 struts.properties 里进行设置，即在 struts.properties 里添加一个 key：struts.locale。它的值可以是 Java 提供的 Locale 预定义变量，如 struts.locale=zh_CN 或 struts.locale=en_US。

Struts 2 提供了 text 标签，用于在 JSP 页面中访问本地化消息。

例如，对于下面的消息文本：

```
title=用户注册
```

在 JSP 页面中可以使用 text 标签访问键为 title 的消息字符串，如下所示：

```
<s:text name="title"/>
```

如果消息文本中有参数，那么可以使用嵌套的 param 标签来设置参数。

下面我们通过一个简单的实例来具体阐述 JSP 页面的国际化实现。新建工程 I18nTest，添加 Struts 2 开发支持（Add Struts Capabilities）。首先在 src 目录下新建以下属性文件。

新建属性文件 global_en_US.properties，定义内容如下：

```
title=Online Bookstore
register=User Register
```

新建属性文件 global_zh_CN.properties，定义内容如下：

```
title=\u7F51\u4E0A\u4E66\u5E97
register=\u7528\u6237\u6CE8\u518C
```

这两个资源文件用于定义全局性的定义，这样必须在 Struts 2 的配置文件 struts.properties 里进行设置。

```
struts.custom.i18n.resources=global
```

struts.custom.i18n.resources 是 Struts 2 设计者定义的使用全局国际化属性文件的常量名。

技术细节

Struts 2 框架有两个核心配置文件，其中 struts.xml 文件主要负责管理应用中的 Action 映射，以及该 Action 包含的 Result 定义等。除此之外，Struts 2 框架还包含 struts.properties 文件，该文件定义了 Struts 2 框架的大量属性，开发者可以通过设置这些属性来满足应用的需求。

struts.properties 文件是一个标准的 properties 文件，该文件包含了系列的 key-value 对象，每个 key 就是一个 Struts 2 属性，该 key 对应的 value 就是一个 Struts 2 属性值。

struts.properties 文件通常放在 Web 应用的 WEB-INF/classes 路径下。实际上，只要将该文件放在 Web 应用的 CLASSPATH 路径下，Struts 2 框架就可以加载该文件。

① struts.configuration：该属性指定加载 Struts 2 配置文件的管理器。该属性的默认值是 org.apache.Struts2.config.DefaultConfiguration，这是 Struts 2 默认的配置文件管理器。如果需要实现自己的配置管理器，开发者则可以实现一个实现 Configuration 接口的类，该类可以自己加载 Struts 2 配置文件。

② struts.locale：指定 Web 应用的默认 Locale。

③ struts.i18n.encoding：指定 Web 应用的默认编码集。该属性对于处理中文请求参数非常有用，对于获取中文请求参数值，应该将该属性值设置为 GBK 或 GB2312。当设置该参数为 GBK 时，相当于调用 HttpServletRequest 的 setCharacterEncoding 方法。

定义注册页面语言内容显示的英文属性文件 message_en_US.properties，内容如下：

```
userName=User name
userPassword=User password
greeting={0},welcome,today is{1}.
```

页面中文属性文件 message_zh_CN.properties 的内容如下：

```
userName=\u7528\u6237\u540D
userPassword=\u5BC6\u7801
greeting={0},\u6B22\u8FCE\u60A8\uFF0C\u4ECA\u5929\u662F {1}.
```

定义的注册页面 regist.jsp，使用了几种获取属性文件：

```
<%@ page  contentType="text/html; charset=UTF-8"%>
<%@taglib prefix="s" uri="/struts-tags"%>
<html>
<head>
    <title>test I18n</title>
</head>
<body>
①<h1 align="center"><s:text name="title"/></h1>
```

```
②<h2 align="center"><s:property value="%{getText('register')}"/></h2>
<center>
③  <s:i18n name="message">
      <s:form>
④        <s:textfield name="name" key="userName"/>
         <s:password name="password" key="userPassword"/>
      </s:form>
      <s:text name="greeting">
⑤       <s:param value="'张三'"/>
         <s:param value="new java.util.Date()"/>
      </s:text>
   </s:i18n>
</center>
</body>
</html>
```

发布运行该项目，该页面的运行显示页面如图 7-16 所示。

代码导读

① <s:text>通过 name 属性，查找全局属性文件的字符串 key。

② getText()方法在<s:property>标签里查找全局属性文件的字符串 key。

③ 使用<s:i18n>标志访问特定路径的 properties 文件。

④ 定义文本框，key 属性值为不同语言环境下的 label 属性。

⑤ <s:param>标签嵌套在<s:text>中作为参数定义，用来填充属性文件的字符串值的占位符，这些 param 将按先后顺序，代入到国际化字符串的参数中。

从测试页面 regist.jsp 的字符显示可以看出，JSP 页面可以通过几种不同的方式获取不同的语言信息。

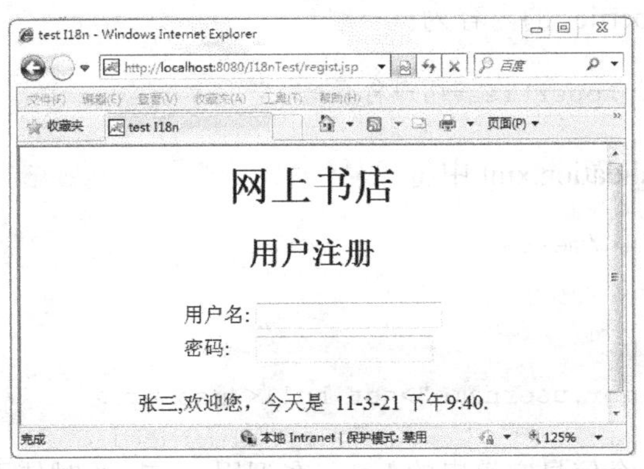

图 7-16 国际化测试页面

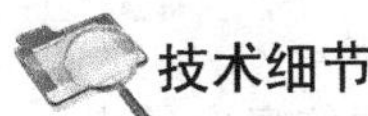

技术细节

占位符的使用目的，是让开发者可以动态地填入某些国际化的值。

例如，对于下面的消息文本：

greeting={0},欢迎学习 Struts 2，今天是 {1}.

在 JSP 页面中可以按照如下方式使用 text 标签：

```
<s:text name="greeting">
   <s:param value="'张三'"  />
   <s:param value="new java.util.Date()"/>
</s:text>
```

param 标签的顺序对应了消息文本中的数字占位符，第一个 param 标签传递的是替换占位符参数{0}，第二个元素替换占位符参数{1}……以此类推，最多可以使用 10 个 param 标签。

7.3.4 校验的国际化

Strut 2 中，当程序执行到 Action 后，被校验拦截器拦获，所以校验的国际化信息来源是 Action，校验的信息字符串放在被它拦截的 Action 属性文件里。

校验框架时，把出错信息硬编码在程序中，这部分内容也应当进行国际化，在校验配置文件中指定<message>的 key 属性值即可。

例如，RegisterAction-validation.xml 的代码内容如下：

```
<field name="username">
    <field-validator type="requiredstring">
        <message>not null</message>
    </field-validator>
</field>
```

如果校验失败，则只能显示硬编码信息“not null”，如果想要显示其他文字的出错信息，就要在相同目录下创建属性文件 RegistAction_en.properties 和 RegistAction_zh.properties。

例如，RegistAction_en.properties 的内容为：

```
RegistAction_en.properties=username should not be null
```

RegistAction_zh.properties 的内容为：

```
RegistAction_zh.properties=用户名不能为空
```

在 RegisterAction-validation.xml 中将

```
<message>not null</message>
```

改为：

```
<message key="error.username">not null</message>
```

key 属性用来指定一个信息字符串的 key，在调用 getText()时使用。当校验失败寻找出错信息时，首先查找对应键名为 key 指定名字的字符串“error.username”， 并推送到 fielderror 中，以便在页面中显示。如果没有找到，则使用<message>定义的默认出错信息。

即当 Action 校验失败后，转向的 JSP 页面可用下面的方法来获取本地化的信息字符串：

```
<s:fielderror>
    <s:param>username</s:param>
</s:fielderror>
```

7.4 信息录入国际化实例

表单的数据录入是 Web 项目的常见功能，通过数据录入、显示实现项目信息的交互，本节通过一个完整的国际化实例的实现过程，讲解国际化项目实现的步骤及关键技术，通过中、英文页面语言的切换，动态显示不同的表单信息录入页面及国际化校验。

7.4.1 项目运行结果

项目运行的初始地址是：http://localhost:8080/I18nInfo/index.jsp。如果当前页面语言是中文环境，项目初始页面如图 7-17 所示，如果当前页面是英文环境，项目初始页面如图 7-18 所示。该页面用来选择项目运行的语言环境。

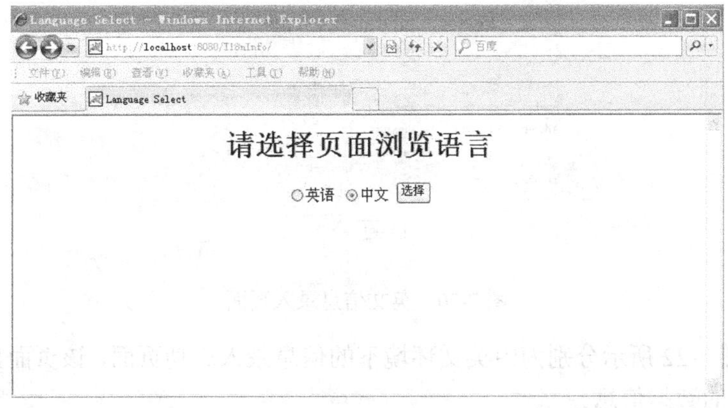

图 7-17　中、英语言选择初始页面——中文显示

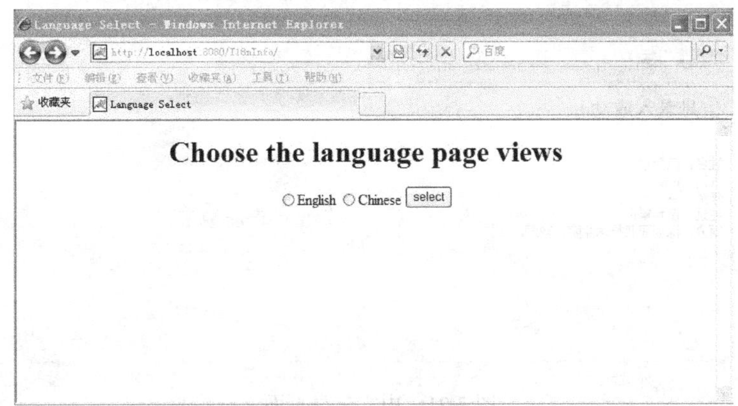

图 7-18　中文信息录入初始页面——英文显示

图 7-19 和图 7-20 所示分别为中英文环境下的个人信息录入页面，用户需要输入“姓名”、“性别”、“年龄”、“住址”和“简介”信息。其中“姓名”和“住址”是必须要输入的数据，否则信息录入出错。

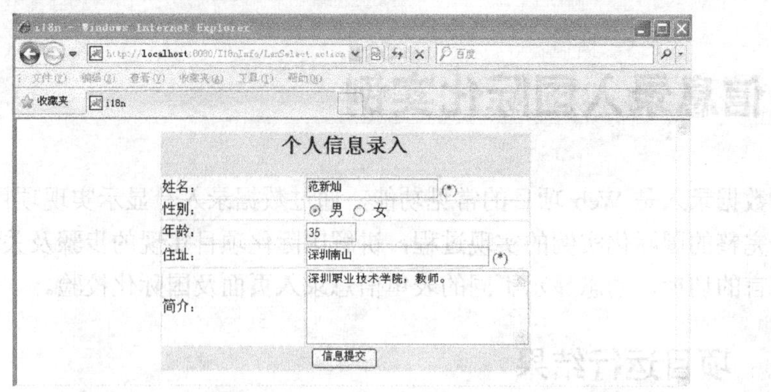

图 7-19　中文信息录入页面

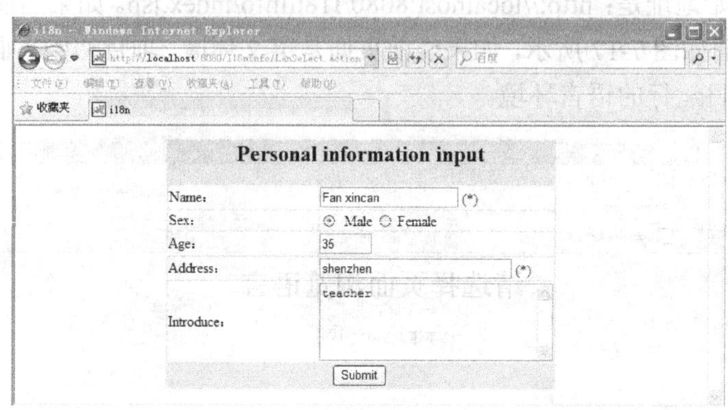

图 7-20　英文信息录入页面

图 7-21 和图 7-22 所示分别为中英文环境下的信息录入成功页面，该页面显示成功录入字符，并显示录入的数据信息。

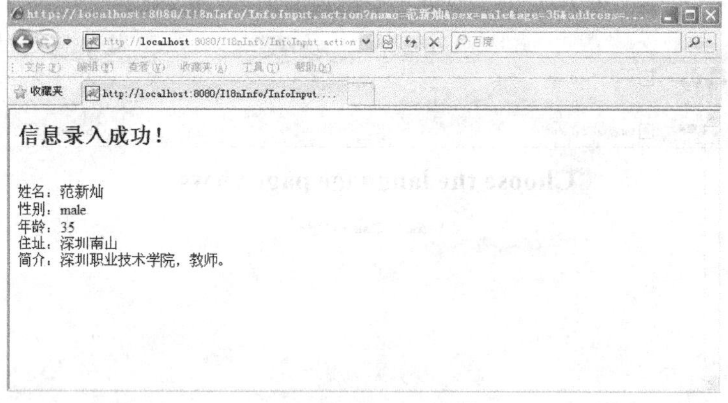

图 7-21　中文信息页面

如果在个人信息录入页面中，“姓名”和“住址”信息没有填写，那么表单提交后，仍然定向到录入页面，并显示错误提示，中英文环境下的信息录入错误页面分别如图 7-23 和图 7-24 所示。

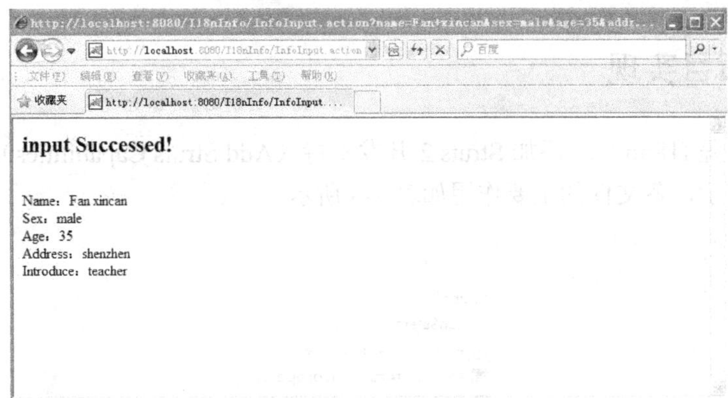

input Successed!
Name：Fan xincan
Sex：male
Age：35
Address：shenzhen
Introduce：teacher

图 7-22　英文信息页面

i18n - Windows Internet Explorer
个人信息录入
姓名：
(*)
必须输入姓名
性别：
男
女
年龄：
住址：
(*)
必须输入地址
简介：
信息提交

图 7-23　中文信息录入错误页面

i18n - Windows Internet Explorer
Personal information input
Name：
(*)
name should not be null
Sex：
Male
Female
Age：
Address：
(*)
address should not be null
Introduce：
Submit

图 7-24　英文信息录入错误页面

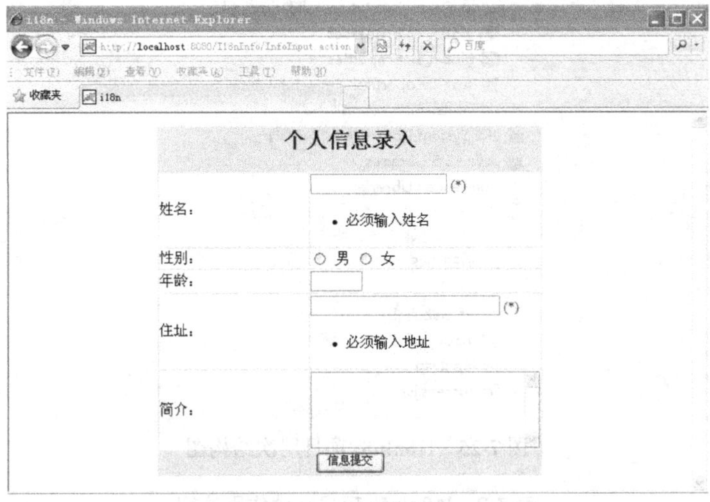

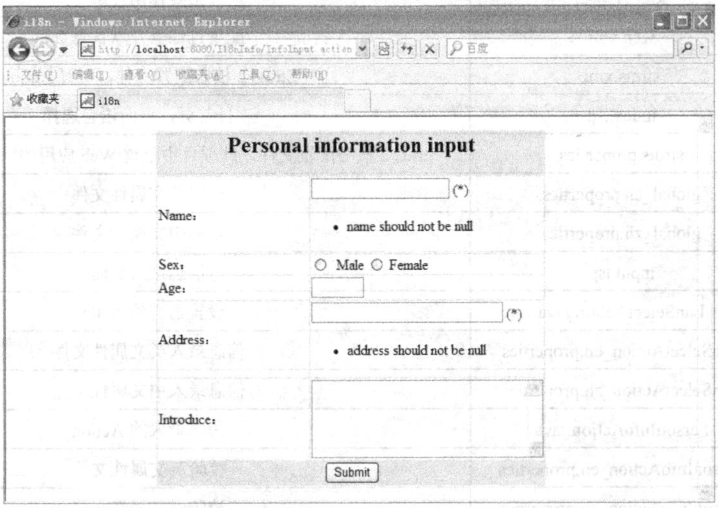

7.4.2 项目实现

新建 Web 工程 I18nInfo，添加 Struts 2 开发支持（Add Struts Capabilities）。项目文件层次结构如图 7-25 所示，各文件的主要作用如表 7-3 所示。

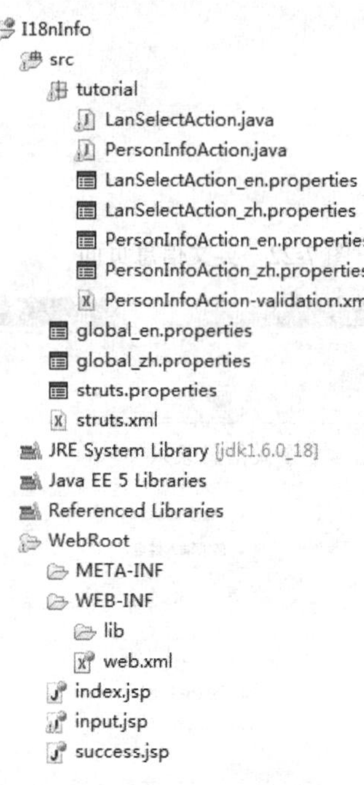

图 7-25　I18nInfo 项目层次结构图

表 7-3　I18nInfo 项目文件作用注解

序　　号	文　件　名	主要作用注解
1	web.xml	配置过滤器及默认首页
2	struts.xml	Struts 2 核心配置文件，配置 Action
3	index.jsp	项目首页，页面语言选择
4	struts.properties	Struts 2 核心配置文件，此项目中配置 Web 应用的默认的 Locale 常量
5	global_en.properties	全局英文属性文件
6	global_zh.properties	全局中文属性文件
7	input.jsp	信息录入页面
8	LanSelectAction.java	设置语言的 Action
9	LanSelectAction_en.properties	信息录入英文属性文件
10	LanSelectAction_zh.properties	信息录入中文属性文件
11	PersonInfoAction.java	信息录入的 Action
12	PersonInfoAction_en.properties	校验英文属性文件
13	PersonInfoAction_zh.properties	校验中文属性文件
14	PersonInfoAction-validation.xml	校验配置文件
15	success.jsp	信息录入成功页面

项目核心配置文件 struts.xml 代码如下，该文件配置了两个 Action，分别是 LanSelect 和 InfoInput，控制首页中英文语言环境的选择和个人的信息输入。

```
<!DOCTYPE struts PUBLIC
   "-//Apache Software Foundation//DTD Struts Configuration 2.0//EN"
   "http://struts.apache.org/dtds/struts-2.0.dtd">
 <struts>
    <include file ="struts-default.xml"/>
       <constant name="struts.i18n.encodeing" value="GBK"/>
     <package name="default" extends ="struts-default">
        <action name="LanSelect" class="tutorial.LanSelectAction">
           <interceptor-ref name="defaultStack" />
           <result name="success">input.jsp</result>
        </action>
     <action name="InfoInput" class="tutorial.PersonInfoAction">
        <interceptor-ref name="defaultStack" />
        <result name="success">success.jsp</result>
        <result name="input">input.jsp</result>
      </action>
    </package>
</struts>
```

1. 首页国际化的实现

在 src 目录下新建 struts.properties 文件，代码如下：

```
struts.custom.i18n.resources=global
```

对应的全局英文资源属性文件是 global_en.properties，定义了 title、choice.English、choice.Chinese 和 submit 键值。

```
title=Choose the language page views
choice.English=English
choice.Chinese=Chinese
submit=select
```

全局中文资源属性文件是 global_zh.properties，本文件的键值是在 MyEclipse 的设计视图编辑窗口编辑的，如图 7-26 所示。

```
title=\u8BF7\u9009\u62E9\u9875\u9762\u6D4F\u89C8\u8BED\u8A00
choice.English=\u82F1\u8BED
choice.Chinese=\u4E2D\u6587
submit=\u9009\u62E9
```

首页 index.jsp 用于中英文运行环境的选择，该文件通过<s:text>标签获取资源包的全局属性文件 global 的属性值。如果当前 IE 运行环境是中文，则显示如图 7-17 所示的中文页面，如果是英文环境，则显示如图 7-18 所示的英文页面。用户可通过操作 IE 浏览器的“工具”→“常规”→“语言”菜单及按钮，设置不同的首选语言环境测试这一国际化页面的自适应功能。

表单 Form 的 Action 属性值为 LanSelect.action，两个单选按钮的 name 属性值为 loc，值分别为 en 和 zh。

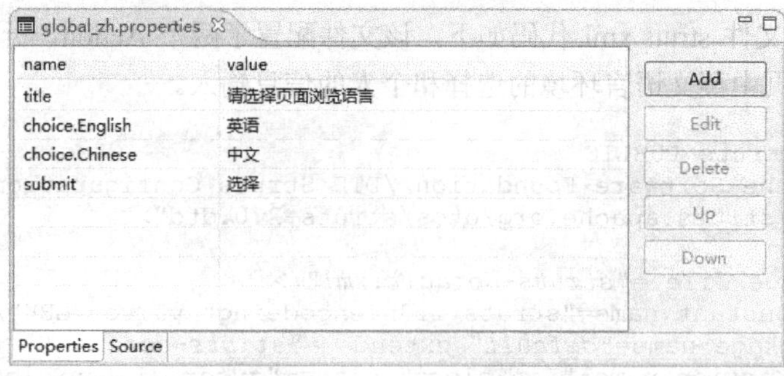

图 7-26　属性文件内容编辑

```
<%@ page contentType="text/html; charset=UTF-8"%>
<%@ taglib uri="/struts-tags" prefix="s" %>
<!DOCTYPE HTML PUBLIC "-//W3C//DTD HTML 4.01 Transitional//EN">
<html>
<head>
  <title>Language Select</title>
</head>
<body>
  <center>
     <h1><s:text name="title"/></h1>
     <form name="form1" method="post" action="LanSelect.action">
        <input type="radio" name="loc" value="en"><s:text name="choice.
        English"/>
        <input type="radio" name="loc" value="zh"><s:text name="choice.
        Chinese"/>
       <input type="submit" name="submit" value='<s:text name="submit"/>'>
     </form>
   </center>
</body>
</html>
```

2. 信息录入国际化的实现

首页的中英文选择表单Action属性为LanSelect.action，通过struts.xml配置文件指定Action控制文件为LanSelectAction.java。

```
package tutorial;
import com.opensymphony.xwork2.ActionSupport;
import com.opensymphony.xwork2.ActionContext;
import java.util.Locale;
import java.util.Map;

public class LanSelectAction extends ActionSupport{
   private String loc;
   public String getLoc() {
       return loc;
   }

   public void setLoc(String loc) {
       this.loc = loc;
   }

    public Locale getLocale() {
//在session中放置一个"locale"
```

```
 ① Locale locale = (Locale) ActionContext.getContext().getSession().
    get("locale");
//如果session中没有locale，返回默认Locale
② return (locale == null) ? Locale.getDefault() : locale;
    }

    public String execute(){
        if(loc==null){
            return SUCCESS;
        }
③       if(loc.equals("en")){
             ActionContext.getContext().getSession().put("locale",
             Locale.US);
        }
        if(loc.equals("zh")){
            ActionContext.getContext().getSession().put("locale",
            Locale.CHINA);
        }
        return SUCCESS;
    }
}
```

LanSelectAction.java 用来设置页面运行的语言，它扩展了 ActionSupport 类，并重载了 getLocale()方法和 execute()方法。该类主要是维护 session 中的键名为“locale”的键值。

文件定义的 loc 变量与数据请求表单的单选按钮 name 属性值相同，并通过 setter 和 getter 方法进行设置和获取 loc 值。

代码导读

① 获取 session 过程中的 Locale 信息。

② 如果没有从 session 中获取到 Locale 信息，返回默认的 Locale。

③ 如果在首页表单中选择英文单选按钮，则在 session 中将 Locale.US 值进行存储。

LanSelectAction_en.properties 和 LanSelectAction_zh.properties 资源包属性文件分存的是信息录入页面（如图 7-19、图 7-20 所示）的表单控件标签。LanSelectAction_en.properties 对应定义代码如下：

```
inputTitle=Personal information input
name=Name
sex=Sex
sex.male=Male
sex.female=Female
age=Age
address=Address
introduce=Introduce
submit=Submit
```

LanSelectAction_zh.properties 的键值进行了 Unicode 转换，转换后的代码如下：

```
inputTitle=\u4E2A\u4EBA\u4FE1\u606F\u5F55\u5165
name=\u59D3\u540D
sex=\u6027\u522B
sex.male=\u7537
sex.female=\u5973
age=\u5E74\u9F84
address=\u4F4F\u5740
introduce=\u7B80\u4ECB
submit=\u4FE1\u606F\u63D0\u4EA4
```

表单信息录入页面 input.jsp 运行如图 7-19 和图 7-20 所示，通过“getText()”方法获取资源包的属性文件。表单 Form 的 Action 属性值是 InfoInput.action。表单控件的 name 属性值分别是 name、sex、age、address、introduce。

```
<%@ page contentType="text/html; charset=UTF-8"%>
<%@ taglib uri="/struts-tags" prefix="s" %>
<!DOCTYPE HTML PUBLIC "-//W3C//DTD HTML 4.01 Transitional//EN">
<html>
   <head>
       <title>i18n</title>
      <style type="text/css">
<!--
.STYLE1 {color: #FF0000}
-->
       </style>
</head>
   <body>
      <form name="form1" action="InfoInput.action">
    <table width="435" border="0" align="center" cellspacing="1" bgcolor="
    #99FFFF">
            <tr>
              <td colspan="2"><center><h2>
<s:property value="getText ('inputTitle')" /></h2> </center></td>
            </tr>
            <tr>
             <td width="184" bgcolor="#FFFFFF"><s:property value="getText
             ('name')" />: </td>
              <td width="244" bgcolor="#FFFFFF"><label>
                <input name="name" type="text" id="name" size="20">
              </label><span class="STYLE1">(*)</span>
               <s:fielderror>
                        <s:param>name</s:param>
               </s:fielderror>
               </td>
            </tr>
            <tr>
              <td bgcolor="#FFFFFF"><s:property value="getText('sex')" />:
              </td>
              <td bgcolor="#FFFFFF"><label>
                <input type="radio" name="sex" value="male">
              </label><s:property value="getText('sex.male')" />
              <label>
              <input type="radio" name="sex" value="female">
              </label>
              <s:property value="getText('sex.female')" /></td>
            </tr>
            <tr>
              <td bgcolor="#FFFFFF"><s:property value="getText('age')" />:
              </td>
              <td bgcolor="#FFFFFF"><label>
                <input name="age" type="text" id="age" size="4">
              </label></td>
            </tr>
            <tr>
              <td bgcolor="#FFFFFF"><s:property value="getText ('address')"
              />: </td>
              <td bgcolor="#FFFFFF"><label>
                <input name="address" type="text" id="address" size="30">
```

```
              </label>
               <span class="STYLE1">(*)</span>
                <s:fielderror>
                      <s:param>address</s:param>
                    </s:fielderror>              </td>
            </tr>
            <tr>
             <td bgcolor="#FFFFFF"><s:property value="getText ('introduce')" />:
              </td>
              <td bgcolor="#FFFFFF"><label>
              <textarea name="introduce" cols="30" rows="5" id=" introduce">
              </textarea>
              </label></td>
            </tr>
             <tr>
              <td colspan="2"><center>
                <label>
           <input type="submit" name="Submit" value="<s:property value="getText
           ('submit')" />" />
  </label>
              </center></td>
            </tr>
          </table>
     </form>
    </body>
  </html>
```

3. 校验国际化的实现

本实例对信息录入的姓名和地址进行了校验，限制其不能为空。

校验的国际化信息来自 Action，校验的信息字符串来源于被校验拦截器拦截的 Action 的属性文件。本实例的 Action，对应文件是 PersonInfoAction.java，在同级目录下定义校验配置文件 PersonInfoAction-validation.xml，定义代码内容如下：

```
  <!DOCTYPE   validators   PUBLIC   "-//OpenSymphony   Group//XWork   Validator
1.0.2//EN"
   "http://www.opensymphony.com/xwork/xwork-validator-1.0.2.dtd">
   <validators>
   <field name="name">
     <field-validator type="requiredstring">
     <message key="error.name">not null</message>
   </field-validator>
   </field>
   <field name="address">
     <field-validator type="requiredstring">
     <message key="error.address">not null</message>
     </field-validator>
     </field>
   </validators>
```

在校验配置文件中，定义了属性 name 和 address 的校验，限制其不同为空：not null。以<message>标签的 key 属性配置 Locale 获取“error.name”和“error.address”的键值，“error.name”和“error.address”是本地化属性文件 PersonInfoAction_en.properties 和 PersonInfoAction_zhroperties 定义的键。

PersonInfoAction_en.properties 的代码如下：

```
error.name=name should not be null
error.address=address should not be null
success=input Successed\!
```

PersonInfoAction_zh.properties 的代码如下：

```
error.name=\u5FC5\u987B\u8F93\u5165\u59D3\u540D
error.address=\u5FC5\u987B\u8F93\u5165\u5730\u5740
success=\u4FE1\u606F\u5F55\u5165\u6210\u529F\uFF01
```

当 Action 校验失败后，struts.xml 定义其转向页面 input.jsp，并在 input.jsp 页面获取本地化的错误信息字符串。

```
    ……
<s:fielderror>
        <s:param>name</s:param>
    </s:fielderror>
    ……
    <s:fielderror>
        <s:param>address</s:param>
       </s:fielderror>
    ……
```

4. 信息显示国际化的实现

当信息录入 Action 成功执行后，页面转到成功页面 success.jsp。该页面通过<s:18n>的 name 属性指定要使用的资源包属性文件是 tutorial.personInfo，通过 getText()方法获取对应的资源属性文件信息标签。

```
<%@ page contentType="text/html; charset=UTF-8"%>
<%@ taglib uri="/struts-tags" prefix="s" %>
<body>
<p/>
<p/>
   <h2><s:property value="getText('success')" /></h2><br>
    <s:i18n name="tutorial.personInfo">
      <s:property value="getText('name')" />: <s:property value="name"
      /><br>
      <s:property value="getText('sex')" />: <s:property value="sex" /><br>
      <s:property value="getText('age')" />: <s:property value="age" /><br>
      <s:property value="getText('address')" />: <s:property
      value="address" /><br>
      <s:property value="getText('introduce')" />: <s:property value="
      introduce" />
   </s:i18n>
</body>
```

7.5 总结与提高

Struts 2 对国际化提供了比较全面的支持。将要显示的字符放置在资源包中，以资源文件形式存储页面数据。Struts 2 通过不同方式对资源文件进行加载：全局资源文件、包范围资源文件、Action 范围资源文件、临时范围资源文件，以不同的资源包优先级加载方式查找资源文件。

在 Struts 2 中需要做国际化的有：JSP 页面的国际化、Action 的国际化、校验的国际化。Struts 2 的国际化功能通过 ResourceBundle.getBundle()方法进行。为了实现程序的格式化，必须提供资源文件，资源文件的内容以 key-value 对来提供信息。

国际化的实现首先需要装载资源包，在页面上获取资源文件中内容的方式为使用<s:text>标签和 getText()方法来获取信息字符串。

在 Action 获取资源文件中的内容，可以继承 ActionSupport 类，再用此类的 getText()方法获取资源文件中的信息。如果要在 JSP 页面输出带占位符的国际化信息，可以通过<param>标签来指定占位符的内容。

第 8 章

Hibernate 数据持久化技术

本章首先介绍对象——关系映射（ORM）和数据持久化技术的概念和原理，重点讲解了 Hibernate 架构的特点及安装和配置方法，Hibernate 开发的关键技术。本章基于 MyEclipse 开发平台，并以留言板为案例进行项目开发。读者通过本章的学习可以掌握以下内容：

- 掌握 Hibernate 开发环境的安装和配置。
- 掌握 Hibernate 核心接口的运用。
- 掌握 Hibernate 开发步骤。
- 使用反向工程生成 POJO 类、映射文件和 DAO。

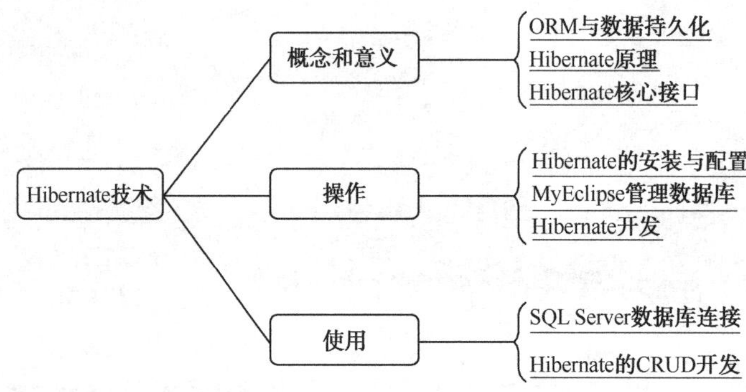

8.1 认识 Hibernate

8.1.1 ORM 与数据持久化

1. 对象—关系映射

面向对象的开发方法是当今企业级应用开发环境中的主流开发方法，关系数据库是企业级应用环境中永久存放数据的主流数据存储系统。对象和关系数据是业务实体的两种表现形式，业务实体在内存中表现为对象，在数据库中表现为关系数据。内存中的对象之间存在关联和继承关系，而在数据库中，关系数据无法直接表达多对多关联和继承关系。

对象—关系映射（Object Relational Mapping，ORM）是一种为了解决面向对象与关系数据库存在的互不匹配的现象的技术，是随着面向对象的软件开发方法发展而产生的。

对象—关系映射（ORM）系统一般以中间件的形式存在，主要实现程序对象到关系数据库数据的映射。ORM 通过使用描述对象和数据库之间映射的元数据，将 Java 程序中的对象自动持久化到关系数据库中。本质上就是将对象模型映射为一种关系模型（通常指关系数据库）的技术。

2. 数据持久化

在图 8-1 中，分离出的持久化层封装了数据访问细节，为业务逻辑层提供了面向对象的 API。

(1) 什么叫持久化？

持久化（Persistence），即把数据（如内存中的对象）保存到可永久保存的存储设备中（如磁盘）。持久化的主要应用是将内存中的数据存储在关系型的数据库中，当然也可以存储在磁盘文件、XML 数据文件中等。

(2) 什么叫持久化层？

持久化层（Persistence Layer），即专注于实现数据持久化应用领域的某个特定系统的一个逻辑层面，将数据使用者和数据实体相关联。

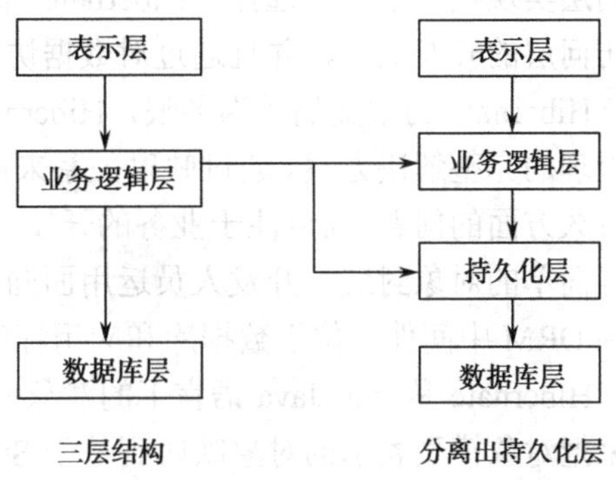

图 8-1 分离出的持久化层

(3) 为什么要持久化？增加持久化层的作用是什么？

数据库的读写是一个很耗费时间和资源的操作，当大量用户同时直接访问数据库时，效率将非常低，如果将数据持久化就不需要每次从数据库读取数据，直接在内存中对数据进行操作，这样就节约了数据库资源，而且加快了系统的反应速度。

最常见的数据持久化方法就是在对数据库进行持久化后将其在关系数据库中进行存储。增加持久化层提高了开发的效率，使软件的体系结构更加清晰，在代码编写和系统维护方面变得更容易。特别是在大型的应用中会更有利。同时，持久化层作为单独的一层，人们可以为这一层独立地开发一个软件包，让其实现各种应用数据的持久化，并为上层提供服务。从而使得各个企业里做应用开发的开发人员，不必再来做数据持久化的底层实现工作，而是可以直接调用持久化层提供的 API。

关系数据库采用关系模型，简单易用，用户只需要编写简单的查询语句就可对其进行操作，包括数据保存、数据更新、数据删除、数据加载和数据查询。

数据持久化可以：

- 减少访问数据库数据次数，增加应用程序执行速度；
- 代码重用性高，能够完成大部分数据库操作；
- 使持久化不依赖于底层数据库和上层业务逻辑实现，更换数据库时只需修改配置文件而不用修改代码。

Hibernate 是 ORM 框架之一，可利用面向对象方法完成数据的存储和提取。

8.1.2 什么是 Hibernate

在 Java 发展的初期阶段，直接调用 JDBC（Java 数据库连接性）几乎是数据库访问的唯一手段。而使用 JDBC 访问数据库有许多弊端，如步骤复杂、SQL 语句复杂、平台移植困难及性能损失等，开发人员需要对 Java 编程、数据库的数据结构都有较深的认知，特别是事务处理、数据完整性约束等复杂的数据处理，对开发人员要求较高。为了解决这个问题，Hibernate 应运而生。

随着设计思想和 Java 技术本身的演变，出现了许多 JDBC 封装技术，这些技术为数据库访问层实现提供了多种选择。Hibernate 即是当前主流的 JDBC 封装框架，可以大大提高数据库访问层的开发效率，并且通过对数据访问中各种资源和数据的缓存调度，实现更佳的性能。

Hibernate 的中文翻译为冬眠，Hibernate 是一个开源的持久层框架，其目标是成为一个持久管理的完整解决方案。通过映射关系来协调持久对象与关系数据库的交互，使开发者不必关心持久方面的问题，而专注于业务的开发。Hibernate 作为一个对象关系映射框架，本身对 JDBC 进行简单的对象封装，开发人员运用面向对象的观念来实现对数据库的操作。Hibernate 就是一种 ORM 中间件，位于数据库和应用程序之间。

Hibernate 是一种 Java 语言下的对象关系映射解决方案。它是一种自由、开源的软件。它用来把对象模型表示的对象映射到基于 SQL 的关系模型结构中去，为面向对象的领域模型到传统的关系型数据库的映射提供了一个使用方便的框架。通过 JDBC 与 Hibernate 访问数据库的不同如图 8-2 所示。

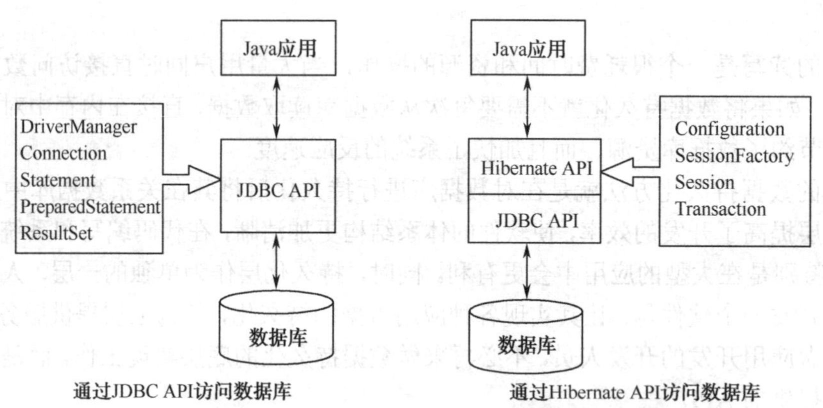

图 8-2　通过 JDBC 与 Hibernate 访问数据库的不同

Hibernate 的优点总结如下：

- Hibernate 可以大大提高开发效率，程序员可以免去繁重的编码工作，只需要在映射文件中对关系进行定义，然后编写少量的代码，便可实现将实体与关系的维护，对象与关系的转换工作由 Hibernate 实现；
- Hibernate 使用 Java 反射机制，而不是字节码增强程序来实现透明性；
- Hibernate 的性能非常好，因为它是个轻量级框架，映射的灵活性很出色；
- 支持各种关系数据库，很容易地实现不同数据库间的迁移。

Hibernate 的缺点：

■ 对批量数据库的更新操作，具有先天的不足；

■ Hibernate 限制用户所使用的对象模型，例如，一个持久性类不能映射到多个表；

■ 制作报表功能不够强大。

链接

使用 JDBC 访问数据库的顺序

① 装载驱动:

```
try{
    Class.forName("com.mysql.jdbc.Driver");
}catch(Exception e){
    System.out.print(e.getMessage());
    }
 }
```

装载驱动代码只执行一次，再对数据库进行访问时不需要重新装载。

② 建立 connection:

每次对数据库的访问都需要动态地与数据库创建一个连接，增、删、改、查等都在这个连接下进行。

```
try{
    setCon(DriverManager.getConnection(url,username,password));
}catch(Exception e){
      e.printStackTrace();
    }
 }
```

③ 创建 statement:

每一个 SQL 语句被执行前都要创建一个 statement。

```
try{
    setStmt(getCon().createStatement());
}catch(Exception e){

 }
```

④ 执行 SQL 语句:

调用 statement 对象的 executeQuery()方法来执行 SQL 语句，执行的结果被封装在一个 ResultSet 对象中。

```
ResultSet rs=getStmt().executeQuery(sqlstr);
```

⑤ 关闭资源:

资源使用完后要进行关闭。

```
try{
getStmt().close();
getCon().close();
}catch(Exception e){
      e.printStackTrace();
    }
 }
```

8.1.3 Hibernate 的安装与配置

官方网站是 http://www.hibernate.org/。Hibernate 相关开发包有几个，一般下载 Hibernate Core 包就可以了。

注意

如果使用 MyEclipse 开发平台则不需要下载，MyEclipse 集成了 Hibernate，是一个非常流行的、开源的、易于配置和运行的、基于 JDBC 的对象——关系映射引擎，是一个 OR Mapping [（对象（Object）、关系（Relative）数据库映射］框架，可用在任何需要将 Java 对象和数据库表格中的数据进行操作的 Java 应用中。主要功能为：

- 多种映射策略；
- 可迁移的持久化；
- 单个对象映射到多个表；
- 支持集合；
- 多态关联；
- 可自定义的 SQL 查询。

这里，我们选择下载 3.2.6 版本，下载后压缩文件为 hibernate-3.2.6.ga.zip，解压缩后包内的主要文件如图 8-3 所示。

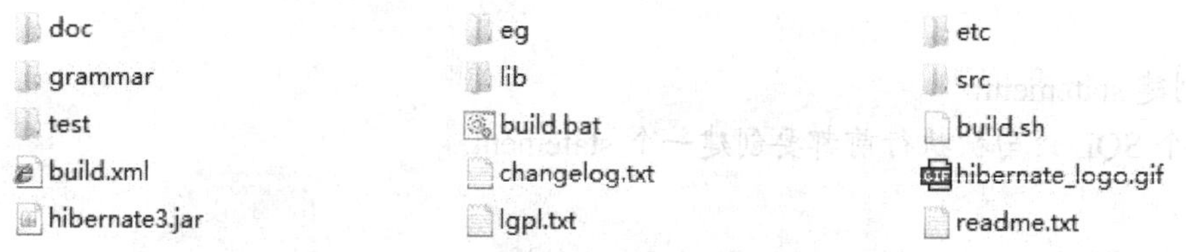

图 8-3 hibernate 包内文件图示

- hibernate3.jar：Hibernate 架构核心包，提供了 Hibernate 开发用到的类库；
- doc：Hibernate 的帮助文档；
- src：Hibernate 架构核心包的源程序；
- etc：Hibernate 的示例程序；
- lib：提供了第三方的一些支持包。

开发时，把 Hibernate 3.jar 和 lib 目录下的包放在 WEB-INF 下的 lib 目录下，就可在 Web 应用中使用 Hibernate 3 了。

Hibernate 应用在需要将 Java 对象和数据库表格中的数据进行操作的 Java 应用中，应用集成 Hibernate 包括如下步骤：

- 项目中安装 Hibernate 核心类和依赖的 JAR 类库；
- 创建 hibernate.cfg.xml 文件来描述如何访问数据库；
- 为每个持久化 Java 类创建单独的映射描述文件。

注意

- 必须在有明确的对象设计时才能用 Hibernate;
- 数据库是用大量的存储过程实现的，不能用 Hibernate;
- 如果是多表查询，慎用 Hibernate。

8.1.4 Hibernate 核心接口

Hibernate 的核心接口一共有 5 个，分别为 Session、SessionFactory、Transaction、Query 和 Configuration。这 5 个核心接口在任何开发中都会用到。通过这些接口，不仅可以对持久化对象进行存取，还能够进行事务控制。Hibernate 的核心接口关系如图 8-4 所示，对应的代码如下。

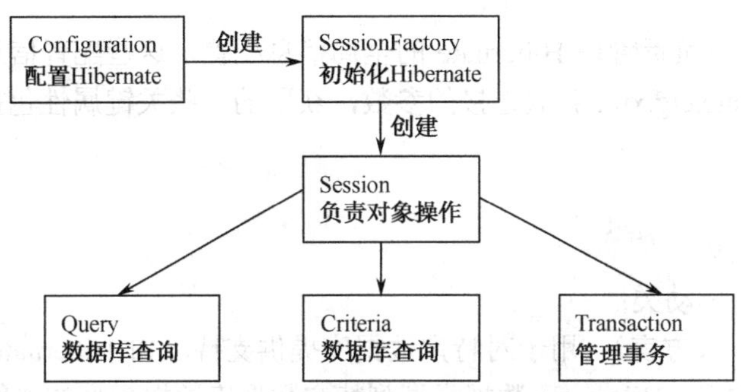

图 8-4 Hibernate 核心接口关系图

完整示例代码:

```
//1. 加载配置和驱动等
Configuration config = new Configuration().configure();
//2. 生成Session 工厂(相当于连接池或 DriverManager)
SessionFactory sessionFactory = config.buildSessionFactory();
//3. 打开 session
Session session = sessionFactory.openSession();
//4. 打开事务(Transaction)
org.hibernate.Transaction tran = session.beginTransaction();
//5. 生成实体类
User bean = new User();
//6. 给 Bean 赋值
bean.setUsername("zhangsan");
//7. 保存或更新(并没有立即保存到数据)
session.save(bean);
//8. 提交事务(真正的保存或更新数据)
tran.commit();
//9. 做查询，首先创建查询对象
String queryString = "from User";       // HSQL 操作的是实体，不是数据库表格
Query query = getSession().createQuery(queryString);
//10. 读取查询结果
java.util.List<User> result = query.list();
```

技术细节

> ① Configuration 接口：配置并启动 Hibernate，创建 SessionFactory 对象。
> ② SessionFactory 接口：初始化 Hibernate，充当数据存储源的代理，创建 Session 对象。
> ③ Session 接口：负责保存、更新、删除、加载和查询对象。
> ④ Transaction：管理事务。
> ⑤ Query 和 Criteria：执行数据库查询。

以上代码对应 5 个接口的结合运用，其详细说明如下。

1. Configuration 接口

首先需要创建 Configuration 接口对象，用于配置并启动 Hibernate。Hibernate 应用通过 Configuration 实例来指定对象—关系映射文件的位置或动态配置 Hibernate 的属性，然后创建 SessionFactory 对象。

Configuration 接口负责管理 Hibernate 的全局信息配置，这些配置信息完成初始化工作，数据库连接由 hibernate.cfg.xml 获取连接的参数，获取的一些关键属性包括：

- 数据库 URL；
- 数据库用户；
- 数据库用户密码；
- 数据库 JDBC 驱动类；
- 数据库 dialect（方言）：用于对特定数据库提供支持，如 Hibernate 数据类型到特定数据库特性的实现，Hibernate 数据类型到特定数据库数据类型的映射等。

使用 Hibernate 必须首先进行关键属性的初始化，这些属性在配置文件 hibernate.cfg.xml 中加以设定。

```
Configuration config=new Configuration().configure();
```

Hibernate 自动在当前的 CLASSPATH 中搜寻 hibernate.cfg.xml 文件并将其读取到内存中作为后继操作的基础配置。

- SessionFactory 等价于 DriverManager，SessionFactory 负责创建 Session 实例。

```
SessionFactory sessionFactory = config.buildSessionFactory();
```

- Session 等价于 JDBC 中的 Connection，通过 SessionFactory 实例构建。

```
Session session = sessionFactory.openSession();
```

Configuration 实例 config 会根据当前的配置信息，构造 SessionFactory 实例并返回，SessionFactory 一旦构造完毕，即被赋予特定的配置信息。config 的变更不会影响到已经创建的 SessionFactory 实例，如需使用改动后的 config 实例的 SessionFactory，需要在 config 中重新构建一个 SessionFactory 实例。

2. SessionFactory 接口

Configuration 负责创建 SessionFactory 实例，是通过 Configuration 的 buidSessionFactory 方法来创建的，buidSessionFactory 方法把 Configuration 对象所包含的所有配置信息都复制到 sessionFactory 对象的缓存中。一个 SessionFactory 对象代表一个数据库存储源，通常一个应用

程序只需要创建一个 SessionFactory 实例即可，当需要操作多个数据库时，可以为每个数据库指定一个 SessionFactory。

SessionFactory 的主要作用是负责创建 Session 对象，所有的线程都是从 SessionFactory 中获取 Session 对象来处理客户请求的。

3. Session 接口

Hibernate 在对数据库进行操作之前，必须先取得 Session 实例，相当于 JDBC 在对数据库操作之前，必须先取得 Connection 实例，Session 是 Hibernate 操作的基础。Session 接口负责执行被持久化对象的 CRUD 操作（CRUD 的任务是完成与数据库的交流，包含了很多常见的 SQL 语句）。一个 Session 由一个线程来使用，但需要注意的是，Session 对象是非线程安全的。同时，Hibernate 的 Session 不同于 JSP 应用中的 HttpSession。这里在使用 Session 这个术语时，其实指的是 Hibernate 中的 Session，而以后会将 HttpSesion 对象称为用户 Session。

4. Transaction 事务

Transaction 接口负责事务相关的操作。它是可选的，开发人员也可以设计编写自己的底层事务处理代码。

Hibernate 是 JDBC 的轻量级封装，本身并不具备事务管理能力，在事务管理层，将其委托给底层的 JDBC 或 JTA，以实现事务管理和调度功能。Hibernate 的默认事务处理机制基于 JDBC Transaction，下面为 Hibernate 对 JDBC 的封装代码：

```
session = sessionFactory.openSession();
Transaction tx = session.beginTransaction();
......
tx.commit();
```

对 JDBC 层面而言，上面的代码对应着：

```
Connection dbconn = getConnection();
dbconn.setAutoCommit(false);
......
dbconn.commit();
```

5. Query 接口

Query 接口负责执行各种数据库查询，它可以使用 HQL 语言或 SQL 语句两种表达方式。下面是带参数的查询（相当于 PreparedStatement）：

```
q = session.createQuery("from User u where u.name= :name");
q.setString("name", "张三");
q = session.createQuery("from User u where u.name= ?");
q.setString(0, "张三");
```

下面是 Native SQL 方式（用于特定的数据库的查询）：

```
List cats=session.createSQLQuery(
"SELECT {cat.*} FROM CAT {cat} WHERE ROWNUM<10","cat",
Cat.class
).list();
Listcat s=session.createSQLQuery(
"SELECT {cat}.ID AS {cat.id}, {cat}.SEX AS {cat.sex},"+
```

```
"{cat}.MATE AS{cat.mate}, {cat}.SUBCLASSAS {cat.class},..."+
"FROM CAT {cat} WHERE ROWNUM<10",
"cat",
Cat.class
).list();
```

8.2 Hibernate 开发关键技术

8.2.1 Hibernate 开发步骤

Hibernate 的开发主要包括如下几个步骤，如图 8-5 所示。

- 读取并解析配置文件；
- 读取并解析映射信息，创建 SessionFactory；
- 打开 Sesssion；
- 创建事务 Transation；
- 持久化操作；
- 提交事务；
- 关闭 Session；
- 关闭 SesstionFactory。

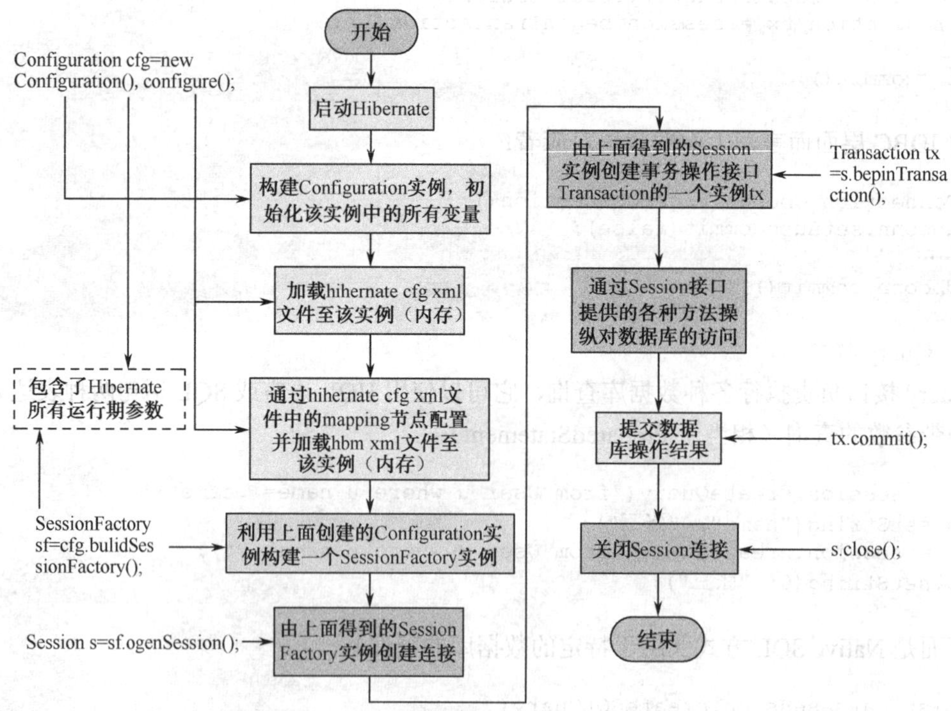

图 8-5　Hbernate 开发步骤

8.2.2 实体类

持久化对象是简单的 POJO 对象，是一个与数据库表对应的包含若干属性以及属性对应的 getter 和 setter 方法的类的实例。这个对象由 Hibernate 来进行管理，一个数据库表对应着一个映射配置文件和一个 JavaBean 类（是一个 POJO 类）。JavaBean 与数据库表的对应关系通过映射配置文件来定义。实体类（Plain and Old Java Object，POJO）JavaBean 的要求如下：

- 只有 getter 和 setter，没有业务方法；
- 什么样的对象需要映射；
- 要有主键字段；
- 可序列化。

```
public class User implements java.io.Serializable {
private int id;
private String username;
getxxx
setxxx
}
```

技术细节

POJO（Plain Old Java Objects）简单的 Java 对象，实际就是普通 JavaBeans，是为了避免和 EJB 混淆所创造的简称。 其中有一些属性及其 getter setter 方法的类，没有业务逻辑，有时可以作为 VO(value -object)或 dto(Data Transform Object)来使用。当然，如果你有一个简单的运算属性也是可以的，但不允许有业务方法，也不能携带有 connection 之类的方法。

POJO 实质上可以理解为简单的实体类，顾名思义 POJO 类的作用是方便程序员使用数据库中的数据表，对于广大的程序员，可以很方便地将 POJO 类当做对象来进行使用，当然也是可以方便地调用其 getter、setter 方法。POJO 类也给我们在 struts 框架中的配置带来了很大的方便。

POJO 对象有时也被称为 Data 对象，大量应用于表现现实中的对象。如果项目中使用了 Hibernate 框架，有一个关联的 xml 文件，使对象与数据库中的表对应，对象的属性与表的字段对应。

可以把 POJO 作为支持业务逻辑的协助类。POJO 有一些 private 的参数作为对象的属性，然后针对每个参数定义了 get 和 set 方法作为访问的接口。

```
public class User {
private long id;
   private String name;
   public void setId(long id) {
      this.id = id;
   }
   public void setName(String name) {
      this.name=name;
   }
   public long getId() {
      return id;
   }
```

```
    public String getName() {
      return name;
    }
  }
```

8.2.3 Hibernate 的配置

Hibernate 使用 Java 编写，是一个高度可配置的软件包，通过两种配置文件格式进行配置。

（1）hibernate.cfg.xml：启动时，Hibernate 查询这个 XML 的属性进行操作，如数据库连接字符串和密码、数据库方言，以及映射文件位置等，Hibernate 在类路径中查找这个文件。

（2）*.hbm.xml：映射描述文件，告诉 Hibernate 如何将特定的 Java 类和一个或多个数据库表格中的数据进行映射。

MyEclipse 提供了工具进行这两种配置文件的处理，并能将映射文件、数据库数据和 Java 类进行同步。

实体映射文件的命名为：实体名.hbm.xml。它告诉 Hibernate 怎么来做对象映射、向哪个表插入数据、每个属性的数据类型，以及对应数据表里的列名。一般来说，一个实体对应一个配置文件。

```
<class name="dao.User" table="users(数据库表格)" catalog="数据库名字">
<!-- 主键字段配置, hibernate 为我们生成主键 id, 必须定义-->
<id name="id" type="java.lang.Integer">
<column name="id" />
<generator class="increment" />
<!-- increment 是先从数据库取最大 ID 然后加 1, 再存入数据库
assigned 必须手工赋值给一个 ID
auto, identify, sequence, native, uuid.hex, hilo 等等
-->
</id>
<!-- property 默认把类的变量映射为相同名字的表列，当然我们可以修改其映射方
式-->
<!-- 两种类型写法 Hibernate type: string, int; Java 类的全名: java.lang.Integer
-->
<property name="username" type="java.lang.String">
<!-- 指定对应数据库中的字段信息 -->
<column name="username" length="200" not-null="true" />
</property>
```

8.3 项目实现——留言板程序

8.3.1 项目介绍

无论是在商业网站，还是社区中，留言板都是一种重要的功能，通过留言板，用户可以将自己的想法、感受等发表出来，更好地进行交流。留言板的基本功能是让使用者撰写留言或查看别人的留言。一个功能完善的留言板也有着复杂的功能，这种复杂性主要表现在留言板的管理权限

和留言丰富的表现形式两个方面。本项目介绍使用纯文本的留言，并具有添加和查询的权限。

本系统包含以下模块：

- 撰写留言模块；
- 阅读留言模块；
- 查询留言模块。

撰写留言模块的功能比较单一，就是给出表单，让撰写者填写留言的标题和内容。一般来说，这个模块要注意的是对留言权限的限制，不同的权限具有不同的功能要求，有的系统允许不进行登录（匿名）留言，有的系统只有登录过的用户才能留言。本项目允许匿名留言。

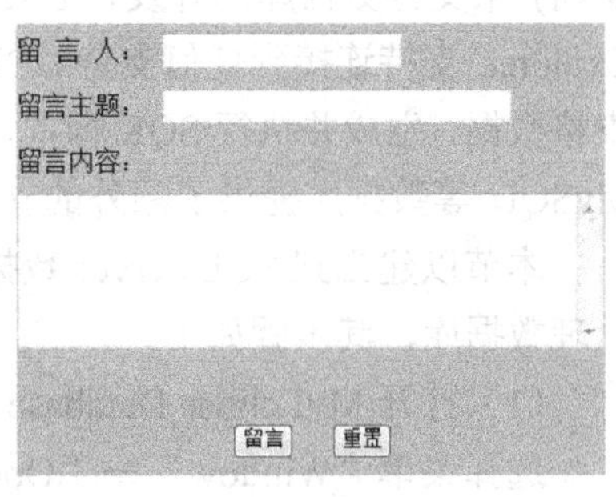

图 8-6 留言页面

留言页面如图 8-6 所示，填写留言信息后，单击留言按钮，留言成功页面如图 8-7 所示。

在浏览器中输入：http://localhost:8080/MessageHb/view.jsp，在该页面单击浏览按钮，显示留言内容如图 8-8 所示，该页面用来查询所有的留言内容。

留言查询页面如图 8-9 所示，该页面用于输入留言标题的关键字，单击“查询”按钮，查询结果如图 8-10 所示。

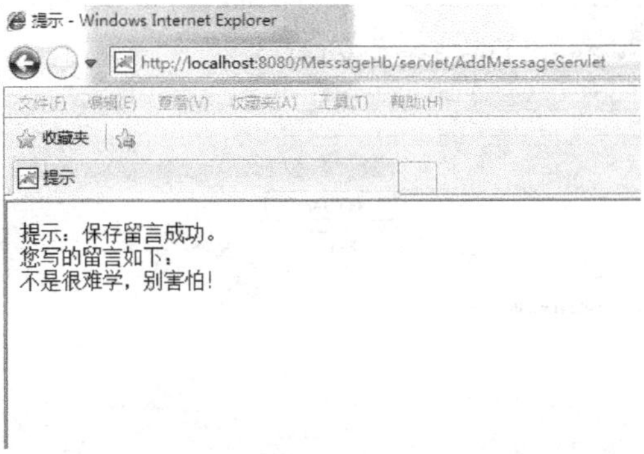

提示：保存留言成功。
您写的留言如下：
不是很难学，别害怕！

图 8-7 留言成功页面

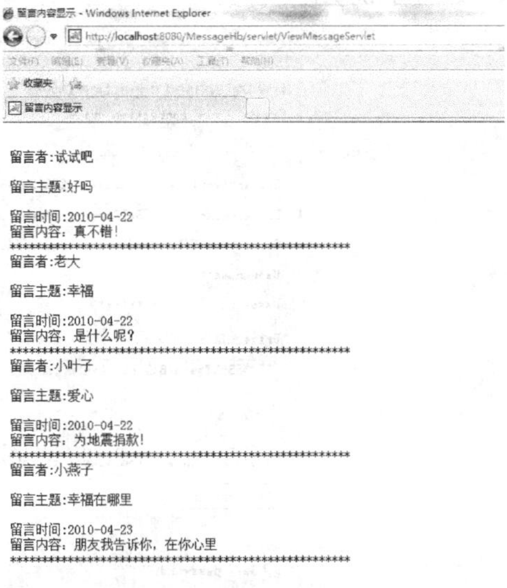

留言者:试试吧
留言主题:好吗
留言时间:2010-04-22
留言内容：真不错！
留言者:老大
留言主题:幸福
留言时间:2010-04-22
留言内容：是什么呢？
留言者:小叶子
留言主题:爱心
留言时间:2010-04-22
留言内容：为地震捐款！
留言者:小燕子
留言主题:幸福在哪里
留言时间:2010-04-23
留言内容：朋友我告诉你，在你心里

图 8-8 留言浏览页面

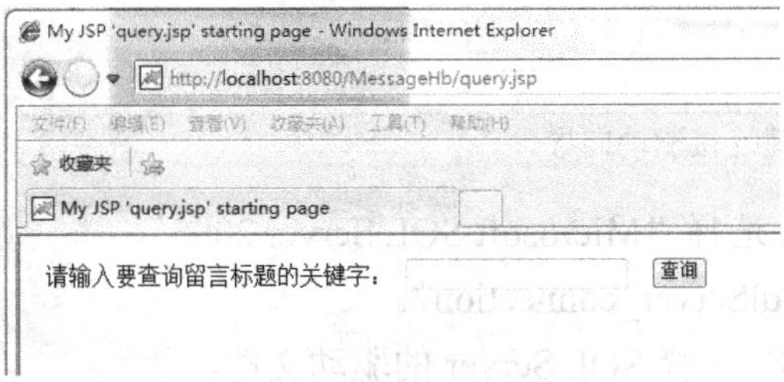

请输入要查询留言标题的关键字： 查询

图 8-9 留言查询页面

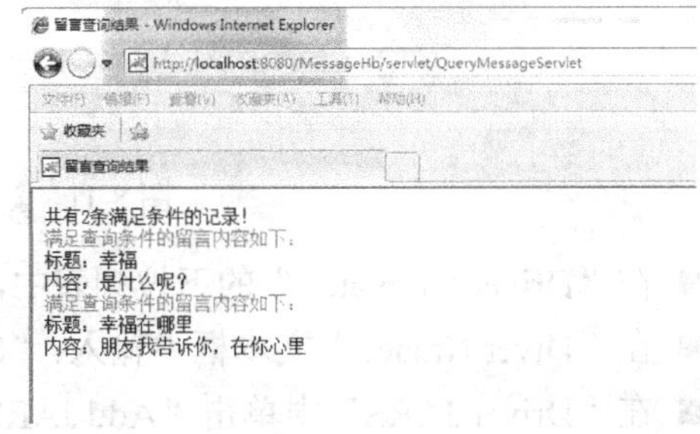

图 8-10 留言查询结果页面

8.3.2 用 MyEclipse Database Explorer 管理数据库

Java 的企业应用开发离不开关系数据库。MyEclipse 提供了 Database Explorer (数据库浏览器) 来支持数据库的开发，它提供了一系列工具来支持数据库的开发。MyEclipse Database Explorer 支持连接到任何支持 JDBC 驱动的数据库，可以浏览数据库和表结构、浏览和修改表格数据、生成并执行 SQL 脚本、创建表格、修改索引等。另外，它还对 Oracle、SQL Server、MySQL 等数据库提供了额外的支持功能。

本节以建立到 SQL Server 数据库的连接为例来阐述如何利用 MyEclipse Database Explorer 管理数据库，其步骤如下。

（1）打开 MyEclipse Database Explorer 视图

选择菜单“Window”→“Open persperctive”→“MyEclipse Database Explorer”，即可打开透视图。

（2）新建连接

在默认情况下，DB Browser 视图只有一个建好的数据库连接：MyEclipse Derby。可以通过上下文菜单“New”，启动新建连接的驱动向导，如图 8-11 所示。表 8-1 对各个需要设置的输入框进行了说明。

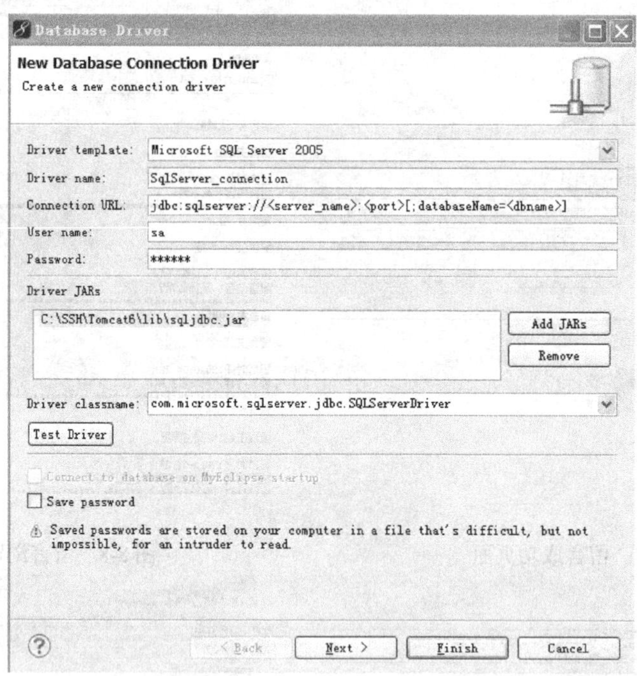

图 8-11　新建连接驱动向导

- 在“Driver template：”的下拉列表中，选择“Microsoft SQL Server 2005”。
- 在“Diver Nmae：”文本框中输入：“SqlServer_connection”。
- 在“Driver JARS”中单击“Add JARS”选择 SQL Server 的驱动文件。

表 8-1　新建数据库驱动向导设置说明

输 入 框	必　填	说　明
Driver name	是	数据库连接的名称，将会显示在 Database Browser 视图和 SQL 编辑器中
Connection URL	是	数据库连接字符串，每个数据库都有自己的连接字符串格式，如 jdbc:mysql://<主机名>[<:3306>]/<数据库名>
User Name	否	数据库连接账户的登录用户名
Password	否	数据库连接账户的登录密码
Driver JARs	是	用户自己提供的 JAR 文件列表，这些文件加入驱动管理器的类路径。如果在默认的 Java 类路径中没有合适的数据库驱动类，那么对应的 JAR 文件必须被加到这里。单击 Add JARs 按钮浏览并选择对应的 JAR 并加入到这里来
Driver classname	是	JDBC 驱动类的完整类名。这个类必须能够在 Java 类路径（Eclipse 启动时的那个）和 Driver JAR 列表中找到
Save Password	否	选中这个选项的时候，密码会保存起来，否则每次打开数据库连接时都会提示你输入密码
Open on Eclipse Startup	否	选中这个选项后每次 Eclipse 启动的时候都会自动连接到这个数据库

8.3.3　新建 SQL Server 数据库

新建 SQL Server 数据库 db_message，在该数据库下新建表 tb_ message，表的结构如图 8-12 所示。

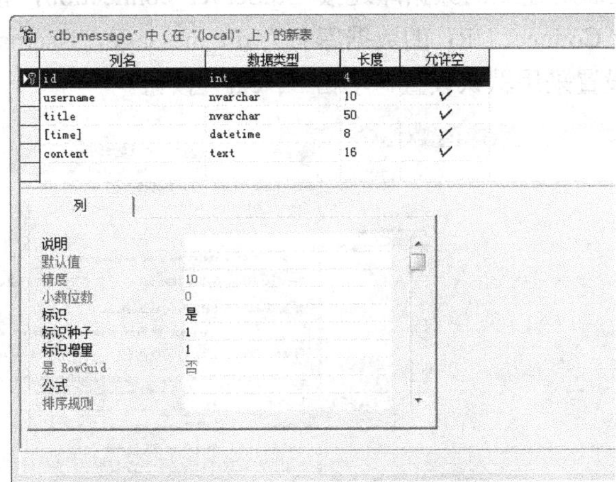

图 8-12　表 tb_message 的结构

8.3.4　新建 Web 工程并添加 Hibernate Capabilities

新建 Web 工程"MessageHb"，并添加 Hibernate 类库（JARS）到项目的类路径。添加

MyEclipse Hibernate 功能到这个工程。

（1）选中工程 MessageHb，并选择菜单“MyEclipse”→“Project Capabilities”→“Add Hibernate Capabilities...”，如图 8-13 所示。

（2）弹出的对话框如图 8-14 所示，保持 Hibernate 类库的版本不变，保持 Add checked Libraries to project build-path，该设置可将选中的类库添加到项目的构造路径中，相应的 JAR 文件不会复制到项目中，将在发布程序时复制，单击“Next”按钮。

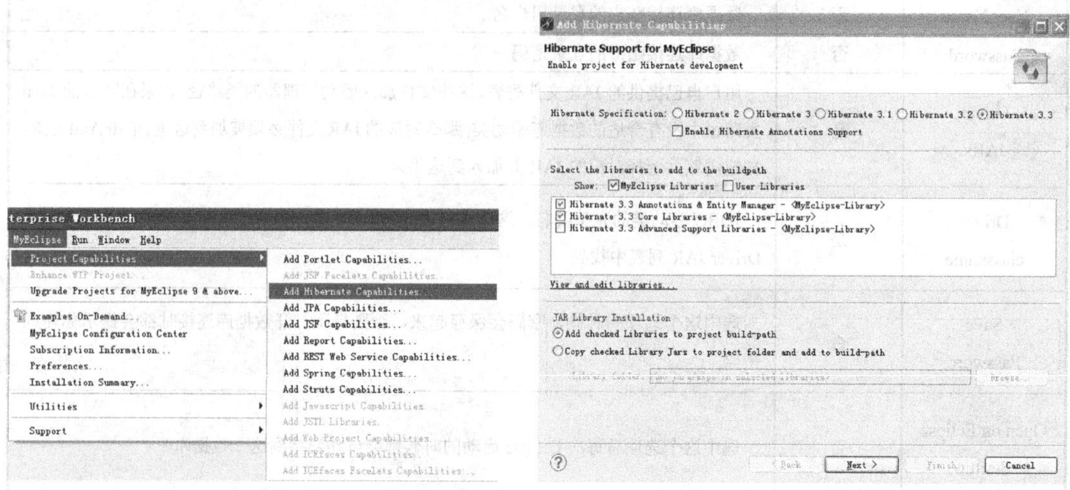

图 8-13　启动添加 Hibernate Capabilities 向导　　图 8-14　选择 Hibernate 类库版本对话框

（3）如图 8-15 所示，向导进入创建 Hibernate XML 配置文件，保持默认设置，单击 Next 按钮。

（4）如图 8-16 所示，选择 Hibernate 所使用的数据库连接，单击 DB Driver 右侧的现有数据库连接列表，选择上面所建立的数据库连接 SqlServer_connection，相关的连接信息会自动填入到对话框中，修改 Connect URL 的数据库名为 db_message，Username 值为 sa，Password 的值为 123456。其他设置采用默认设置，单击“Next”按钮。

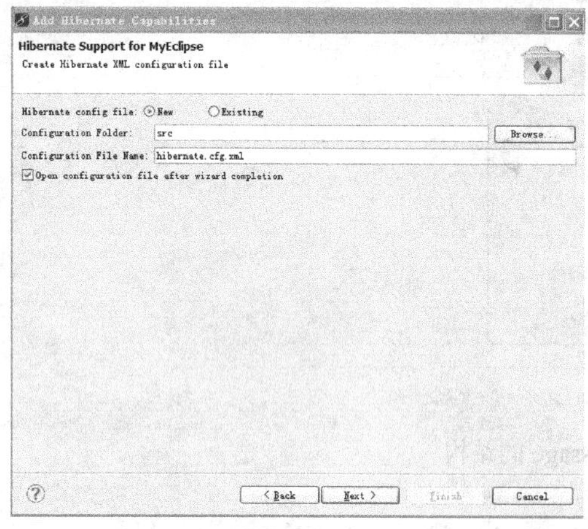

图 8-15　选择 Hibernate 类库版本对话框

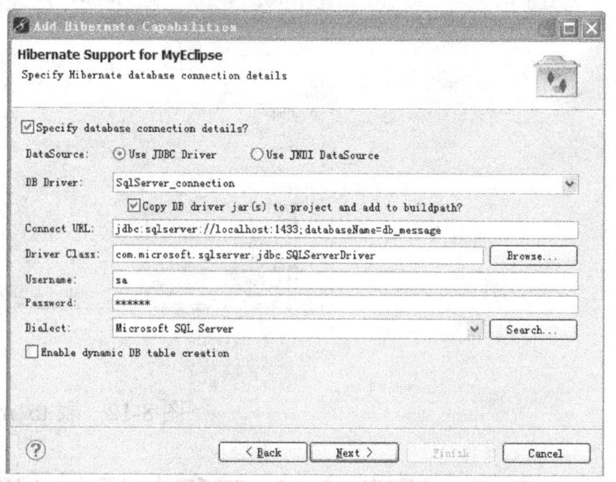

图 8-16　选择数据库连接

（5）如图 8-17 所示，该步骤是创建一个 SessionFactory，单击 Java package 输入框最右侧的“New...”按钮创建一个包，在这里输入 com，然后单击“Finish”按钮完成向导的设置。

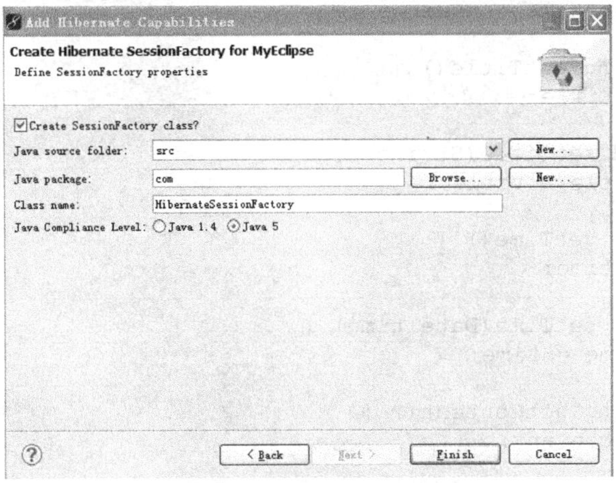

图 8-17　创建 SessionFactory

注意

添加 MyEclipse Hibernate 功能的处理过程执行的操作总结为:

① 添加 Hibernate 类库（JARs）到项目的类路径;

② 创建并配置 hibernate.cfg.xml;

③ 创建自定义的 Session Factory 类来简化 Hibernate 会话处理。

8.3.5 项目实现

1. 创建持久化类 Message

为了与数据库中的 tb_message 表对应，创建持久化类 Message.java，它负责将留言内容持久化到数据库中。

```
package com;

import java.util.Date;

public class Message {
    private int id;
    private String username;
    private String title;
    private Date time;
    private  String content;

    public int getId() {
        return id;
    }
    public void setId(int id) {
        this.id = id;
    }
    public String getUsername() {
        return username;
    }
```

```
    public void setUsername(String username) {
        this.username = username;
    }
    public String getTitle() {
        return title;
    }
    public void setTitle(String title) {
        this.title = title;
    }
    public Date getTime() {
        return time;
    }
    public void setTime(Date time) {
        this.time = time;
    }
    public String getContent() {
        return content;
    }
    public void setContent(String content) {
        this.content = content;
    }
}
```

注意

① 持久化类符合 JavaBean 规范;

② 需要一个有 public 型的默认构造函数，便于使用反射机制来构造持久化的构造函数;

③ 将数据库表的字段作为属性名，再定义对应的 getXxx()和 setXxx()方法;

④ 需要一个对象标识符，即有一个 id 属性。

2. 创建对象关系映射文件

每个持久化 Java 类都需要创建单独的映射描述文件，映射描述文件（文件扩展名为*.hbm.xml）将告诉 Hibernate 如何将特定的 Java 类和一个或多个数据库表中的数据进行映射。该文件名为 Message.hbm.xml，把类 Message 映射到表 tb_message，其中 id 为主键，property 告诉 Hibernate 类和表中元素的对应关系。

```
    ① <?xml version="1.0" encoding="UTF-8"?>
    ② <!DOCTYPE hibernate-mapping PUBLIC "-//Hibernate/Hibernate Mapping DTD 3.0//EN"
    "http://hibernate.sourceforge.net/hibernate-mapping-3.0.dtd">
    ③ <hibernate-mapping>
    ④ <class name="com.Message" table="tb_message">
    ⑤     <id name="id" type="integer">
              <column name="id" />
              <generator class="identity" />
          </id>
    ⑥     <property name="username" type="text">
              <column name="username" />
          </property>
          <property name="title" type="text">
              <column name="title" />
          </property>
          <property name="time" type="date">
              <column name="time" />
```

```
        </property>
        <property name="content" type="text">
            <column name="content" />
        </property>
    </class>
</hibernate-mapping>
```

代码导读

① XML 文件的起始行，并声明 XML 的版本。

② DTD 文件的声明。

③ 配置文件的根节点。

④ class 元素表示类和数据库中的表的映射关系，name 属性指定要映射的类名和包名，table 属性指定要映射的数据库中的表。

⑤ 指定主键，name 表示类中的 id 属性，type 表示映射类型。

⑥ 普通字段的映射，指定类中的 username 属性与指定表中的字段进行映射，并指定映射类型。

注意

Generator 是主键生成器，它负责生成表的主键，生成策略依据 class 属性的值。主键生成策略一般只在插入一条记录的时候才有意义，使用策略（assigned 除外）后，如果需要往表中插入一条记录，用户不需要关心如何生成主键的值，Hibernate 会根据指定的策略自动生成一个唯一的值。

Hibernatee 通常具有以下几种主键生成策略。

① increment。

对 long、int 或 short 的数据列生成自动增长主键。这种情况主要用于数据库中未把表格主键设置为自增，而又想要表格主键自增时。

如果同一数据库有多个实例（也就是并发量大的）访问，必须避免使用此方式。只有在没有其他进程往同一张表中插入数据时才能使用。

② identity。

对于如 SQL Server、MySQL 等支持自动增长列的数据库，如果数据列的类型是 long、short 或 int，可使用该主键生成器来生成自动增长主键。

③ native。

适合用于跨数据库平台开发，即同一个 Hibernate 应用需要连接多种数据库系统的场合。

④ sequence。

对于如 Oracle、DB2 等支持 Sequence 的数据库，如果数据列的类型是 long、short 或 int，可使用该主键生成器生成自动增长主键。

注：MySQL 不支持 sequence。

⑤ assigned。

如果没有对一个主键明确指定生成策略，一般就会使用这个默认的策略，它实际上可以看成无策略。

⑥ uuid。

针对字符型的主键生成策略。

3. Hibernate 配置

Hibernate 运行时需要获取一些底层实现的基本信息。启动时，通过查 Hibernate.cfg.xml 配置文件的属性进行操作，如数据库连接 URL、用户名和密码、JDBC 驱动类、数据库方言（data dialect）等，Hibernate 在类路径中查找这个文件。该文件是 Hibernate 的初始化配置文件，进行与数据库系统连接有关的配置，本项目采用 JDBC 连接 SQL Server 数据库，代码如下。

```
<?xml version='1.0' encoding='UTF-8'?>
<!DOCTYPE hibernate-configuration PUBLIC
        "-//Hibernate/Hibernate Configuration DTD 3.0//EN"
        "http://hibernate.sourceforge.net/hibernate-configuration-3.0.
        dtd">
                -->
<hibernate-configuration>

<session-factory>
①    <property name="connection.driver_class">
        com.microsoft.jdbc.sqlserver.SQLServerDriver
   </property>
②   <property name="connection.url">
   jdbc:microsoft:sqlserver://localhost:1433;DatabaseName=db_message
   </property>
③ <property name="connection.username">sa</property>
④  <property name="connection.password">123456</property>
⑤ <property name="dialect">
      org.hibernate.dialect.SQLServerDialect
   </property>
⑥ <property name="myeclipse.connection.profile">
      SqlServer_connection
   </property>
⑦ <mapping resource="com/Message.hbm.xml" />

</session-factory>

</hibernate-configuration>
```

代码导读

① 配置数据库连接 JDBC 驱动。

② 配置连接数据库的完整的 JDBC URL。

③ 配置数据库连接的用户名。

④ 配置数据库连接的密码。

⑤ 数据库方言，不同类型的数据库有自己的方言。

⑥ 之前建立的数据库连接名称。

⑦ 指定对象—关系映射的映射文件。

注意

在<session-factory>中还可以定义<mapping>标记，该标记可以有零到多个，其 source 属性指向实现对象—关系映射的映射文件，这些文件应与持久化类处于同一级目录，即位于同一个包内，如本文件的配置：

```
<mapping resource="com/Message.hbm.xml" />
```

4. Hibernate 会话工厂类 HibernateSessionFactory

HibernateSessionFactory 是一个获取 Hibernate 会话的工厂类，它会自动加载 Hibernate 的配置文件，然后通过线程局部变量将它放到当前线程中去。调用者只需调用 getSession()就可获得一个 Session 对象，调用 closeSession()关闭当前线程的 Session 对象。

```
package com;

import org.hibernate.HibernateException;
import org.hibernate.Session;
import org.hibernate.cfg.Configuration;

public class HibernateSessionFactory {

    private static String CONFIG_FILE_LOCATION = "/hibernate.cfg.xml";
private static final ThreadLocal<Session> threadLocal = new ThreadLocal
<Session>();
    private  static Configuration configuration = new Configuration();
    private static org.hibernate.SessionFactory sessionFactory;
    private static String configFile = CONFIG_FILE_LOCATION;

   static {
       try {
           configuration.configure(configFile);
           sessionFactory = configuration.buildSessionFactory();
       } catch (Exception e) {
           System.err
                   .println("%%%% Error Creating SessionFactory %%%%");
           e.printStackTrace();
       }
    }
    private HibernateSessionFactory() {
    }

    public static Session getSession() throws HibernateException {
        Session session = (Session) threadLocal.get();

        if (session == null || !session.isOpen()) {
            if (sessionFactory == null) {
                rebuildSessionFactory();
            }
            session = (sessionFactory != null) ? sessionFactory.openSession():
            null;
            threadLocal.set(session);
        }

        return session;
    }
   public static void rebuildSessionFactory() {
       try {
           configuration.configure(configFile);
           sessionFactory = configuration.buildSessionFactory();
       } catch (Exception e) {
           System.err
```

```
                        .println("%%%% Error Creating SessionFactory %%%%");
            e.printStackTrace();
        }
    }

    public static void closeSession() throws HibernateException {
        Session session = (Session) threadLocal.get();
        threadLocal.set(null);

        if (session != null) {
            session.close();
        }
    }

    public static org.hibernate.SessionFactory getSessionFactory() {
        return sessionFactory;
    }

    public static void setConfigFile(String configFile) {
        HibernateSessionFactory.configFile = configFile;
        sessionFactory = null;
    }

    public static Configuration getConfiguration() {
        return configuration;
    }

}
```

注意

HibernateSessionFactory 是一个工厂类，应用了单件模式（Singleton），要求一个类有且仅有一个实例，并且提供了一个全局的访问点。这里保证系统里只有一个 SessionFactory。

例如，美国总统的职位是 Singleton，美国宪法规定了总统的选举、任期，以及继任的顺序。这样，在任何时刻都只能有一个现任的总统。无论现任总统的身份为何，其头衔“美利坚合众国总统”是访问这个职位的人的一个全局的访问点，如图 8-18 所示。

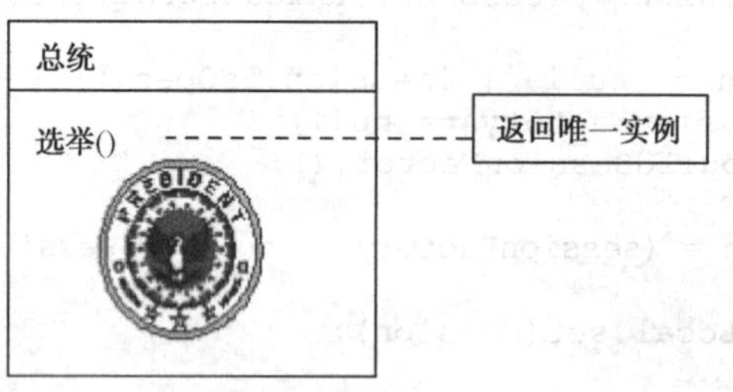

图 8-18 单件模式实例

Singleton 设计模式是一个非常有用的机制，可用于在面向对象的应用程序中提供单个访问点。

5. 留言模块的实现

（1）留言页面 message.jsp

留言页面的运行视图如图 8-6 所示，用于用户进行留言内容的输入，完整代码如下。

```
<%@ page language="java" import="java.util.*" pageEncoding="gb2312"%>

<html>
  <head>留言页面</head>

  <body><div align="center">留言页面<br>
<form method="post" action="/MessageHb/servlet/AddMessageServlet">

<table width="365" height="276" border="0" align="center" cellspacing="0">
  <tr bgcolor="#AEB6DD">
    <td width="93" height="27" align="left"><span class="style2">留 
    言 人: </span></td>
  <td width="324" height="27" style="font-size:12px "><input name="username"
  type="text" id="username" size="20" maxlength="40" />
      </td>
  </tr>

  <tr bgcolor="#AEB6DD">
    <td width="93" height="27" align="left"><span class="style2">留言主题:
    </span></td>
    <td width="324" height="27"> <input name="title" type="text" size="30"
    maxlength="50"> </td>
  </tr>
    <tr align="left" bgcolor="#AEB6DD">
    <td height="27" colspan="2"><span class="style2">留言内容: </span></td>
    </tr>
  <tr align="left" bgcolor="#AEB6DD">
    <td height="106" colspan="2" valign="top"><span class="style2">
     <textarea name="content" cols="50" rows="6" wrap="PHYSICAL"></textarea>
    </span> </td>
   </tr>
     <tr align="center" bgcolor="#AEB6DD">
       <td height="34" colspan="2">
         <span class="style2">
         <input name="Submit" type="submit" class="code" value="留言" >
          
         <input name="Submit2" type="reset" class="code" value="重置">
       </span></td>
    </tr>
</table>
</form><br>
  </div></body>
</html>
```

技巧

JSP 页面代码的产生，利用 Dreamweaver 或 MyEclipse 的 HTML 设计器进行，注意表单的 Action 属性及表单控件的属性设置。

（2）留言保存业务逻辑 AddMessage.java

该类实现把 Message 对象插入到数据库中的操作，是本项目业务逻辑的核心部分，将留言页面发送的数据存入数据库。

```
package com;

import java.util.Date;

import org.hibernate.*;
import org.hibernate.cfg.*;

public class AddMessage {
   public static SessionFactory sf;
   static{
        try{
            Configuration conf=new Configuration().configure();
            sf=conf.buildSessionFactory();
        }catch(Exception e){
            System.out.println("yhx_getMessage():"+e.getMessage());
            System.out.println("yhx_getCause:"+e.getCause());
            System.out.println("yhx_getClass:"+e.getClass());
            System.out.println("yhx_getClass:"+e.getClass());
            System.out.println("yhx_getStackTrace:"+e.getStackTrace());
        }finally{
        }

   }

   public void AddMess(String username,String title,String content){
        Message con=new Message();
        con.setUsername(username);
        con.setTitle(title);
        con.setTime(new Date());
        con.setContent(content);
        Session session=sf.openSession();
        Transaction tran=null;
        try {
            tran=session.beginTransaction();
            session.save(con);
            tran.commit();
        } catch (HibernateException e) {
            if(tran!=null){
                tran.rollback();
            }
            throw e;
        }finally{
            session.close();
        }
   }
}
```

加载配置和驱动，生成Session工厂（相当于连接池或DriverManager）

生成实体类

打开session

打开事务

提交事务

注意

本文件的实现思路是：

先获得Session，然后用session.beginTransaction()获得事务，调用session.save()方法保存数据，保存完数据后，提交事务，如果出错，则回滚。在finally块中用session.close()关闭Session，释放Session占用的资源。

技术细节

假设 Session 实例为 session，创建完毕后，就可以用其对数据进行操作，假设数据表对应的实体类为 Message。

① 插入数据到数据库

创建一个对象，这个对象对应着关系数据库中的一条记录，这个对象的各个属性值根据对象关系映射文件 hibernate.cfg.xml 中的映射配置对应保存到数据库中的一条记录。

```
Message con=new Message();
con.setUsername(“fxc”);
    con.setTitle("学习 Hibernate");
    con.setTime("2010/4/22");
    con.setContent("不是很难学，别害怕！");
session.save(con);
```

② 从数据库中删除数据，使用 delete()函数删除

```
Message con=(Message)session.load(Message.class,new Integer(1);
//检索出要删除的记录
session.delete(con);//执行删除操作
```

通过 Query 接口进行删除。

```
String hql="delete tb_message where id=1";  //删除的 SQL 语句
Query query=session.createQuery(hql);//创建查询对象
Query.executeUpdate();
```

通过 HQL 指定删除条件

```
session.delete("from Message where id=1");  //使用 delete()函数直接删除，//参
数中的字符串为 HQL 语句
```

③ 从数据库中查找数据

```
String hql="from Message m where m.title like ? ";  //查找数据的 HQL 语句
Query query=session.createQuery(hql);  //创建查询
Query.setParameter(0, "幸福");  //设定动态参数

List list=query.list();  //执行查询
Iterator it=list.iterator();  //得到 Iteractor
While(it.hasNext()){
    Message con= (Message) it.next();
    System.out.println(con.getTitle());
}
```

（3）留言输入程序 AddMessageServlet.java

本文件是项目的 Action 部分，该文件是一个 Servlet，负责接受用户留言的请求，通过调用 AddMessage.java 中的方法，获取留言页面的数据，并添加到数据库中。

```
package com;

import java.io.IOException;
import java.io.PrintWriter;

import javax.servlet.ServletException;
import javax.servlet.http.HttpServlet;
import javax.servlet.http.HttpServletRequest;
import javax.servlet.http.HttpServletResponse;

public class AddMessageServlet extends HttpServlet {

    public AddMessageServlet() {
        super();
    }

    public void destroy() {
        super.destroy();
    }

   public void doPost(HttpServletRequest request, HttpServletResponse
   response)
           throws ServletException, IOException {

        request.setCharacterEncoding("GB2312");
        response.setContentType("text/html;charset=GB2312");
        PrintWriter out = response.getWriter();
        String username=null;
        String title=null;
        String content=null;
        String result="";
        try{
            username=request.getParameter("username");
            title=request.getParameter("title");
            content=request.getParameter("content");
            if(username!=null&title!=null&content!=null){
                AddMessage mess=new AddMessage();
                mess.AddMess(username,title,content);
                result="保存留言成功。<br>您写的留言如下：<br>"+content;
            }else{
                result="留言不能为空！";
            }
        }catch(Exception e){
            result="Error:"+e.getMessage()+"保存数据出错！<br>"+content;
        }finally{
            String header="<%@ page contentType='text/html; charset=gb2312'
            language='java' import='java.sql.*' errorPage='' %>"+
            "<head>";
            out.println(header+"<title>提示</title></head>");
            out.println("<body>");
            out.println("提示："+result+"<br>");
            out.println("</body>");
            out.println("</html>");
            out.close();
    }

    public void init() throws ServletException {
    }
}
```

6. 留言内容浏览

（1）留言浏览程序 ViewMessageServlet.java

该文件是一个 Servlet，通过调用业务逻辑文件 ViewMessage.java，执行数据库查询，将留言信息在页面中进行显示。

```
package com;

import java.io.IOException;
import java.io.PrintWriter;

import javax.servlet.ServletException;
import javax.servlet.http.HttpServlet;
import javax.servlet.http.HttpServletRequest;
import javax.servlet.http.HttpServletResponse;

public class ViewMessageServlet extends HttpServlet {
    public ViewMessageServlet() {
        super();
    }

    public void destroy() {
        super.destroy();
    }

    public void doPost(HttpServletRequest request, HttpServletResponse
    response)
            throws ServletException, IOException {
        request.setCharacterEncoding("GB2312");
        response.setContentType("text/html;charset=GB2312");
        PrintWriter out = response.getWriter();
        ViewMessage viewMess=new ViewMessage();
        Message[] con=viewMess.viewMess();
        out.println("<html>");
        out.println("<head><title>留言内容显示</title></head>");
        out.println("<body>");
        for(int i=0;i<con.length;i++){
            //out.println("<br>留言 id:"+con[i].getId()+"<br>");
            out.println("<br>留言者:"+con[i].getUsername()+"<br>");
            out.println("<br>留言主题:"+con[i].getTitle()+"<br>");
            out.println("<br>留言时间:"+con[i].getTime()+"<br>");
            out.println("留言内容: "+con[i].getContent()+"<br>");

out.println("*********************************************************");
        }
        out.println("</body>");
        out.println("</html>");
        out.close();
    }

    public void init() throws ServletException {
    }
}
```

（2）留言浏览的 Hibernate 调用程序 ViewMessage.java

该文件是留言内容浏览的业务逻辑部分，负责与数据库进行交互，使用 HQL 语句将留言数据检索出来，输出记录。

```
package com;

import java.util.Date;
import java.util.Iterator;
import java.util.List;

import org.hibernate.HibernateException;
import org.hibernate.Query;
import org.hibernate.Session;
import org.hibernate.SessionFactory;
import org.hibernate.Transaction;
import org.hibernate.cfg.Configuration;

public class ViewMessage {

   private static Session session=null;
   private static Configuration conf=null;
   private static SessionFactory sf;

   public ViewMessage(){
   }

   static{
       try{
           conf=new Configuration().configure();
           sf=conf.buildSessionFactory();
       }catch(Exception e){
           e.printStackTrace();
       }
   }

   public Message[] viewMess(){
       String HQL="from Message";
       Message[] con=null;
       Transaction tx = null;
       try {
           session=sf.openSession();
           tx=session.beginTransaction();
           Query query=session.createQuery(HQL);
           List list=query.list();
           Iterator it=list.iterator();
           con=new Message[list.size()];
           int i=0;
           while(it.hasNext()){
               con[i]=(Message)it.next();
               i++;
           }
           tx.commit();
           tx = null;
       } catch (HibernateException e) {
           e.printStackTrace();
           if (tx != null) {
               tx.rollback();
           }
       } finally {
           session.close();
       }

       return con;
   }
}
```

注意

① HQL 是 Hibernate 官方推荐的查询语言。

② Query 是 Hibernate 的一个面向对象的查询接口，通过调用 session.createQuery()生成 Query 的实例。

③ 调用 query.list()执行查询，返回的查询结果作为 List 存放，如果每个查询结果每行包含多个字段，则 Hibernate 存放在 Object[]数组中。

技术细节

Iterator 是对集合进行迭代的迭代器，用于遍历集合类的标准访问方法，提供一种方法访问一个容器（container）对象中的各个元素，而又不需要暴露该对象的内部细节。所有的内部状态（如当前元素位置、是否有下一个元素）都由 Iterator 来维护，而这个 Iterator 由集合类通过工厂方法生成。

我们常常使用 JDK 提供的迭代接口进行 java collection 的遍历：

```
Iterator it = list.iterator();
while(it.hasNext()){ //如果仍有元素可以迭代，则返回 true
    //using "it.next();" //返回迭代的下一个元素
     do some businesss logic
}
```

（3）留言浏览链接页面 view.jsp

```
<form name="form1" method="post" action="/MessageHb/servlet/ViewMessage
Servlet">
   <input type="submit" name="Submit" value="浏览">
</form>
```

7. 留言内容查询

留言内容查询模块是对留言内容浏览模块的拓展，首先设计留言查询页面 query.jsp，如图 8-9 所示，输入查询关键字后，单击查询按钮，查询结果页面如图 8-10 所示。

注意

查询页面对应的文件是 query.jsp，对应表单的 Action 属性值是 “/MessageHb/servlet/QueryMessageServlet”，文本框的 name 属性值是 “query”。

QueryMessageServlet.java 文件的实现可参照 ViewMessageServlet.java，需要修改的代码如下：

```
String keyWord=request.getParameter("query");
if(keyWord!=null||keyWord!=""){
    QueryMessage queryMess=new QueryMessage();
    Message[] con=queryMess.queryMess(keyWord);

    out.println("<html>");
    out.println("<head><title>留言查询结果</title></head>");
    out.println("<body>");
    if(con.length==0){
```

```
                out.println("没有满足条件的记录！");
        }else{
                out.println("共有"+con.length+"条满足条件的记录！<br>");
                for(int i=0;i<con.length;i++){
                    out.println("<font color=#ee4477>满足查询条件的留言内容
        如下：</font><br>"+"标题："+con[i].getTitle()+"<br>内容："+con[i].
        getContent()+"<br>");
                }
    }
```

注意

QueryMessage.java 文件的实现参照 ViewMessage.java，需要修改对应定义的查询方法和查询 HQL 语句的代码，代码如下：

```
    public Message[] queryMess(String keyWord){
  String HQL ="from Message where title like '%"+keyWord+"%'";
```

技术细节

HQL(Hibernate Query Language)是 Hibernate 专用的面向对象的查询语言，语法类似 SQL，HQL 语句的常用书写方法如下：

```
  [select|update|delete] [from 类名列表] [where 子句]
      [group by 子句] [order by 子句]
```

[select|update|delete]表示查询、更新或删除操作，from 子句指出查找的持久化类范围，where 子句指明查询条件，group by 子句用于对数据进行分组，order by 子句用于对查询的数据进行排序。

8. web.xml 配置

web.xml 文件主要是对 servlet 文件进行配置，配置代码在创建 servlet 文件时自动产生，代码如下：

```
  <?xml version="1.0" encoding="UTF-8"?>
  <web-app version="3.0"
     xmlns="http://java.sun.com/xml/ns/javaee"
     xmlns:xsi="http://www.w3.org/2001/XMLSchema-instance"
     xsi:schemaLocation="http://java.sun.com/xml/ns/javaee
     http://java.sun.com/xml/ns/javaee/web-app_3_0.xsd">
    <display-name></display-name>
    <servlet>
     <description>This is the description of my J2EE component</description>
     <display-name>This is the display name of my J2EE component</display-name>
     <servlet-name>AddMessageServlet</servlet-name>
     <servlet-class>com.AddMessageServlet</servlet-class>
    </servlet>
    <servlet>
     <description>This is the description of my J2EE component</description>
     <display-name>This is the display name of my J2EE component</display-name>
     <servlet-name>QueryMessageServlet</servlet-name>
     <servlet-class>com.QueryMessageServlet</servlet-class>
    </servlet>
```

```
<servlet>
  <description>This is the description of my J2EE component</description>
  <display-name>This is the display name of my J2EE component</display-name>
  <servlet-name>ViewMessageServlet</servlet-name>
  <servlet-class>com.ViewMessageServlet</servlet-class>
</servlet>

<servlet-mapping>
  <servlet-name>AddMessageServlet</servlet-name>
  <url-pattern>/servlet/AddMessageServlet</url-pattern>
</servlet-mapping>
<servlet-mapping>
  <servlet-name>QueryMessageServlet</servlet-name>
  <url-pattern>/servlet/QueryMessageServlet</url-pattern>
</servlet-mapping>
<servlet-mapping>
  <servlet-name>ViewMessageServlet</servlet-name>
  <url-pattern>/servlet/ViewMessageServlet</url-pattern>
</servlet-mapping>
<welcome-file-list>
  <welcome-file>index.jsp</welcome-file>
</welcome-file-list>
</web-app>
```

8.4 使用反向工程快速生成 Java POJO 类、映射文件和 DAO

8.4.1 打开 MyEclipse Database Explorer 透视图

选中前面所建立的DB Browser视图中Hibernate配置文件使用的数据库连接 SqlServer_connection，双击"SQLServer_connection"数据库连接，展开数据库树状表结构，选中要处理的表 tb_message，右键打开上下文菜单Hibernate Reserve Engineering…，启动反向工程向导，如图 8-19 所示。

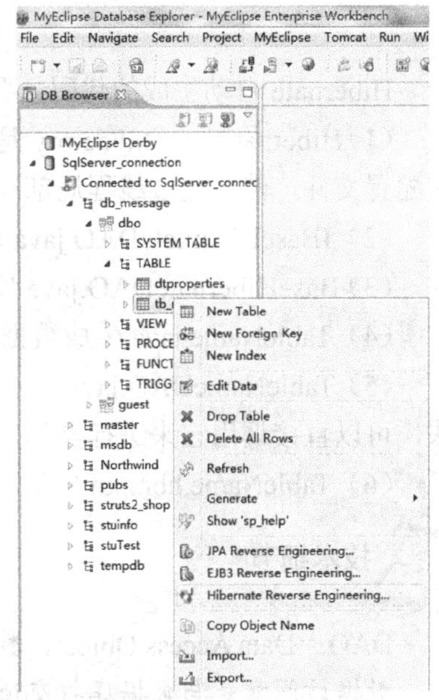

图 8-19 启动反向工程向导

8.4.2 反向工程设置

反向工程向导对话框如图 8-20 所示，对该对话框的设置说明如下：

- "Java src folder"：用来设置 Hibernate 项目及源码目录，用来存放最终生成的文件，单击右侧的"Browse"按钮，查看可用的目录，这里选择MessageHb 工程中的 src 文件夹。
- "Java package"：单击"Browse"按钮，可选中包。
- "Create a Hibernate mapping file…"：如图 8-20 所

示的设置，为每个数据库表生成 Hibernate 映射文件（*.hbm.xml），并在 Hibernate.cfg.xml 中将新生成的映射文件加入。

- “Java Data Object”：为映射文件和表格生成对应的数据对象（POJO）。
- “Java Data Access Object”：生成普通的 DAO 类。
- 单击 Finish 按钮即可完成 Hibernate 实体类、映射文件的代码生成。

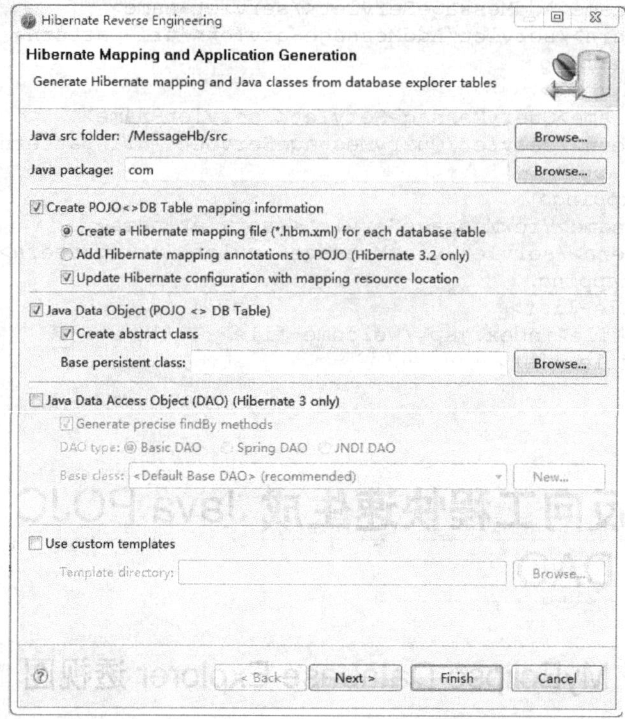

图 8-20　反向工程向导对话框

Hibernate 自动生成的代码主要包括：

（1）HibernateSessionFactory 是一个获取 Hibernate 会话的工厂类，它会自动加载 Hibernate 的配置文件，然后通过线程局部（thread-local）变量将它放到当前线程中去；

（2）IBaseHibernateDAO.java 用来定义获取 Session 对象的操作；

（3）BaseHibernateDAO.java 实现了这个接口，使用 HibernateSessionFactory 来获取会话；

（4）TableName.java 生成数据库表映射的实体类；

（5）TableNameDAO.java 继承了上面的接口，并实现了对表实体类的增、删、查、改的方法，可以直接调用它来进行操作，无须再编写额外的代码；

（6）TableName.hbm.xml 是实体映射文件。

技术细节

DAO：Data Access Object，数据访问接口

数据访问就是与数据库打交道，夹在业务逻辑与数据库资源中间。DAO 模式是标准 J2EE 设计模式之一，开发人员用这种模式将底层数据访问操作与高层业务逻辑分离开。

在核心 J2EE 模式中，为了建立一个健壮的 J2EE 应用，应该将所有对数据源的访问操作抽象封装在一个公共 API 中。用程序设计的语言来说，就是建立一个接口，接口中定义了此应用程序中将会用到的所有事务方法。在这个应用程序中，当需要和数据源进行交互的时候则使用这个接口，并且编写一个单独的类来使这个接口在逻辑上对应这个特定的数据存储，如图 8-21 所示。

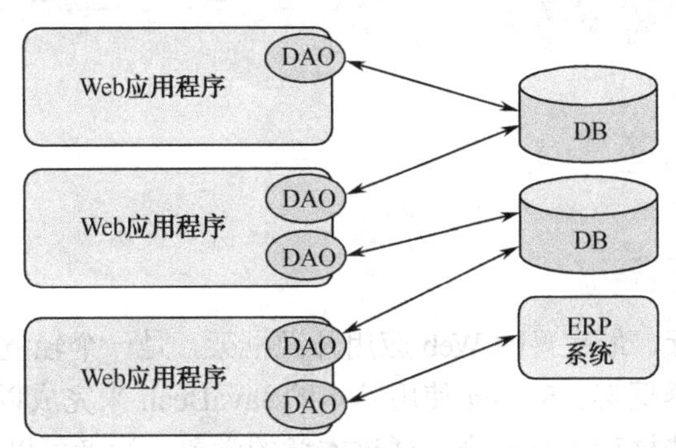

图 8-21　应用程序和数据源

8.5　总结与提高

Hibernate 是一个基于 JDBC 的主流持久化框架，是一个优秀的 ORM 实现，它对 JDBC 进行了非常轻量级的对象封装，大大简化了数据访问层烦琐的重复性代码，使得 Java 程序员可以随心所欲地使用对象编程思维来操纵数据库。

Hibernate 的核心接口一共有 5 个：

- Session 接口：Session 接口负责执行被持久化对象的 CRUD 操作（CRUD 的任务是完成与数据库的交流，包含了很多常见的 SQL 语句）。
- SessionFactory 接口：SessionFactory 接口负责初始化 Hibernate。
- Configuration 接口：Configuration 接口负责配置并启动 Hibernate，创建 SessionFactory 对象。
- Transaction 接口：Transaction 接口负责与事务相关的操作。
- Query 和 Criteria 接口：Query 和 Criteria 接口负责执行各种数据库查询。它可以使用 HQL 语言或 SQL 语句两种表达方式。

本章通过开发一个 Hibernate 实例来说明了 Hibernate 的开发流程，大致包括以下几个步骤：

（1）数据库的设计与建立；

（2）创建持久化类；

（3）创建对象关系映射文件；

（4）Hibernate.cfg.xml 配置文件；

（5）创建 Hibernate 会话工厂类；

（6）视图层；

（7）业务逻辑层；

（8）控制层。

第 9 章 Spring 技术

Spring 是时下最流行、最完善的 Web 应用开源框架，是一个轻量级的控制反转（IoC）和面向切面（AOP）的容器框架。Spring 使用基本的 JavaBean 来完成以前只可能由 EJB 完成的事情，很容易与其他一些框架进行整合。通过本章的学习，读者可以：

- 认识 Spring 产生的背景及内涵；
- 掌握 Spring 的核心容器 IOC 和实现策略 DI；
- 掌握 Spring AOP 的动态代理实现；
- 掌握 Spring MVC 的框架开发；
- 应用 Spring 与 Struts 的整合开发。

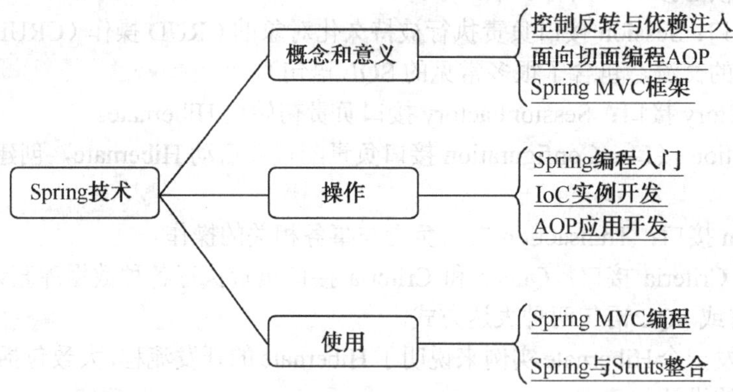

9.1 认识 Spring

9.1.1 Spring 产生的背景

Spring，中文直译是春天，这样的命名也许是表示这个框架的初衷是给 Java 开发人员带来春天，官方网站是 http://spring.io/。

注意

Spring 官方网站改版，以前的域名：http://springsource.org/，输入网址直接跳转为：http://spring.io/。Spring 的下载可以通过如下地址：

- http://maven.springframework.org/release/org/springframework/spring/
- https://github.com/spring-projects

传统 J2EE 应用的开发效率低，应用服务器厂商对各种技术的支持并没有真正统一，导致 J2EE 的应用没有真正实现 Write Once 及 Run Anywhere 的承诺，在开发效率、开发难度和实际的性能上都不尽如人意。为了方便 J2EE 的开发，基于 J2EE 的许多框架应运而生，如 Hibernate、Struts 等，而 Hibernate 和 Struts 等都是单层框架。

Rod Johson 在其 2002 年编著的 *Expert one to one J2EE design and development* 一书中，对 Java EE 正统框架臃肿、低效、脱离现实的种种现状提出了质疑，并积极寻求探索革新之道。2004 年，他又推出了一部堪称经典的力作 *Expert one-to-one J2EE Development without EJB*，在该书中，作者根据自己多年丰富的实践经验，对 EJB 的各种笨重臃肿的结构进行了逐一的分析和否定，并分别以简捷实用的方式替换之，力图冲破 Java EE 传统开发的困境，从实际需求出发，着眼于轻便、灵巧、易于开发、测试和部署的轻量级开发框架。

Spring 是一个开源框架，它是为了简化企业级系统开发而诞生的，Spring 致力于 J2EE 应用的各层的解决方案，而不是仅仅专注于某一层的方案。可以说，Spring 是企业应用开发的“一站式”选择，并贯穿了表现层、业务层及持久层。然而，Spring 并不想取代那些已有的框架，而是与它们无缝地整合。从小的方面讲，Spring 是个容器，从大的方面讲，它是个框架。

技术细节

框架不仅要负责管理某些 Bean 的生命周期（容器的功能），还需要负责搭建某些基础设施（那些通用的部分）。例如，Struts 能够称为一个框架，是因为它负责管理 Action、ActionForm、ActionForward 这些对象的生命周期；另外，它提供了国际化、异常处理、自动包装表单请求、验证等通用的功能。Hibernate 也可以称为一个框架，因为它维护持久化对象的生命周期和持久化对象的通用增、删、改、查方法。

9.1.2 Spring 简介

1. Spring 定义

Spring 本身就是一个很完善的 Web 应用开源框架， Spring 使用基本的 JavaBean 来完成以前只可能由 EJB 完成的事情，很容易与其他一些框架进行整合。Spring 的用途不仅限于服务器端的开发，从简单性、可测试性和松耦合的角度来看，任何 Java 应用都可以从 Spring 中受益。

- 目的：解决企业应用开发的复杂性；
- 功能：使用基本的 JavaBean 代替 EJB，并提供了更多的企业应用功能；
- 范围：任何 Java 应用。

简单来说，Spring 是一个轻量级的控制反转（IOC）和面向切面（AOP）的容器框架。Spring 最常见的用途之一就是使用 AOP（面向切面编程）功能给 Hibernate 加入自动事务处理的功能。

图 9-1 描述了 Spring 的应用，其中的业务逻辑类是 POJO（Plain Old Java Objects，简单的 Java 对象，实际就是普通 JavaBean，是为了避免和 EJB 混淆所创造的简称），不需要实现特殊接口，也不需要继承基类。由 Spring 负责业务逻辑对象的实例化、初始化、服务（被调用）等，这是 Spring 作为容器的职责，Spring 使大多数可重用、与业务逻辑无关的功能能够自行或将其交由其他组件完成，这是它作为一个框架的职责。

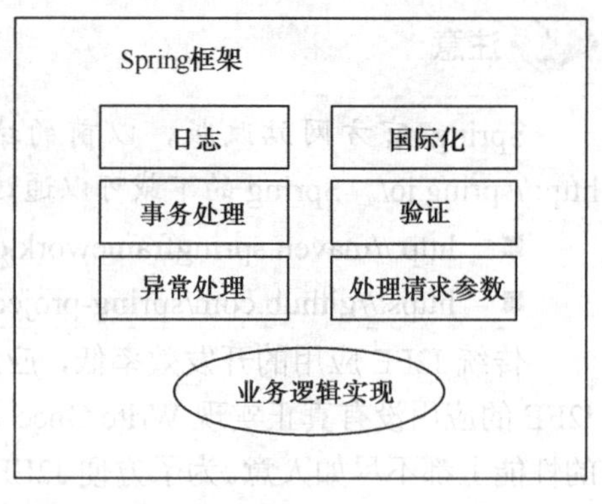

图 9-1　Spring 框架应用视图

2. Spring 的优点

Spring 封装了大部分的企业级服务，提供了更好地访问这些服务的方式，提供了 IOC、AOP 功能的容器，方便编程，遵循 Spring 框架的应用程序一定是设计良好的和针对接口编程的。这样就简化了企业级程序的设计，使我们能够编写更干净、更可管理，并且更易于测试的代码。Spring 有如下优点：

（1）使 J2EE 应用更加简单。有了 Spring，用户不必再为单实例模式类、属性文件解析等这些很底层的需求编写代码，可以更专注于上层的应用。

（2）降低了使用接口的复杂度。通过 Spring 提供的 IOC 容器，我们可以将对象之间的依赖关系交由 Spring 进行控制，避免了硬编码所造成的过度程序耦合。

（3）为 JavaBean 提供一个更好的应用配置框架。

（4）独立于各种应用服务器，可以真正实现 Write Once 及 Run Anywhere 的承诺。

（5）方便集成各种优秀框架。Spring 提供了对各种优秀框架（如 Struts、Hibernate、Hession、Quartz）等的直接支持。Spring 并不完全依赖于 Spring，开发者可自由选用 Spring 框架的部分或全部。

（6）方便程序的测试。可以用非容器依赖的编程方式进行几乎所有的测试工作，在 Spring 里，测试不再是昂贵的操作，而是随手可做的事情。

技术细节

① 轻量——从大小与开销两方面而言，Spring 都是轻量的。完整的 Spring 框架可以在一个大小只有 1MB 多的 JAR 文件里发布。并且 Spring 所需的处理开销也是微不足道的。此外，Spring 是非侵入式的，Spring 应用中的对象不依赖于 Spring 的特定类。

② 框架——Spring 可以将简单的组件配置、组合成为复杂的应用。在 Spring 中，应用对象被声明式地组合，典型的是在一个 XML 文件里。Spring 也提供了很多基础功能，如事务管理、持久化框架集成等，将应用逻辑的开发留给了编程人员。

3. Spring 的组成

组成 Spring 框架的各个模块如图 9-2 所示，Spring 由 7 个模块构成，前 6 个模块又构建在 Spring Core 基础之上。各模块都可以单独存在，也可以与其他一个或多个模块组合起来共同实现。

（1）Spring Core：核心容器。Core 封装包是框架的最基础部分，提供 IOC 和依赖注入特性。主要组件是 BeanFactory，它是工厂模式的实现，提供了组件生命周期的管理，以及组件

的创建、装配、销毁等功能。BeanFactory 使用控制反转（IOC）模式，将应用程序的配置和依赖性规范与实际的应用程序代码分开。

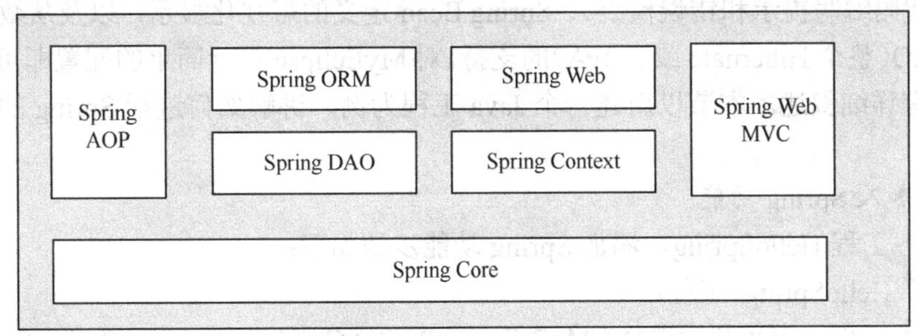

图 9-2　Spring 的组成

（2）Spring AOP：提供切面支持。Spring 的 AOP 封装包提供了符合 AOP 规范的面向切面的编程（aspect-oriented programming）实现。该模块直接面向切面的编程功能，Spring AOP 模块为基于 Spring 应用程序中的对象提供了事务管理程序，不用依赖 EJB 组件就可以将声明性事务管理集成到应用程序中，减弱代码的功能耦合。

（3）Spring ORM：对流行的 O/R Mapping 进行封装或支持。ORM 封装包提供了常用的“对象—关系”映射 APIs 的集成层，其中包括 JPA、JDO、Hibernate 和 iBatis。利用 ORM 封装包，可以混合使用所有 Spring 提供的特性进行“对象—关系”映射。

（4）Spring DAO：提供事务支持和 JDBC、DAO 支持。提供了 JDBC 的抽象层，它可消除冗长的 JDBC 编码和解析数据库厂商特有的错误代码。JDBC 封装包还提供了一种比编程性更好的声明性事务管理方法，不仅是实现了特定接口，而且对所有的 POJO（plain old Java objects）都适用。

（5）Spring Web：提供 Web 应用上下文。对 Web 开发提供功能上的支持，如请求、表单、异常等。Spring 中的 Web 包提供了基础的针对 Web 开发的集成特性，如多方文件上传、利用 Servlet listeners 进行 IoC 容器初始化和针对 Web 的 application context。当与 WebWork 或 Struts 一起使用 Spring 时，这个包使 Spring 可与其他框架结合。

（6）Spring Context：ApplicationContext 是扩展核心容器。提供事件处理、国际化等功能，它提供了一些企业级服务的功能，提供了对 JNDI、EJB、RMI 的支持。

（7）Spring Web MVC：全功能 MVC 框架，作用等同于 Struts。Spring 中的 MVC 封装包提供了 Web 应用的 Model-View-Controller（MVC）实现。Spring 的 MVC 框架并不仅提供一种传统的实现，它提供了一种清晰的分离模型，在领域模型代码和 Web Form 之间，并且还可以借助 Spring 框架的其他特性。

9.1.3　Spring 开发入门

Spring 的开发在大部分情况下就是编写 XML 配置文件来组织各种各样的 Bean 和切面等。使用配置的方式，Spring 开发人员可以真正将程序的各个部分连接起来，通过使用注释或 XML 配置文件的方式，程序运行时 Spring 能够“按需”创建或初始化所有的对象关系。这种软连接的好处是程序的各个部分可以很容易地切换到另一个实现，只需要修改注释或 XML 配置文件，然后再次运行程序即可。

MyEclipse 提供了对开发 Spring 项目的支持，包括：添加 Spring 类库、Spring 配置文件编辑器（支持代码编写提示和错误检查）、Spring Bean 定义的可视化显示，以及从数据库自动生成 Spring DAO（整个 Hibernate 或者 JPA）的支持。对 MyEclipse 进行简单的配置即可进行 Spring 开发，后面有详细叙述。本节以新建一个 Java 工程为例，讲解如何进行 Spring 的一般性开发思路。

1. 工程加入 Spring 功能

新建 Web 工程 HelloSpring，添加 Spring 功能步骤如下：

（1）选择 HelloSpring 工程；

（2）在 MyEclipse 菜单栏中选择"MyEclipse→Project Capabilities→Add Spring Capabilities..."，启动 Add Spring Capabilities 向导，该向导如图 9-3 所示。向导设置说明如表 9-1 所示。对于这个项目，直接单击"Finish"按钮即可。

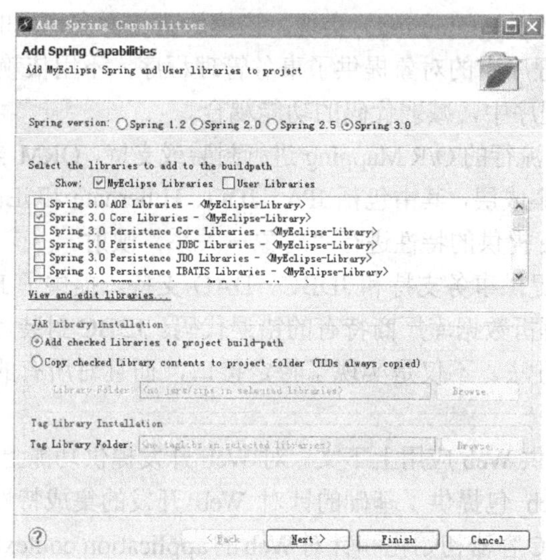

图 9-3 添加 Spring 功能向导

表 9-1 Add Spring Capabilities 向导设置说明

设 置 选 项	功 能 描 述
Spring version	Spring 版本
Select the libraries to add to the buildpath	选择要加入项目类路径的类库，这是因为 Spring 的类库按照模块进行了划分，如 Spring 2.5 AOP、Core 等。根据项目的需要可以选择加入必要的类库。如果实在不清楚哪些包是需要的，可以把它全部选中
View and edit libraries...	单击此链接可以修改类库设置
JAR Library Installation	选择 JAR 类库的安装方式，上面的单选钮只是把引用的类库加入类路径，下面的单选钮则需要指定一个目录把所有的 JAR 文件和标签文件加入到当前项目中，这种方式适用于不依赖 MyEclipse 进行开发或手工管理类库的情况
Tag Library Installation	当选中了 Spring Web 的时候，需要指定标签库文件的安装目录

单击"Next"按钮，进入如图 9-4 所示的设置向导对话框。该对话框设置了如何创建 Spring

Bean 的配置文件，可以新建 Spring Bean 定义文件，或者选中一个现有的（Existing）定义文件，也可以修改 Spring 配置文件的名字（Folder 和 File 选项）。单击“Finish”按钮完成为工程添加 Spring 开发功能的过程，这里采用默认设置。

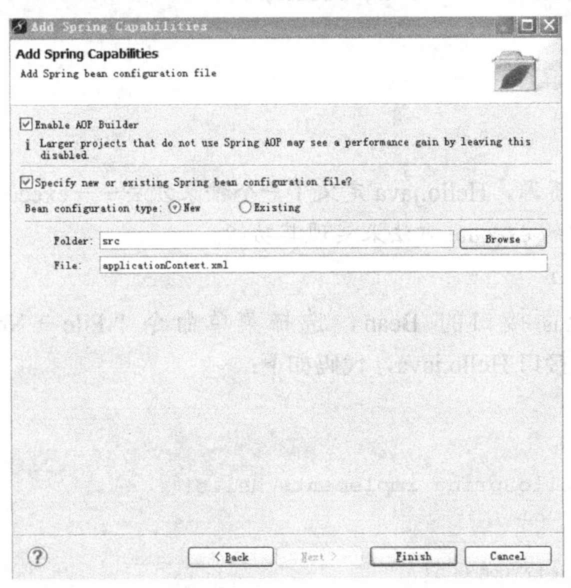

图 9-4 设置向导对话框

Spring 工程类库视图如图 9-5 所示，通过向导，已经加入了 Spring 的核心类库文件，并创建了 Spring 的配置文件 applicationContext.xml，双击此文件即可打开 Spring 配置文件编辑器。单击“Finish”按钮完成添加。

注意

可以修改 applicationContext.xml 的名字，Spring 并没有规定必须要用什么样的文件名作为 Spring Bean 配置文件。

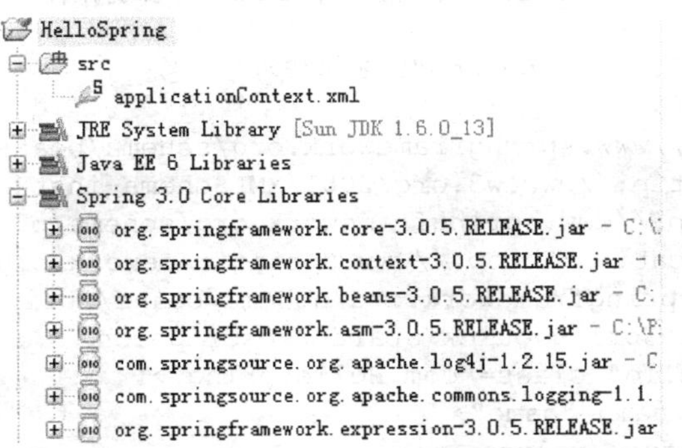

图 9-5 Spring 工程核心类库视图

2. 定义 Action 接口

选中 Web 工程“HelloSpring→src”，选择上下文菜单“New→Folder”，输入要创建包的名字“com”，单击“Finish”按钮完成包的创建。选中新创建的包 com，建立接口文件 Hello.java。

Hello.java 对应的代码如下：

```
package com;
public interface Hello {
 public String execute(String message);
}
```

技术细节

Interface用来包装资源，Hello.java定义了一个抽象方法——execute方法，不同的Action可以通过实现该接口中的execute方法来实现其功能。

3. 实现Action接口

创建一个实现上面接口的Bean，选择菜单命令“File→New→Class”，创建类HelloSpring.java，实现接口Hello.java，代码如下：

```
package com;

public class HelloSpring implements Hello{
private String name;

public String getName() {
        return name;
}
public void setName(String name) {
        this.name = name;
}
public String execute(String message){
        return (message+getName());
   }
}
```

4. Spring配置文件

打开applicationContext.xml文件，配置一个Bean，代码如下：

```
<?xml version="1.0" encoding="UTF-8"?>
<beans
   xmlns="http://www.springframework.org/schema/beans"
   xmlns:xsi="http://www.w3.org/2001/XMLSchema-instance"
   xmlns:p="http://www.springframework.org/schema/p"
   xsi:schemaLocation="http://www.springframework.org/schema/beans
   http://www.springframework.org/schema/beans/spring-beans-3.0.xsd">
   <description>Spring Quick Start</description>
   <bean id="hello" class="com.HelloSpring">
      <property name="name">
        <value>fxc</value>
      </property>
   </bean>
</beans>
```

技术细节

hello.xml 文件首先定义了<beans>节点，并定义了子节点<bean>对 HelloSpring 进行映射，id 属性值为 hello，通过这个 id 可以映射到 Action 组件 HelloSpring。<bean>节点的子节点<property>属性映射 Action 类中成员变量 name，子节点<value>对变量进行赋值。

注意

配置文件 hello.xml 位于项目工程的根目录下，同时注意 DTD 文档声明的正确配置。

5. 编写测试类

创建 JSP 文件 index.jsp，用于运行 Action。

```
<%@ page language="java" import="java.util.*" pageEncoding="gbk"%>
<%@page import="com.Hello" %>
<%@page import="org.springframework.context.support.Class
PathXmlApplicationContext" %>
<html>
  <head></head>

  <body>
    <%
     ① ClassPathXmlApplicationContext ctx = new ClassPathXmlApplication
       Context ("applicationContext.xml");
     ② Hello h = (Hello) ctx.getBean("hello");//通过容器访问 bean.xml 文件中
       id 为 TheAction 的类
     ③ out.println(h.execute("welcome "));  //调用接口的 execute 方法输出问候
     %>
  </body>
</html>
```

代码导读

① 调用 Spring 框架中的类访问 applicationContext.xml 文件，成为 Spring 框架的容器，即 ApplicationContext。

② 通过容器访问 applicationContext.xml 文件中 id 为“hello”的类，用这个类来实例化 Action 接口。

③ 通过调用接口的 execute 方法输出问候语句，在控制台显示。

发布工程，重启 tomcat，在浏览器中输入地址：http://localhost:8083/HelloSpring/ index.jsp，运行结果如图 9-6 所示。

图 9-6 Hello Spring 运行结果页面

如果建立了一个 Application 程序的测试对象，对应代码如下：

```
package com;
import org.springframework.context.support.ClassPathXmlApplication
Context;
import com.Hello;

public class TestHelloSpring{
  public static void main(String[] args) {
ClassPathXmlApplicationContext ctx = new ClassPathXmlApplicationContext
("applicationContext.xml");
    Hello h = (Hello) ctx.getBean("hello");//通过容器访问 bean.xml 文件中 id 为
    TheAction 的类 Print
      System.out.println(h.execute("Hello "));//调用接口的 execute 方法输出问
      候语句
  }
}
```

选中文件 TestHelloSpring.java，运行“Run As→ava Application”命令，结果如图 9-7 所示。

```
log4j:WARN No appenders could be found for logger (org.springframework.
log4j:WARN Please initialize the log4j system properly.
Hello fxc
```

图 9-7　Hello Spring 应用程序运行结果

技术细节

程序运行时，在控制台有红色警告字体出现，这是因为缺少日志配置文件。Spring 采用 Apache common_logging，并结合 Apache log4j 作为日志输出组件。

Log4j 是 Apache 的一个开放源代码项目，通过使用 Log4j，我们可以控制日志信息输送的目的地是控制台、文件、GUI 组件，甚至是套接口服务器、NT 的事件记录器、UNIX Syslog 守护进程等；我们也可以控制每一条日志的输出格式，通过定义每一条日志信息的级别，我们能够更加细致地控制日志的生成过程。

注意

工程中到底什么才是 classpath 呢?

```
--src
  --xx.xx.test
    ---a.java
    ---b.java
  --log4j.properties
```

按照上面的目录结构部署 classpath 路径，即在 src 目录下，与包在同一层。

在 CLASSPATH 中新建 log4j.properties 配置文件，内容为：

```
log4j.rootLogger=DEBUG, stdout
log4j.appender.stdout=org.apache.log4j.ConsoleAppender
log4j.appender.stdout.layout=org.apache.log4j.PatternLayout
log4j.appender.stdout.layout.ConversionPattern=%c{1} - %m%n
```

上面是核心配置的内容，一般使用这些配置即可。进行日志输出配置后的控制台输出内容如图 9-8 所示。

```
DefaultListableBeanFactory - Pre-instantiating singletons in org.springframework
DefaultListableBeanFactory - Creating shared instance of singleton bean 'hello'
DefaultListableBeanFactory - Creating instance of bean 'hello'
DefaultListableBeanFactory - Eagerly caching bean 'hello' to allow for resolving
DefaultListableBeanFactory - Finished creating instance of bean 'hello'
FileSystemXmlApplicationContext - Publishing event in context [org.springframewo:
DefaultListableBeanFactory - Returning cached instance of singleton bean 'hello'
Hello fxc
```

图 9-8　进行日志输出配置后的控制台输出内容

applicationContext.xml 配置文件中定义的 id 为 hello 的 Bean，其 name 值内容“fxc”被依赖注入，然后由程序打印输出。

9.2　控制反转（IOC）

9.2.1　什么是控制反转

好莱坞的一句名言就是：你待着别动，到时我会找你（Don’t call us，we’ll call you）。例如，某家公司总裁要在本周五参加一个重要会议并发言，一种办法是，他亲自撰写发言稿，这是传统的办法，相当于我们在编写程序时自己给变量赋值，然后调用，如下面的代码。

首先定义一个 President 类，调用发言稿类 Manuscript，并定义了会议发言的方法 speech()。

```
class President{
   Manuscript m=new Manuscript();
    public void  void speech(){
         m. write()
      }
}
```

然后定义一个 Manuscript 类，完成发言稿的撰写。

```
class Manuscript{
   public void write(){
      System.out.println();
    }
}
```

Manuscript 类是服务提供者，President 类是服务使用者，两者之间通过消息进行联系，President 类采用直接调用的方式。

注意

上面的代码是传统的软件架构实现方法，服务使用者采用直接调用方式使用服务，两者依赖紧密。当服务提供者发生变化时，每个服务使用者都需要改动。**这样通过程序内部代码来控制组件之间关系，使用 new 关键字实现两组件关系的组合，这种方式造成了组件间的耦合关系。**

在现代化的企业运作中，总裁的发言稿会由助理去准备，包括参加会议的一切安排，他只要告诉助理去参加哪个会议即可，当他参加会议时，一切都已安排好，这就是控制反转。把写好的发言稿递给总裁就是**“注射”**，助理就是框架里面的**“注射控制器 BeanFactory”**，发言稿就是 Spring 控制下的 **“JavaBean”**。他们之间的桥梁是 **“XML 格式的配置文件”**，当两者依赖关系发生变化时，只需要更改 XML 文件进行依赖注入就可以实现服务的变更。

控制反转（Inversion of Control，IoC）是一个重要的面向对象编程的法则，用来削减计算机程序的耦合度。在传统模式中是类和类之间直接调用，所以有很强的耦合度，程序之间的依赖关系比较强，后期维护时牵扯的比较多。IoC 用配置文件（XML）来描述类与类之间的关系，由容器来管理，降低了程序间的耦合度，程序的修改可以通过简单的配置文件修改来实现，由容器控制程序之间的关系，而在非传统实现中由程序代码直接操控。控制权从应用代码中转到了外部容器，**控制权的转移就是所谓的反转**。

对上面的代码，我们采用 IoC 思想实现的代码如下：

定义总裁类 President，将 Manuscript 类的实例作为参数传递进来。

```
class President{
   Manuscript m;
    public void  void setManuscript  (Manuscript m){
          this.m=m;
     }
    public void  void speech(){
          m. write()
     }
 }
```

定义发言稿类 Manuscript。

```
class Manuscript{
   public void write(){
       System.out.println();
   }
}
```

定义客户端程序 Meeting 类，控制总裁 President 类何时进行调用发言稿类 Manuscript。

```
public class Meeting{
   Manuscript m=new Manuscript;
   public void execute(){
       President p=new President();
       p. setManuscript(m);
       p. speech();
   }
}
```

注意

Manuscript 类的控制权全部在客户端程序 Meeting，Manuscript 提供服务的方式取决于客户的需要，当总裁需要会议发言时才进行调用，减少了服务的提供者和使用者之间的耦合，少了依赖。这就是 IoC 的通俗解释：“在需要服务时，才告诉你怎么去提供服务。”

再举一个通俗的例子，比如，一个女孩希望找到合适的男朋友，可以有 3 种方式，即青梅竹马、亲友介绍、父母包办。哪一种为控制反转 IoC 呢？虽然在现实生活中我们都希望青梅竹马，但在 Spring 世界里，选择的却是父母包办，它就是控制反转，而这里具有控制力的父母就是 Spring 中所谓的容器概念。

控制反转还有一个名字叫做**依赖注入**（Dependency Injection，DI）。DI 使调用类对接口的实现类的依赖关系由第三方注入，以移除调用类对接口实现类的依赖。在控制反转中，对象的协作关系由对象自己负责，在依赖注入中，对象的协作关系由容器来建立。

9.2.2 控制反转实例

新建 Web 工程 MeetingSpring，加入 Spring 框架支持。首先创建两个 Bean：总裁 President 类和发言稿 Manuscript 类。

Manuscript 类代码如下：

```
package com;

public class Manuscript {
   private String message;

   public String getMessage() {
       return message;
   }
   public void setMessage(String message) {
       this.message = message;
   }
   public void write(){
       System.out.println("今天，"+getMessage());
   }
}
```

President 类代码如下：

```
package com;

public class President {
   private String message;
   private Manuscript m;

   public String getMessage() {
       return message;
   }
   public void setMessage(String message) {
       this.message = message;
   }
   public Manuscript getM() {
       return m;
   }
   public void setM(Manuscript m) {
       this.m = m;
   }
   public  void speech(){
       System.out.println("大家好，"+getMessage());
       getM().write();
   }
}
```

如果不用 Spring 来实现预定的目标，写一个测试类来让总裁实现对发言稿的调用，这个测试类 Test.java 代码如下：

```
package com;

public class Test{
    public static void main(String[] args) {
    Manuscript m = new Manuscript();
    m.setMessage("是个好日子！");
    President p = new President();
    p.setMessage("感谢您的光临！");
    p.setM(m);
    p.speech();
    }
}
```

运行这个类得到如图 9-9 所示的输出结果。

如果采用 Spring 技术改写这个例子，添加 Spring 功能。首先需要在 Spring 的配置文件中加入两个 Bean 定义，双击 applicationContext.xml 打开对应的编辑器，单击右键选择菜单 Spring——New Bean 来启动新建 Bean 的向导，向导如图 9-10 所示。

大家好，感谢您的光临！
今天，是个好日子！

图 9-9　控制反转输出结果

先定义 Manuscript 类的 Bean，在 Bean id 处输入 manu，在 Name 处可以输入/manu（此属性可不填），在 Bean class 处输入要定义的类 com.Manuscript，然后对这个 Bean 的属性进行设置，单击 Properties 标签，然后单击 Add…按钮启动添加属性的向导，如图 9-11 所示。

在 Name 处输入 message，该值与 Manuscript 类的成员变量保持一致，在 Spring type 的下拉框中选择 value 属性，Type 和 Value 的设置如图 9-11 所示。

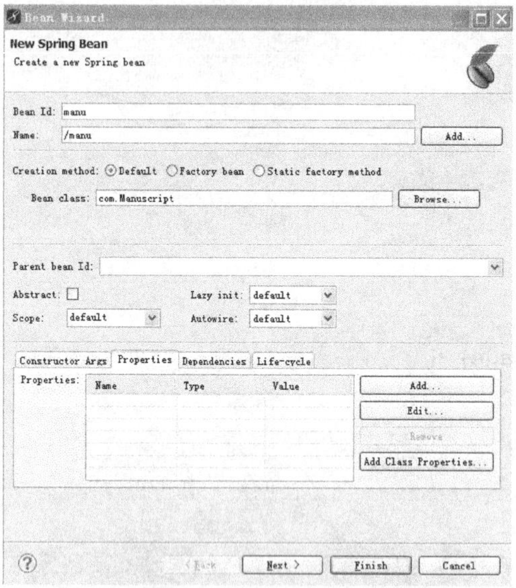

图 9-10　新建 Spring Bean 的向导

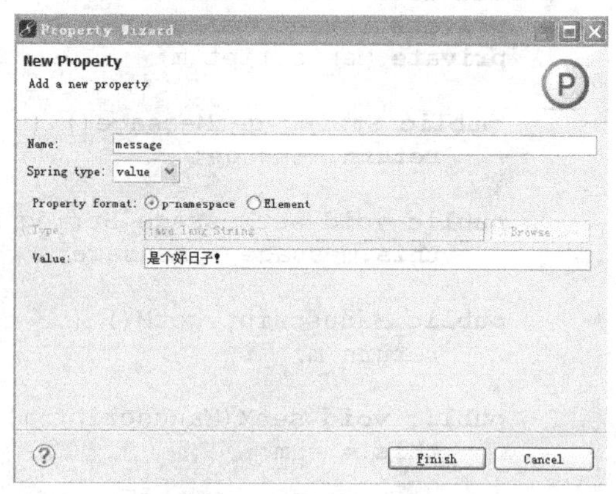

图 9-11　设置 Bean 的属性

同样的，定义 President 类的 Bean，在 Bean id 处输入 pre，在 Name 处可以输入/pre，在 Bean class 处输入要定义的类 c006FfuPresident。然后对这个 Bean 的属性进行设置，第一个属性 name 是 message，Spring type 设置为 value，Type 的属性值设为 java.lang.String，Value 处设

置为“感谢您的光临！”。还需要添加 pre 的第二个属性，如图 9-12 所示，Name 的值是 President 类的类变量 m，Reference type 处的设置值是 Manuscript 类定义的 Bean。

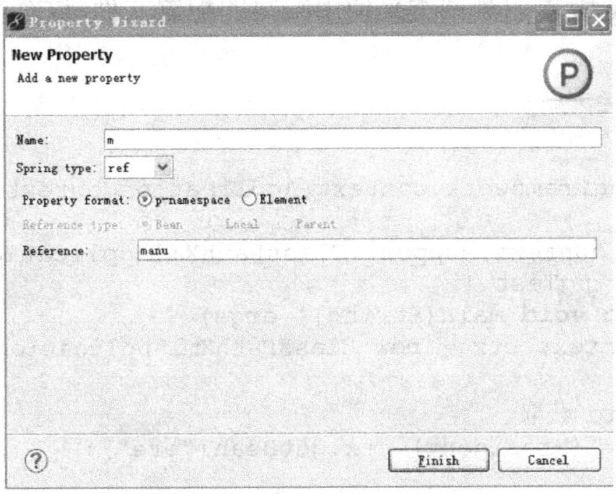

图 9-12　Bean 的属性设置

设置完成后，applicationContext.xml 文件生成的代码如下：

```
<?xml version="1.0" encoding="UTF-8"?>
<beans
   xmlns="http://www.springframework.org/schema/beans"
   xmlns:xsi="http://www.w3.org/2001/XMLSchema-instance"
   xmlns:p=http://www.springframework.org/schema/p
   xsi:schemaLocation="http://www.springframework.org/schema/beans
http://www.springframework.org/schema/beans/spring-beans-3.0.xsd">

   <bean id="manu" name="/manu" class="com.Manuscript" abstract="false"
      lazy-init="default" autowire="default" p:message="是个好日子！">
   </bean>
   <bean id="pre" name="/pre" class="com.President" abstract="false"
      lazy-init="default" autowire="default" p:m-ref="manu">
   </bean>
</beans>
```

表 9-2 所示为<bean>标记的各个属性。

表 9-2　<bean>标记的属性

属 性 名	是 否 可 选	作　用
id	必选	用来命名 Bean
class	必选	需要实例化的类
scope	可选	Bean 的作用域
Lazy-ini	可选	是否在启动时启动 Bean
autowire	可选	自动装载的方式

要进行 Bean 注入就需要给<bean>设置被注入的对象，即给<bean>配置子元素。当注入方式为 setter 方式时，是通过<property>元素中的属性 name 表示要设值的属性名称，其值类型可以用三种方式表示：

■ Value 属性直接设置；

■ <value>子元素设置；

■ 用<ref>子元素指向另一个<bean>。

还需编写一个Spring版本的测试类来使用编写的配置文件，这个测试类为SpringTest.java，代码如下：

```
    package com;

    import org.springframework.context.ApplicationContext;
    import
org.springframework.context.support.ClassPathXmlApplicationContext;
    public class SpringTest {
        public static void main(String[] args) {
        ApplicationContext ctx = new ClassPathXmlApplicationContext("application
Context.xml");
        // 根据 bean id 获取
        President p = (President) ctx.getBean("pre");
        p.speech();
        }
    }
```

程序运行结果如图9-9所示。如果需要修改程序的输出，不需要再修改源码和重新编译，只需要修改applicationContext.xml文件中Bean的定义属性即可。这就是Spring的动态注入Bean的值，不需要编程赋值，用XML配置文件可以解决一切赋值语句。

9.2.3 DI注入方式

DI策略是最适合实现IOC容器的策略，该策略让容器全权负责依赖，受控对象只要暴露属性和带参数的构造函数，在初始化对象时就可以设置对象间的依赖关系，依赖关系的确定不依赖于特定的API和接口。DI类型分别有接口注入、基于setter方法的注入和构造注入。

1. 接口注入

接口注入就是将要注入的内容置入到一个接口中，然后将其注入到它的实现类中，实现接口的类必须实现接口定义的所有方法，当实现该接口时，就可以实现注入。

用如下代码定义一个接口：

```
    public interface Manager{
        public void manage(Business business);
    }
```

定义一个类Boss，实现接口Manager，被注入了manage方法

```
    public class Boss {
        private Business business;
        public void manage(Business business){
            this.business = business;
        }
    }
```

2. 基于 setter 方法的注入

链接

9.2.2 节实例即为基于 setter 方法的注入方式。

Setter 注入来是通过调用 setter 方法将一个对象注入进去。

用如下代码定义类 Boss，实例化一个 Manager 对象，通过调用 setManager 方法，将对象 manage 注入，实现使 Manager 接口的所有类的实例都可以作为参数传递过来。

```
public class Boss {
    private Manager manage;
    public void setManager(Manager manage){
    this.manage= manage;
    }
}
```

对应的配置代码如下：

```
<bean id="b" class=" Boss ">
    <property name="msg" ref=" manage "/>
</bean>
```

3. 基于构造的注入

构造注入是通过一个带参数的构造方法将一个对象注入进来。

使用如下代码，修改上面注入的代码，直接将参数写在构造函数中，当实例化一个 Boss 类的时候，就可以将一个 Manager 实例注入给 Boss，这个过程就是构造注入。

```
public class xx {
    private Manager manage;
    public xx(Manager manage){
    this.manage= manage;
    }
}
```

对应的配置代码如下：

```
<bean id="m" class=" xx ">
<constructor-arg index="0" ref="_manage />
</bean>
```

9.3 Bean 与 Spring 容器

9.3.1 Spring 的 Bean

Spring 的实现是通过 XML 来管理 Bean，在 Spring 中，所有的组件都会被认为是一个 Bean，Bean 是容器管理的一个基本单位。Bean 可以是标准的 JavaBean，但在大多数情况下，Bean 是一些数据源（如 Hibernate 的 SessionFactory）或任何一个 Java 对象。

Spring 通过一个叫 BeanFactory 的容器对这些 Bean 进行管理，如实例化一个 Bean。Bean 的原型是一个接口，实现了工厂模式，BeanFactory 包含以下基本方法。

- public Boolean containsBean(String name)：判断 Spring 容器是否包含 id 为 name 的 Bean 定义。
- public Object getBean(String name)：返回容器 id 为 name 的 Bean。
- public Object getBean(String name, Class requiredType)：返回容器中 id 为 name，并且类型为 requiredType 的 Bean。
- public Class getType(String name)：返回容器中 id 为 name 的 Bean 的类型。

BeanFactory 提供的功能是最基本的、最有限的，其子接口 ApplicationContext 可提供更多的功能。ApplicationContext 的常用实现类是 org.springframework.context.support. FileSystemXmlApplicationContext。

管理一个 Bean 在大部分情况下是要在一个 XML 配置文件中配置信息的，例如，如下配置代码 build.xml。

```
<bean id="hello" class="com.HelloSpring">
   <property name="name">
      <value>fxc</value>
   </property>
</bean>
```

Bean 通常必须具有的两个属性为：id 和 class，Bean 的实例化可以通过 BeanFactory 的 getBean()方法得到。

Bean 在 Spring 的容器中有下面两种基本类型。

- singleton：单态；
- not-singleton 或 prototype：原型。

如果不指定 Bean 的基本行为，Spring 会默认使用 singleton 类型。将 Web 应用的控制器 Bean 配置成 non-singleton 类型，每次请求 id 为 not-singleton 类型的 Bean 时，Spring 都会新建一个 Bean 实例，然后返回给程序，non-singleton 类型的 Bean 的创建、销毁代价比较大，而 singleton 类型的 Bean 实例成功后，可以重复使用，因此，建议应尽量避免将 Bean 设置成 non-singleton 类型。

通过 getBean 方法就可以实例化一个 Bean，创建 Bean 的实例通常有以下方法：

- 调用构造器创建一个 Bean 实例；
- 通过"new"关键字创建 Bean 实例；
- 通过 BeanFactory 调用某个类的静态工厂方法创建 Bean。

BeanFactory（容器），核心容器，负责组件生成和装配。BeanFactory 负责读取 Bean 定义档，管理对象的载入、生成，以及对象之间的关系维护，负责 Bean 的生命周期，对于简单的应用程序来说，使用 BeanFactory 就已经足够，但是若要利用到 Spring 在框架上的一些功能及进阶的容器功能，则可以使用 ApplicationContext，BeanFactory 则通常用于一些资源有限的装置，如移动设备。

ApplicationContext 的基本功能与 BeanFactory 很相似，它也负责读取 Bean 定义档，维护 Bean 之间的关系等，然而 ApplicationContext 提供了一个应用程序所需的更完整的框架功能：

- 提供取得资源档案的更方便的方法。
- 提供文字信息解析的方法，并支持国际化（Internationalization, I18N）信息。
- 可以发布事件，对事件感兴趣的 Bean 可以接收到这些事件。

注意

Spring 的 Bean 与传统的 JavaBean 不同，主要表现在以下方面：

① 用处不同，传统的 JavaBean 适用于值的传递。而 Spring 的 Bean 则没有固定的要求，可以有很多其他用处。

② 写法不同，传统的 JavaBean 需要使用 getter()和 setter()方法，而 Spring 的 Bean 只需要使用 setter()方法就可以了。

③ Spring 的 Bean 的值域包含 5 种：Singleton、Proterty、Request、Session、全局。只需要指定配置文件中的 scope 属性即可，默认是 singeton。

- Singleton：单一实例，在容器中初始化一次，以后不变，每次调用的是同一个。
- Proterty：每次调用都生成一个新的。
- Request：Web 应用才需要，每次 Request 请求时初始化一次，对于不同的 Request，Bean 也不相同。
- Session：与 Web 中的 httpSession 同生命周期。
- 全局：这个是固定的常量。

9.3.2 使用静态工厂方法实例化一个 Bean

创建类的实例最常见的方式是用 new 语句调用类的构造方法。在这种情况下，程序可以创建类的任意多个实例，每执行一条 new 语句，都会导致 Java 虚拟机的堆区中产生一个新的对象。假如类需要进一步封装创建自身实例的细节，并且控制自身实例的数目，那么可以提供静态工厂方法。

Class 类实例是 Java 虚拟机在加载一个类时自动创建的，程序无法用 new 语句创建 java.lang.Class 类的实例，因为 Class 类没有提供 public 类型的构造方法。为了使程序能获得代表某个类的 Class 实例，在 Class 类中提供了静态工厂方法 forName(String name)，它的使用方式如下：

```
Class c=Class.forName( "Sample ");   //返回代表 Sample 类的实例
```

新建 Web 工程 Spring_Bean_Fruit，添加 Spring 文件功能。

1. 新建接口 IFruit

下面用实例阐述静态工厂方法，先设计一个水果的接口 IFruit，实现 IFruit 接口有三个方法，接口代码如下。

```
package com;
public interface IFruit{
    void grow();
    void harvest();
    void plant();
}
```

2. 新建实现接口的类

下面定义三个类，葡萄（Grape）、草莓（Strawberry）、苹果（Apple）都实现了这一接口，其中葡萄有有籽和无籽之分（seedness:boolean），苹果有树的年龄属性(treeAge:int)。

定义葡萄类Grape，实现接口Ifruit的三个方法，并定义seedless变量及getter和setter方法。

```
package com;
public class Grape implements IFruit {
private boolean seedless;//定义成员变量（是否有籽）
    public void grow(){
     System.out.println("Grape is growing...");
    }
    public void harvest(){
     System.out.println("Grape has been harvested.");
    }
    public void plant(){
        System.out.println("Grape has been planted.");
    }
    public boolean getSeedless(){
        return seedless;
    }
    public void setSeedless(boolean seedless){
        this.seedless = seedless;
    }
}
```

定义草莓类Strawberry，实现接口IFruit的三个方法。

```
package com;
public class Strawberry implements IFruit {
    public void grow(){
     System.out.println("Strawberry is growing...");
    }
    public void harvest(){
     System.out.println("Strawberry has been harvested.");
    }
    public void plant(){
        System.out.println("Strawberry has been planted.");
    }
}
```

定义苹果类Apple，实现接口IFruit的三个方法，并定义treeAge变量及getter和setter方法。

```
package com;
public class Apple implements IFruit{
private int treeAge;
    public void grow(){
     System.out.println("Apple is growing...");
    }
    public void harvest(){
     System.out.println("Apple has been harvested.");
    }
    public void plant(){
        System.out.println("Apple has been planted.");
    }
    public int getTreeAge(){
return treeAge;
}
    public void setTreeAge(int treeAge){
 this.treeAge = treeAge; }
    }
```

为了得到上面三个类的实例，需要写一个静态工厂，即 FruitGardener 为园丁类（工厂类）。

```
package com;
import java.util.prefs.BackingStoreException;
public class FruitGardener{
/**
  *获取 IFruit 实例的静态方法
  *@param name 通过这个名称决定实例化哪个类
  *return 一个 IFruit 实例
*/
   public static IFruit factory(String name) throws BackingStoreException {
        if (name.equalsIgnoreCase("apple")){
           return new Apple();
        }
        else if (name.equalsIgnoreCase("strawberry")){
           return new Strawberry();
        }
        else if (name.equalsIgnoreCase("grape"))
        {
           return new Grape();
        }
        else
        {
          throw new BackingStoreException("Bad fruit request");
        }
   }
}
```

可以看出，园丁类提供了一个静态工厂方法，在客户端的调用下，这个方法创建客户端所需要的水果对象，如果客户端的请求是系统所不支持的，则工厂方法抛出异常。在使用时，客户端只需要调用 FruitGardener 的静态方法 factory()即可。这个工厂的核心逻辑是通过不同的名称取得对应的对象，但是调用者不用关心 new 操作过程，静态工厂封闭了这个细节。同时由于它是静态的，所以调用方法也不需要实例化这个工厂。

3. 配置文件 applicationContext.xml

Spring 通过配置 XML 配置 Bean，将一个 Bean 注册到 Spring 环境中，并由 Spring 容器管理，配置文件的代码如下：

```
<?xml version="1.0" encoding="UTF-8"?>
<beans
   xmlns="http://www.springframework.org/schema/beans"
   xmlns:xsi="http://www.w3.org/2001/XMLSchema-instance"
   xmlns:p="http://www.springframework.org/schema/p"
   xsi:schemaLocation="http://www.springframework.org/schema/beans
    http://www.springframework.org/schema/beans/spring-beans-3.0.xsd">

    <description>Spring Quick Start</description>
    <!-- 配置静态工厂 Bean-->
     <bean id="hello" class="com.FruitGardener" factory-method="factory">
    <!--配置参数-->
      <!--<constructor-arg><value>apple</value></constructor-arg>-->
      <constructor-arg><value>apple</value></constructor-arg>
    </bean>
</beans>
```

技术细节

在 XML 配置文件中，Class 属性值是静态工厂的类路径，factory-method 属性明确指出了 FruitGardener 类的 factory 方法，而该方法是需要提供参数的，所以需要通过<constructor-arg>为其注入一个参数，这里定义参数是 apple。

4. 测试运行

写好配置文件后，我们在 index.jsp 中进行测试。

```
<%@ page language="java" import="java.util.*" pageEncoding="gbk"%>
<%@page import="com.IFruit" %>
<%@page import="org.springframework.context.support.ClassPathXmlApplication
Context" %>
<html>
  <head></head>

  <body>

   <%
  ClassPathXmlApplicationContext ctx = new ClassPathXmlApplicationContext
  ("applicationContext.xml");
      //利用 getBean 方法得到配置文件中定义的 greetingService 类，并使用接口封装它
      的实现
      IFruit h = (IFruit) ctx.getBean("hello");//通过容器访问 bean.xml 文件中
      id 为 TheAction 的类 Print
       h.grow();
      h.harvest();
      h.plant();
    %>
  </body>
</html>
```

发布工程，重启服务器，在地址栏输入：http://localhost:8080/Spring_Bean_Fruit/index.jsp，在控制台可看到如图 9-13 所示的运行结果。

```
信息: Server startup in 16332 ms
log4j:WARN No appenders could be found for logger (org.springframework
log4j:WARN Please initialize the log4j system properly.
Apple is growing...
Apple has been harvested.
Apple has been planted.
```

图 9-13　项目运行结果

如果我们修改配置文件代码：

```
<constructor-arg><value>grape</value></constructor-arg>
```

那么运行结果为 Grape 类的相关信息，如图 9-14 所示。

```
信息: Server startup in 19219 ms
log4j:WARN No appenders could be found for logger (org.springframework
log4j:WARN Please initialize the log4j system properly.
Grape is growing...
Grape has been harvested.
Grape has been planted.
```

图 9-14　项目修改后的运行结果

从上面例子我们可以知道，所谓静态工厂方法，就是返回类的一个实例的静态方法。静态工厂方法有如下几个优点：

① 静态工厂方法具有名字；

② 每次被调用的时候不要求非得创建一个新的对象；

③ 可以返回一个原返回类型的子类型的对象。

静态工厂方法的缺点是类如果不含公有的或受保护的构造函数就不能被子类化。

5. 使用实例工厂方法实例化一个 Bean

实例工厂方法必须提供工厂实例，因此必须在配置文件中配置工厂实例，而 Bean 元素无需 Class 属性，因为 BeanFactory 不再直接实例化该 Bean，仅仅是执行工厂的方法，负责生成 Bean 实例。例如，修改上面的 factory 将其改成一个非静态的工厂，代码如下：

```
//省略定义包、类代码，同上
public IFruit factory(String name) throws BadFruitException {
    if (name.equalsIgnoreCase("apple")){

        return new Apple();
    }
 //省略其他返回值代码
}
```

其他类保持不变，包括测试文件 index.jsp，但是在 Spring 中配置这个工厂 Bean 时，与静态工厂有所不容，对应代码如下：

```
<?xml version="1.0" encoding="UTF-8"?>
<beans
   xmlns="http://www.springframework.org/schema/beans"
   xmlns:xsi="http://www.w3.org/2001/XMLSchema-instance"
   xmlns:p="http://www.springframework.org/schema/p"
   xsi:schemaLocation="http://www.springframework.org/schema/beans
    http://www.springframework.org/schema/beans/spring-beans-3.0.xsd">
<description>Spring Quick Start</description>
   <!—配置非静态工厂 Bean--!>
<bean id="FruitGardener" class="FruitGardener"></bean>
<!—factory-bean 必须是一个已经存在了的 Bean--!>
<bean id="hello" factory-bean="FruitGardener " factory-method="factory">
<!—配置参数--!>
     <constructor-arg><value>apple</value></constructor-arg>
   </bean>
</beans>
```

技术细节

在实例工厂的 XML 配置文件中， 首先像配置普通 Bean 一样用最基本的属性 id 和 class 配置非静态工厂，将其注册到 Spring 环境中，使得能被 Spring 容器所管理。但在配置 hello 这个 Bean 的时候，不再是使用 class 属性指定一个具体 Bean 的类路径，而是通过 factory-bean 这个属性指定一个在前面已经配置好的 Bean 的 id。

实例工厂方法和静态工厂方法用法基本相似，它们的区别和相同点总结如下。

区别：

- 调用实例工厂方法创建 Bean 时，必须将实例工厂配置成 Bean 实例，而静态工厂方法则不需要配置工厂 Bean。
- 调用实例工厂方法创建 Bean 时，必须使用 factory-bean 属性来确定工厂 Bean，而静态工厂方法则使用 class 元素确定静态工厂类。

相同点：

- 都需使用 factory-method 属性指定产生 Bean 实例的工厂方法。
- 工厂方法需要参数，都使用 construtor-arg 属性确定参数值。
- 其他依赖注入属性，都使用 property 元素确定参数值。

9.3.3 Spring 中 Bean 的生命周期

在传统的 Java 应用中，Bean 的生命周期非常简单，Java 的关键词 new 用来实例化 Bean（或许它是非序列化的），这样就够用了。Bean 的生命周期在 Spring 容器中更加细致，如图 9-15 所示。

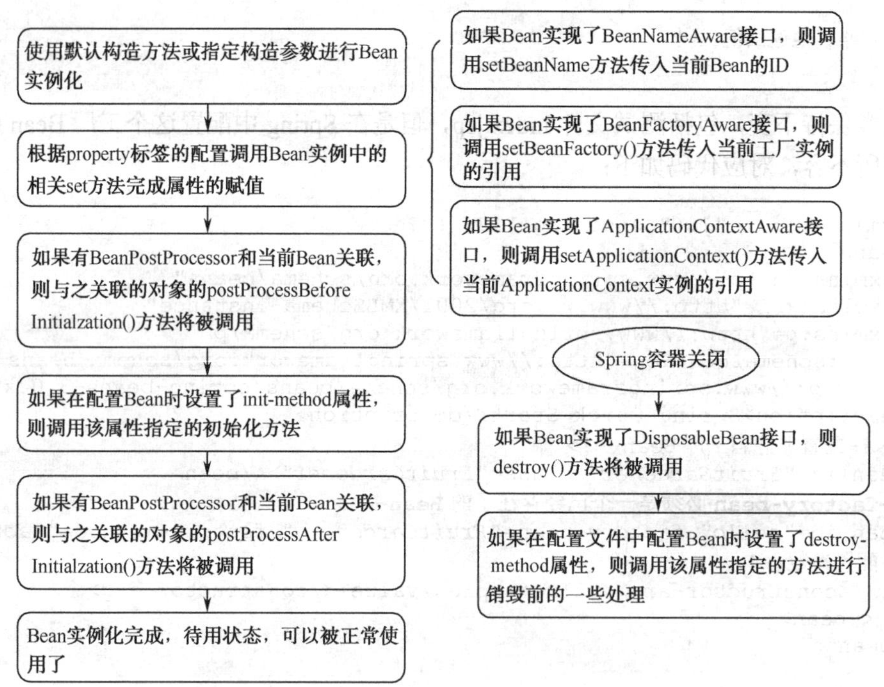

图 9-15　Spring 中 Bean 的生命周期

Spring 装载配置文件后，Spring 工厂实例化完成，紧接着便开始“看图生产”：

（1）使用默认构造方法或指定构造参数进行 Bean 实例化。

（2）根据 property 标签的配置调用 Bean 实例中的相关 set 方法完成属性的赋值。

（3）如果 Bean 实现了 BeanNameAware 接口，则调用 setBeanName()方法传入当前 Bean 的 ID。

（4）如果 Bean 实现了 BeanFactoryAware 接口，则调用 setBeanFactory()方法传入当前工厂实例的引用。

（5）如果 Bean 实现了 ApplicationContextAware 接口，则调用 setApplicationContext()方法传入当前 ApplicationContext 实例的引用。

（6）如果有 BeanPostProcessor 与当前 Bean 关联，则与之关联的对象的 postProcess-BeforeInitialzation()方法将被调用。

（7）如果在配置文件中配置 Bean 时设置了 init-method 属性，则调用该属性指定的初始化方法。

（8）如果有 BeanPostProcessor 与当前 Bean 关联，则与之关联的对象的 postProcess-AfterInitialzation()方法将被调用。

（9）Bean 实例化完成，处于待用状态，可以被正常使用了。

（10）当 Spring 容器关闭时，如果 Bean 实现了 DisposableBean 接口，则 destroy()方法将被调用。

（11）如果在配置文件中配置 Bean 时设置了 destroy-method 属性，则调用该属性指定的方法进行销毁前的一些处理。

（12）Bean 实例被正常销毁。

本节所提到的 Bean 都是单件 Bean。下面先看一个实例。

1. 新建工程

新建 Web 工程 Spring_bean_life，添加 Spring 文件功能。

2. 新建单件 Bean

新建一个名为 LifeCycle 的 Bean，代码如下：

```
package com;

import org.springframework.beans.factory.DisposableBean;
import org.springframework.beans.factory.InitializingBean;

 public class LifeCycle implements InitializingBean,DisposableBean{

 private String message;
 public LifeCycle(){
     System.out.println("Bean 生命的诞生");
   }
 public String getMessage() {
        return message;
    }
 public void setMessage(String message) {
        System.out.println("Bean 生命周期—属性值注入……");
        this.message = message;
    }
 public void afterPropertiesSet() throws Exception {
        System.out.println("Bean 生命周期—初始化……");

    }
 public void destroy() throws Exception {
        System.out.println("Bean 生命周期—销毁……");

    }
}
```

3. Spring 配置文件

对 applicationContext.xml 文件进行了配置，代码如下。

```
<?xml version="1.0" encoding="UTF-8"?>
<beans
   xmlns="http://www.springframework.org/schema/beans"
   xmlns:xsi="http://www.w3.org/2001/XMLSchema-instance"
   xmlns:p="http://www.springframework.org/schema/p"
   xsi:schemaLocation="http://www.springframework.org/schema/beans
    http://www.springframework.org/schema/beans/spring-beans-3.0.xsd">
    <description>Spring Quick Start</description>
    <bean id="hello" class="com.LifeCycle" destroy-method="destroy">
      <property name="message">
         <value>测试bean的生命周期</value>
      </property>
    </bean>
</beans>
```

4. 测试输出

建立测试文件 index.jsp，代码如下：

```
<%@ page language="java" import="java.util.*" pageEncoding="gbk"%>
<%@page import="com.LifeCycle" %>
<%@page import="org.springframework.context.support.ClassPathXmlApplication
Context" %>
<html>
  <head></head>

  <body>
    <%
     ClassPathXmlApplicationContext ctx = new ClassPathXmlApplicationContext
     ("application Context.xml");
        //利用getBean方法得到配置文件中定义的greetingService类，并使用接口封装它
        的实现

        LifeCycle h = (LifeCycle) ctx.getBean("hello");
        //通过容器访问bean.xml文件中id为TheAction的类Print
        System.out.println(h.getMessage());
    %>
  </body>
</html>
```

发布工程，运行结果如图 9-16 所示。

```
信息: Server startup in 21914 ms
log4j:WARN No appenders could be found for logger (org.springframework
log4j:WARN Please initialize the log4j system properly.
Bean生命的诞生
Bean生命周期—属性值注入……
Bean生命周期—初始化……
测试bean的生命周期
```

图 9-16　生命周期实例运行结果

5. 生命周期分析

（1）创建一个单件 Bean

在该阶段，程序控制台输出语句为：“Bean 生命的诞生”，对应测试代码解析如下。

■ 对于 LifeCycle.java 程序，代码①的定义为：public class LifeCycle，无需实现接口，输出内容为构造方法中的打印语句，用来测试是否创建了一个实例。代码⑤无 System 语句。

■ applicationContext.xml 配置文件的 Bean 配置，定义为：<bean id="hello" class="com.LifeCycle"></bean>，Bean 的配置只具有最基本的 id 和 class 属性，但注册并不表示单件实例被创建了，只有当配置文件被容器所加载的时候，单件实例才会被创建。

■ index.jsp 文件中无 System.out.println(h.getMessage());该文件中 new 语句导致了一个行为的发生，即产生一个容器对象，装载了 applicationContext.xml 这个配置文件。

（2）Bean 的属性值注入

在该阶段，程序控制台输出语句为："测试 bean 的生命周期"。对应测试代码解析如下。

■ applicationContext.xml 配置文件的 Bean 配置，定义为：

```
<bean id="hello" class="com.LifeCycle">
     <property name="message">
         <value>测试 bean 的生命周期</value>

     </property>
  </bean>
```

配置文件在<bean>的标签中添加了<property>元素，name 属性值为在类 LifeCycle 中定义的属性，而且定义了 public setter 方法，<value>元素的值就是注入的值。

■ 测试文件 index.jsp 中，通过 ctx 取得一个工厂实例，然后获得 hello 这个 Bean，为了验证 ctx 工厂是否已经通过 setter 方法将 message 注入了进去，需要调用 message 的 getter 方法，取得 message 的值，最后将其显示出来。

（3）Bean 的属性值注入后行为

在该阶段程序控制台输出语句如图 9-16 所示，结果表明 init 方法的确发生，而且是在 setter 方法之后。对应测试代码解析如下：

■ 对于 LifeCycle.java 程序，在代码⑤中增加输出语句：System.*out*.println("Bean 生命周期——属性值注入……");

■ 注入后初始化工作的实现有两种方法：

① 在 LifeCycle.java 添加 init 的方法。

```
public void init(){
System.out.println("Bean 生命周期——初始化……");
}
```

在 applicationContext.xml 文件中，<bean>的配置增加 init-method 属性，即：<bean id="hello" class="com.LifeCycle" init-method="init">

② 实现 org.springframework.beans.factory.InitializingBean 接口，这个接口中定义了一个 afterPropertiesSet 方法，相当于 init 方法，实现这个方法就可以达到同样的效果，上面的代码中即采用了此方法。LifeCycle 类的代码①实现了 InitializingBean 接口，并增加了代码⑥，此方法无需配置 init-method 属性。

（4）Bean 的销毁前行为

前面列举了初始化行为的两种方式，那么销毁也有两种方式：

① 在配置文件中通过配置 destroy-method 属性指定一个销毁方法。

为 LifeCycle.java 添加一个方法 destroy；在 applicationContext.xml 文件中，<bean>的配置增加 destroy-method 属性，即<bean id="hello" class="com.LifeCycle" destroy-method="destroy">

② 实现 org.springframework.beans.factory.DisposableBean 接口。

LifeCycle 类的代码①实现了 DisposableBean 接口，并增加了代码⑦的 destroy 方法，此方法无需配置 destroy-method 属性。Spring 将自动调用 Bean 中的 destrory 方法进行销毁。

9.4 Spring AOP 应用开发

9.4.1 认识 AOP

面向切面编程（Aspect Oriented Programming，AOP）提供了另外一种角度来思考程序结构，这种方式弥补了面向对象编程（OOP）的不足。将程序中的交叉业务逻辑提取出来，称之为切面，AOP 是将这些切面动态织入到目标对象，然后生成一个代理对象的过程。

AOP 实际上是一种编程思想，由 Gregor Kiczales 在 Palo Alto 研究中心领导的一个研究小组于 1997 年提出。Spring 提供了面向切面编程的丰富支持，允许通过分离应用的业务逻辑与系统级服务进行内聚性的开发，应用对象只需实现业务逻辑，它们并不负责其他的系统级关注点，如日志或事务支持。可以把 Spring AOP 看做是对 Spring 的一种增强，它使 Spring 不需要 EJB 就能提供声明式事务管理。

AOP 的主要功能是：将日志记录、性能统计、安全控制、事务处理、异常处理等代码从业务逻辑代码中划分出来，通过对这些行为的分离，可以将它们独立到非指导业务逻辑的方法中，进而在改变这些行为的时候不影响业务逻辑的代码。AOP 可以通过预编译方式和运行期动态代理实现在不修改源代码的情况下给程序动态统一添加功能，AOP 实际追求的是调用者和被调用者之间的解耦。

【例 1】假设在一个应用系统中，有一个共享的数据必须被并发同时访问，首先，将这个数据封装在数据对象中，称为 Data Class，同时，将有多个访问类，专门用于在同一时刻访问这同一个数据对象。

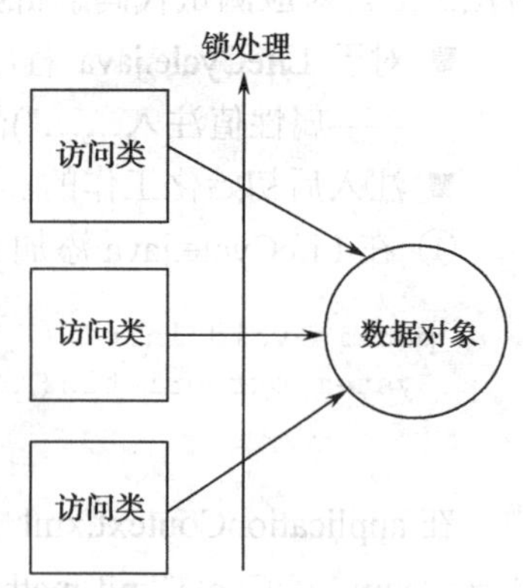

图 9-17 共享数据的锁处理

为了完成上述并发访问同一资源的功能，需要引入锁 Lock 的概念，也就是说，某个时刻，当有一个访问类访问这个数据对象时，这个数据对象必须上锁（Locked），用完后就立即解锁（unLocked），再供其他访问类访问，如图 9-17 所示。

使用传统的编程习惯，我们会创建一个抽象类，所有的访问类继承这个抽象父类，代码如下：

```
abstract class Worker{
    abstract void locked();
    abstract void accessDataObject();
    abstract void unlocked();
}
```

【例 2】在很多的业务中都需要记录操作日志，结果我们不得不在业务流程中嵌入大量的日志记录代码。无论是对业务代码还是日志记录代码来说，以后的维护都是非常复杂的。由于系统中嵌入了大量这种与业务无关的其他重复性代码，系统的复杂性、代码的重复性增加了，从而使 bug 的发生率也大大地增加。

【例 3】我们要把一个学生记录插入到教务管理系统的学生表中去，那么我们就必须按照注册驱动程序、连接数据库、创建一个 statement、生成并执行 SQL 语句、处理结果、关闭 JDBC 对象等步骤按部就班地编写我们的代码。可以看到，上面的步骤中除了执行 SQL 和处理结果是我们业务流程所必需的外，其他的都是重复的准备和后续工作，与业务流程毫无关系，另外我们还得要考虑程序执行过程中的异常。我们只是需要向一张表中插入数据而已，可是却不得不和这些大量的重复代码纠缠在一起，我们不得不把大量的精力用在这些代码上而无法专心地设计业务流程。

分析：在传统的面向对象（Object-Oriented Progr amming，OOP）编程中，对垂直切面关注度很高，对横切面关注却很少，也很难关注。在 OOP 面向对象编程中，我们总是按照某种特定的执行顺序来实现业务流程，各个执行步骤之间是相互衔接、相互耦合的。如果某个对象出现了异常，我们就必须对异常进行处理后才能进行下一步的操作。也就是说，我们利用 OOP 思想可以很好地处理业务流程，却不能把系统中的某些特定的重复性行为封装在某个模块中。

解决：那么什么可以解决这个问题呢？这时，我们需要 AOP，关注系统的“截面”，在适当的时候“拦截”程序的执行流程，把程序的预处理和后处理交给某个拦截器来完成。如在操作数据库时要记录日志，如果使用 AOP 的编程思想，那么我们在处理业务流程时就不必再考虑日志记录，而是把它交给一个特定的日志记录模块去完成。这样，业务流程就完全地从其他无关的代码中解放出来，各模块之间的分工更加明确，程序维护也变得容易多了。

9.4.2 AOP 核心概念

1. 关注点（Concern）

关注点就是我们要考察或解决的问题。如订单的处理、用户的验证、用户日志记录等都属于关注点。关注点中的核心关注点（Core Concerns），是指系统中的核心功能，即真正的商业逻辑。如在一个电子商务系统中，订单处理、客户管理、库存及物流管理都属于系统中的核心关注点。还有一种关注点叫**横切关注点**（Crosscutting Concerns），它们分散在各个模块中，解决同一问题，跨越多个模块。我们可以把一个复杂的系统看做是由多个关注点有机组合来实现的，一个典型的系统可能会包括几个方面的关注点，如核心业务逻辑、性能、数据存储、日志、授权、安全、线程及错误检查等，另外还有开发过程中的关注点，如易维护、易扩展等。

2. 切面（Aspect）

切面是对交叉业务逻辑的统称。切面是一个关注点的模块化，这个关注点可能会横切多个对象和模块，事务管理是横切关注点的很好的例子。它是一个抽象的概念，从软件的角度来说是指在应用程序不同模块中的某一个领域或方面。在 Spring 2.0 AOP 中，切面可以使用基于

XML Schema 的风格或以@Aspect 注解（@AspectJ 风格）来实现。

下面的例子是基于 XML Schema 风格来定义一个 Aspect。

```
<aop:aspect id="aspectDemo" ref="aspectBean">
<aop:pointcut id="myPointcut"
expression="execution(* package1.Foo.handle*(..)"/>
<aop:before pointcut-ref="myPointcut" method="doLog" />
</aop:aspect>
```

这个定义的意思是：每执行到 package1.Foo 类的以 handle 开头的方法前，都会先执行 aspectBean 的 doLog 方法

3. 连接点（Join Point）

连接点指切面可以织入到目标对象的位置（方法、属性等）。连接点就是在程序执行过程中某个特定的点，如某方法调用或处理异常的时候。这个点可以是一个方法、属性、构造函数、类静态初始化块，甚至是一条语句。而对于 Spring 2.0 AOP 来说，连接点只能是方法，每一个方法都可以看成一个连接点，只有被纳入某个 CutPoint 的 Joint Point 才有可能被 Advice。通过声明一个 org.aspectj.lang. JoinPoint 类型的参数可以使通知（Advice）的主体部分获得连接点信息。

4. 切入点（Pointcut）

切入点指通知应用到哪些类的哪些方法或属性之上的规则。切入点指一个或多个连接点，可以理解成连接点的集合，Advice 是通过 Pointcut 来连接和介入 Joint Point 的。

如在前面的例子中，定义了：

```
<aop:pointcut id="myPointcut"
expression="execution(* package1.Foo.handle*(..)"/>
```

那么这就是定义了一个 Pointcut，该 Pointcut 表示“在 Foo 类所有以 handle 开头的方法”假设 Foo 类里类似于：

```
Public class Foo{
        public handleUpload(){..}
        public handleReadFile(){..}
        .....
}
```

那么 handleUpload 是一个 Joint Point，handleReadFile 也是一个 Joint Point，那么上面定义的 id="myPointcut"的 Pointcut 则是这两个 Joint Point 的集合

5. 通知（Advice）

通知指切面在程序运行到某个连接点时所触发的动作。在这个动作中我们可以定义自己的处理逻辑。装备需要通过切入点和连接点联系起来才会被触发。目前 AOP 定义了五种通知：前置通知（Before Advice）、后置通知（After Advice）、环绕通知（Around Advice）、异常通知（After throwing Advice）、返回后通知（After returning Advice）。这些通知以后会逐一介绍。

6. 引入（Introduction）

引入是指动态地给一个对象增加方法或属性的一种特殊的通知。引入是给一个现有类添

加方法或字段属性，还可以在不改变现有类代码的情况下，让现有的Java类实现新的接口（以及一个对应的实现）。相对于Advice可以动态改变程序的功能或流程来说，引入（Introduction）则用来改变一个类的静态结构。例如，你可以使用一个引入来使Bean实现IsModified接口，以便简化缓存机制。

7. 目标对象（Target Object）

目标对象指需要织入切面的对象。它是被一个或多个切面（aspect）所通知（advise）的对象。也有人把它叫做被通知（advised）对象。

8. AOP代理（AOP Proxy）

AOP代理是AOP框架创建的对象，用来实现切面契约（aspect contract）（包括通知方法执行等功能）。在Spring中，AOP代理可以是JDK动态代理或CGLIB代理。

 注意

对于使用Spring 2.0最新引入的基于模式（schema-based）风格和@AspectJ注解风格的切面声明的用户来说，AOP代理的创建是透明的。Spring默认使用J2SE动态代理（dynamic proxies）来作为AOP的代理。这样任何接口都可以被代理。

9. 织入（Weaving）

织入指将通知插入到目标对象。把切面（aspect）连接到其他的应用程序类型或对象上，并创建一个被通知（advised）的对象，这样一个行为就叫做Weaving。这些可以在编译时（如使用AspectJ编译器）、类加载时和运行时完成。Spring和其他纯Java AOP框架一样，在运行时完成织入。

织入的方式有3种：

（1）运行时织入，即在Java运行的过程中，使用Java提供代理来实现织入。根据代理产生方式的不同，运行时织入又可以进一步分为J2SE动态代理及动态字节码生成两种方式。

（2）类加载器织入，指通过自定义的类加载器，在虚拟机JVM加载字节码的时候进行织入。AspectWerkz（已并入AspecJ）及JBoss就使用这种方式。

（3）编译器织入，即使用专门的编译器来编译包括切面模块在内的整个应用程序。编译器织入的AOP实现一般都是基于语言扩展的方式，即通过对标准Java语言进行一些简单的扩展，加入一些专用于处理AOP模块的关键字，定义一套语言规范，通过这套语言规范来开发切面模块，使用自己的编译器来生成Java字节码。AspectJ主要就是使用这种织入方式。

9.4.3 AOP入门实例

新建Java工程AOP_Student，添加Spring文件功能。注意在添加Spring功能的窗口中需要选中Spring 3.0 Core Libraries和Spring 3.0 AOP Libraries，如图9-18所示。本实例包括前置通知、后置通知、环绕通知和目标对象。

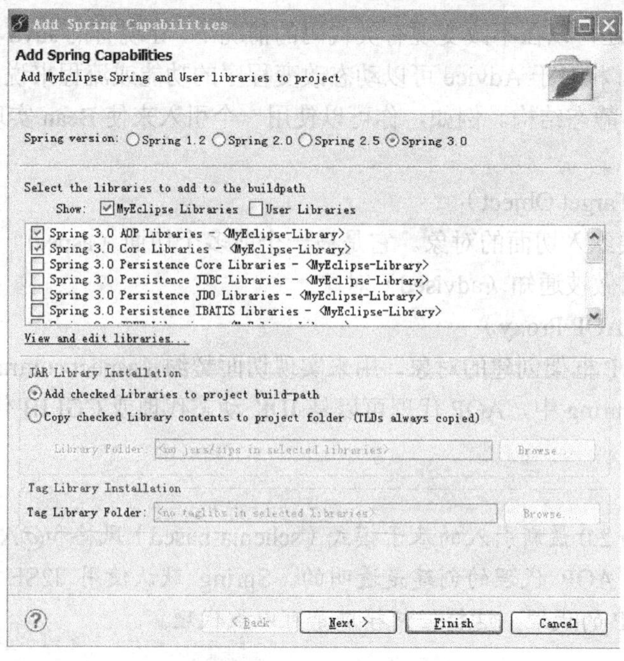

图 9-18　加入 AOP 开发功能窗口

1. 定义目标对象的接口：IStudent.java

定义一个管理学生的接口 IStudent，并定义添加学生的方法。

```
package com;

public interface IStudent {
    public  void  addStudent(String name); //添加学生
}
```

2. 定义目标类：StudentImpl.java

建立实现接口的实体类，实现添加学生的方法，输入欢迎语句。

```
package com;
import com.IStudent;

 public  class  StudentImpl  implements  IStudent  {
    public void addStudent(String name)  {
        System.out.println( " 欢迎  " + name + "  你加入Spring家庭! " );
}
}
```

3. 前置通知：BeforeAdvice.java

建立代理类，定义前置通知。

前置通知（Before Advice）：在某连接点（Join Point）之前执行的通知，但这个通知不能阻止连接点前的执行（除非它抛出一个异常）。

```
package com;
//前置通知
import java.lang.reflect.Method;
import org.springframework.aop.MethodBeforeAdvice;
```

```
    public class BeforeAdvice implements MethodBeforeAdvice  {
     public void  before(Method method,Object[] args, Object target) throws
Throwable{
          System.out.println( " 前置通知的实现！ " );
      }
    }
```

4. *后置通知*：AfterAdvice.java

建立代理类，定义后置通知。

后置通知（After Advice）：当某连接点正常完成后，退出时候执行的通知（不论是正常返回还是异常退出）。

```
    package com;
    //后置通知
    import java.lang.reflect.Method;
    import org.springframework.aop.AfterReturningAdvice;

    public class AfterAdvice implements AfterReturningAdvice{
        public void afterReturning(Object returnValue ,Method method, Object[]
args,Object target) throws Throwable{
            System.out.println("后置通知的实现");
        }
    }
```

5. *环绕通知*：CompareInterceptor.java

建立代理类，定义环绕通知，类的定义中应用 stu_name.equals()方法来判断用户名是否为 dragon，如果是，则执行目标分方法，否则输出不能访问的提示语句。

环绕通知（Around Advice）：包围一个连接点（Join Point）的通知，如方法调用。这是最强大的一种通知类型。环绕通知可以在方法调用前后完成自定义的行为。它也会选择是否继续执行连接点或直接返回它们自己的返回值或抛出异常来结束执行。

环绕通知是最常用的一种通知类型。大部分基于拦截的 AOP 框架，都只提供环绕通知。

```
    package com;
    //环绕通知
    import org.aopalliance.intercept.MethodInterceptor;
    import org.aopalliance.intercept.MethodInvocation;

    public class CompareInterceptor implements MethodInterceptor{
        public Object invoke(MethodInvocation invocation) throws Throwable{
            Object result = null;
            String stu_name = invocation.getArguments()[0].toString();
            if ( stu_name.equals("dragon")){
                //如果学生是 dragon 时，执行目标方法，
                  result= invocation.proceed();
            }else{
                  System.out.println("此学生是"+stu_name+"而不是 dragon，不批准其加
                  入！");
            }
            return result;
        }
    }
```

6. 配置文件 applicationContext.xml

在配置文件中，需要装配拦截器和 Bean。定义 4 个普通的 Bean：BeforeAdvice、AfterAdvice、compareInterceptor、studenttarget。定义 1 个拦截或监视目标的 Bean：student，具体进行监视工作的对象是 ProxyFactoryBean，目标（target）的 id 是 studenttarget 的 Bean，负责处理监视结果的对象（interceptorNames）是 BeforeAdvice、AfterAdvice 和 CompareInterceptor。

```
<?xml version="1.0" encoding="UTF-8"?>
<beans
    xmlns="http://www.springframework.org/schema/beans"
    xmlns:xsi="http://www.w3.org/2001/XMLSchema-instance"
    xmlns:p="http://www.springframework.org/schema/p"
    xsi:schemaLocation="http://www.springframework.org/schema/beans
     http://www.springframework.org/schema/beans/spring-beans-3.0.xsd">

     <bean id="beforeAdvice" class="com.BeforeAdvice"></bean>
     <bean id="afterAdvice" class="com.AfterAdvice"></bean>
     <bean id="compareInterceptor" class="com.CompareInterceptor"></bean>
     <bean id="studenttarget" class="com.StudentImpl"></bean>

    <bean id="student" class="org.springframework.aop.framework.Proxy
    FactoryBean">
        <property name="target">
            <ref bean="studenttarget"/>
        </property>
        <property name="interceptorNames">
            <list>
                <value>beforeAdvice</value>
                <value>afterAdvice</value>
                <value>compareInterceptor</value>
            </list>
        </property>
    </bean>
</beans>
```

7. 测试类 Test.java

建立测试类，调用配置文件，并给用户名进行赋值。

```
package com;

import org.springframework.context.ApplicationContext;
import org.springframework.context.support.ClassPathXmlApplicationContext;
//import org.springframework.context.support.FileSystemXmlApplicationContext;
public class Test {
public static void main(String[] args) {
    ApplicationContext ctx=new ClassPathXmlApplicationContext("application
Context.xml");
     IStudent s = (IStudent) ctx.getBean("student");
     //s.addStudent("tiger");
     s.addStudent("dragon");
  }
}
```

程序的运行结果如图 9-19 所示。

```
log4j:WARN No appenders could be found for logger (org.springframework.
log4j:WARN Please initialize the log4j system properly.
前置通知的实现!
欢迎 dragon  您光临Spring时空!
后置通知的实现
```

图 9-19　AOP 实例运行结果 1

如果在 addStudent()方法中字符串不是 dragon，则输出结果如图 9-20 所示。

```
log4j:WARN No appenders could be found for logger (org.springframework.
log4j:WARN Please initialize the log4j system properly.
前置通知的实现!
此学生是tiger而不是dragon,不批准其加入!
后置通知的实现
```

图 9-20　AOP 实例运行结果 2

9.5　基于 Spring 的 MVC 框架开发

Spring 框架提供了构建 Web 应用程序的全功能 MVC 模块。使用 Spring 可插入 MVC 架构。Spring MVC 分离了控制器、模型对象、分派器，以及处理程序对象的角色，这种分离让它们更容易进行定制，Spring 的单元测试实现容易。Spring 的 MVC 实现与 Struts 有所差异，但相似之处颇多。

Spring MVC 框架主要以控制器和视图为核心，业务控制器调用模型层完成请求处理后，视图层负责把处理后的数据显示出来。Spring 的 Web MVC 框架是围绕 DispatcherServlet 设计的，它把请求分派给处理程序，同时带有可配置的处理程序映射、视图解析、本地语言、主题解析，以及上载文件支持。默认的处理程序是非常简单的 Controller 接口，只有一个方法 ModelAndView handleRequest（request，response）。Spring 提供了一个控制器层次结构，可以派生子类。

本节将通过一个用户登录的例子来讲解如何开发基于 MVC 框架的 Spring Web 应用程序。

1. 新建 Web 工程

新建 Web 工程 Spring_mvc，添加 Spring 文件功能。注意在添加 Spring 功能的对话框中需要选中 Spring 3.0 Core Libraries 和 Spring 3.0 Web Libraries，如图 9-21 所示。

2. 创建 Spring MVC 框架的视图层

Spring 框架是高度可配置的，而且包含多种视图技术，如 JavaServer Pages（JSP）技术、Velocity、Tiles、iText 和 POI。采用 MVC 架构，视图的任务只有一个，就是将 Controller 返回的 Model 渲染出来。Spring MVC 会将 Model 中的所有数据全部绑定到 HttpServlet Request 中，然后将其转发给 JSP，JSP 只需将数据显示出来即可。工程运行首页如图 9-22 所示，它是用户登录的首页 login.jsp，含有一个表单和用于输入用户名、密码的文本框，代码如下：

图 9-21　加入 Spring MVC 开发功能对话框　　　　图 9-22　用户登录页面视图

```
<%@ page language="java" import="java.util.*" pageEncoding="gbk"%>
<html>
  <head>
     <title>Spring MVC—用户登录</title>
  </head>
  <body>
    <div align="center"><form method="post" action="login.do">
        <p align="center">用户登录</p>
        <br> 用户名:
        <input type="text" name="username">
        <br> 密  码:
        <input type="password" name="password">
        <br>
        <p> <input type="submit" value="提交" name="B1">  </p>
  </form></div>
  </body>
</html>
```

我们看到，form 表单的 Action 属性为 login.do，类似于 Struts。Spring 的控制器也能通过截取*.do 的 URL 进行相应的请求。显然，在标准 Http 协议中，并没有以.do 为后缀的服务资源，这是我们自己定义的一种请求匹配模式。此模式在 web.xml 中设定。

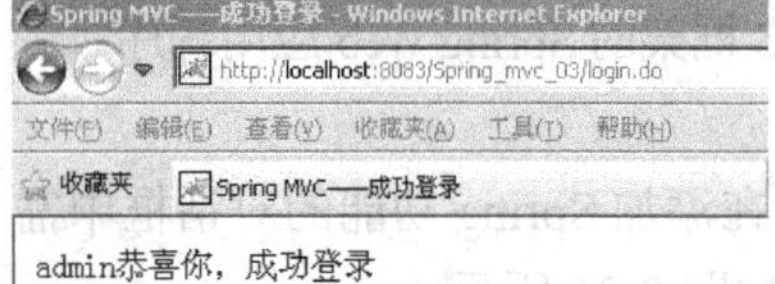

图 9-23　成功登录页面视图

成功登录后跳转到页面 main.jsp，图 9-23 所示为成功登录页面。

```
<%@ page language="java" import="java.util.*" pageEncoding="gbk"%>

<html>
  <head>
     <title>Spring MVC—成功登录</title>
  </head>
  <body>
  <%=request.getAttribute("msg")%>
  </body>
</html>
```

失败登录跳转到页面 error.jsp，页面显示出错信息，出错信息有 3 种：用户名或密码为空、密码错误、用户名不存在，分别如图 9-24、图 9-25 和图 9-26 所示。

图 9-24 失败登录页面——用户名或密码为空

图 9-25 失败登录页面——密码错误

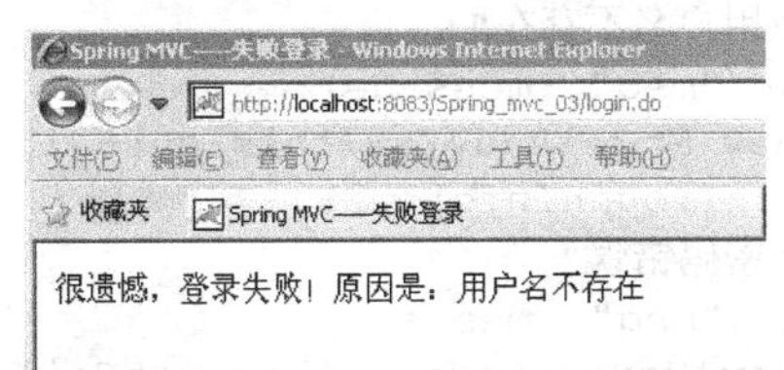

图 9-26 失败登录页面——用户名不存在

```
<%@ page language="java" import="java.util.*" pageEncoding="gbk"%>
<html>
    <head>
     <title>Spring MVC—失败登录</title>
  </head>
  <body>
很遗憾，登录失败！原因是：<%=request.getAttribute("msg")%>
  </body>
</html>
```

3. 创建 Spring MVC 框架的控制层

Spring MVC 框架的 Action 也不叫 Action，而是称做 Controller。Controller 接收 request 和 response 参数，然后返回 ModelAndView（其中的 Model 不是 Object 类型，而是 Map 类型）。通常，Controller 在将 Web 请求处理完成后，会返回一个 ModelAndView 实例。该 ModelAndView 实例将包含两部分内容，一部分为视图相关内容，可以是逻辑视图名称，也可以是具体的 View 实例；另一部分则是模型数据，在视图渲染过程中将会把这些模型数据合并入最终的视图输出。

在 applicationContext.xml 中使用 Spring 默认的 HandlerMapping 来实现配置 Mapping 映射。

在工程 Spring_mvc 的 SRC 目录下，新建 package，文件名为 com，在 com 包下新建类 LoginAction，代码如下：

```
package com;

import java.util.HashMap;
import java.util.Map;
import com.UserInfo;
import org.springframework.validation.BindException;
import org.springframework.web.servlet.ModelAndView;
import org.springframework.web.servlet.mvc.SimpleFormController;

① public class LoginAction extends SimpleFormController{
    private String fail_view;
    private String success_view;
```

```
②    protected ModelAndView onSubmit(Object cmd,BindException ex)throws
Exception{
③       LoginInfo loginInfo=(LoginInfo)cmd;
         String message=null;
④       Map<String, String> model = new HashMap<String, String>();

         if(login(loginInfo)==0){
            message="用户名或密码为空";
⑤           model.put("msg", loginInfo.getUsername()+message);
⑥           return new ModelAndView(this.getFail_view(),model);
         }else if(login(loginInfo)==1){
            message="用户名不存在";
             model.put("msg", message);
             return new ModelAndView(this.getFail_view(),model);
         }else if(login(loginInfo)==2){
            message="密码错误";
             model.put("msg", message);
             return new ModelAndView(this.getFail_view(),model);
         }
         else{
            message="恭喜你，成功登录";
            model.put("msg", message);
             return new ModelAndView(this.getSuccess_view(),model);
         }
     }
     private int login(LoginInfo loginInfo){
        if(loginInfo.getUsername()==null||loginInfo.getPassword()==
        null||loginInfo.getUsername().equals("")){
            return 0;
        }
            if (!UserInfo.exisitUser(loginInfo.getUsername())) {
            return 1;
        }
            if (!UserInfo.confirmPassword(loginInfo.getUsername(), loginInfo.
            getPassword())){
            return 2;
        }
            else{
                return 3;
            }
        }
    public String getFail_view(){
        return fail_view;
    }
    public void setFail_view(String fail_view){
        this.fail_view = fail_view;
    }
    public String getSuccess_view(){
        return success_view;
    }
    public void setSuccess_view(String success_view){
        this.success_view = success_view;
    }
}
```

代码导读

① Spring MVC提供了多种实现控制器的方式，此处直接实现Simple FormController接口，开发一个单一动作的简单控制器，实现了使 Simple FormController 接口的 Bean 都可以作为有效的 Controller 来处理用户请求。

② 定义 onSubmit 方法用于处理业务请求，负责数据封装和请求分发的 Dispatcher，将对传入的 HttpServletRequest 进行封装，形成请求数据对象，之后根据配置文件，调用对应业务逻辑类的入口方法（这里是 LoginAction）的 onSubmit()方法，并将请求数据对象及其他相关资源引用传入。所有的实现类都要重写这个方法，该方法对请求处理完后返回一个 ModelAndView 对象。

③ 将输入的请求数据对象强制转型为预定义的请求对象类型。

④ Map 作为容器，将信息进行存储以供调用。

⑤ 将登录信息 message 和登录用户名与此映射中的指定键 msg 关联。

⑥ 返回处理结果，ModelAndView 类包含了逻辑单元返回的结果数据集和表现层信息。ModelAndView 本身起到关系保存的作用。它将被传递给 Dispatcher，由 Dispatcher 根据其中保存的结果数据集和表现层设定合成最后的界面。

技术细节

ModelAndView 类别就如其名称所示，是代表了 MVC Web 程序中 Model 与 View 的对象，不过它只是方便一次返回这两个对象的 holder，Model 与 View 两者仍是分离的概念。如果要返回 Model 对象，则可以使用 Map 来收集这些 Model 对象，然后设定给 ModelAndView，简单来说，ModelAndView 实际上就是一个数据对象。

ModelAndView 中保存了要传递给视图的对象和具体要使用的视图文件，使用 ModelAndView 类来存储处理完后的结果数据，以及显示该数据的视图。ModelAndView 定义的 onSubmit 方法包含了两个参数：Object cmd 和 BindException ex。名为 cmd 的 Object 型参数，是传入的请求数据对象的引用。BindException ex 参数则提供了数据绑定错误的跟踪机制。它作为错误描述工具，用于向上层反馈错误信息。

```
onSubmit 还有另外一个签名版本：
protected ModelAndView onSubmit{
HttpServletRequest request,
HttpServletResponse response,
Object cmd,
BindException ex
}
```

方法参数类似于 Servlet 的 doGet/doPost 方法，它包含了 Servlet 规范中的 HttpServlet Request、HttpServletResponse 以提供与 Web 服务器的交互功能（如 Session 的访问）。此参数类型的 onSubmit 方法的调用优先级较高。

Controller 接口是所有控制器接口的父类，所有 Spring 框架提供的控制器，以及所有用户自定义的控制器都得实现这个接口。

这里列举两种 ModelAndView 的构造方法：

```
public ModelAndView (String viewname)
```

返回界面无需通过结果数据集进行填充。

```
public ModelAndView (String viewname, Map model)
```

返回界面由指定的结果数据集加以填充。可以看到，结果数据集采用了 Map 接口实现的数据类型。其中包含了返回结果中的各个数据单元。关于结果数据集在界面中的填充操作，可参见下面关于返回界面的描述。

接口 Map<K,V>

类型参数：

- K——此映射所维护的键的类型。
- V——映射值的类型。

Map 是一种把键对象和值对象进行关联的容器，而一个值对象又可以是一个 Map，依此类推，这样就可以形成一个多级映射。对于键对象来说，和 Set 一样，一个 Map 容器中的键对象不允许重复，这是为了保持查找结果的一致性。

Map 有两种比较常用的实现：HashMap 和 TreeMap。HashMap 也用到了哈希码的算法，以便快速查找一个键；TreeMap 则是对键按序存放，因此它便有一些扩展的方法，如 firstKey()、lastKey()等，你还可以在 TreeMap 中指定一个范围以取得其子 Map。

键和值的关联很简单，用 pub（Object key、Object value）方法即可将一个键与一个值对象相关联。用 get（Object key）可得到与此 key 对象相对应的值对象。

4. 创建 FormBean 处理类

表单数据的处理由 JavaBean 文件 LoginInfo 实现。可以看出，该文件有两个属性 userName 和 password，并且每个属性都有 getter 和 setter 方法。使用 SimpleFormController、Spring MVC 框架可以自动将表单的参数与该类的属性进行名字匹配，然后把参数值赋给属性。这样在控制器中就可以调用 LoginBean 的实例去获取表单参数。

```
package com;

public class LoginInfo {
   private String username;
   private String password;
   public String getUsername(){
       return username;
   }
   public void setUsername(String username){
       this.username = username;
   }
   public String getPassword(){
       return password;
   }
   public void setPassword(String password){
       this.password = password;
   }
}
```

在 applicationContext.xml 文件中，对 LoginInfo 进行了配置，见本节配置文件的说明。

5. 创建 Spring MVC 框架的模型层

模型层灵活性比较大，很难为其设计一个通用的框架，一般使用 JavaBean 技术作为模型层，实现如连接数据库和业务逻辑功能。由于本实例没有使用到数据库，所以使用一个类来模拟数据库，存储用户登录信息。

```
package com;

import java.util.HashMap;
import java.util.Map;
public class UserInfo {
    //存储用户信息容器，key 为用户名 value 为密码
      private static  Map<String ,String> userinfo=new HashMap<String,
      String>();
      //初始化数据
      static{
         String User_One="admin";
         String Password_One="123";
         String User_Two="fxc";
         String Password_Two="456";
         userinfo.put(User_One, Password_One);
         userinfo.put(User_Two, Password_Two);
      }

      //判断一个用户名是否存在
     public static boolean   exisitUser(String username){
           return userinfo.containsKey(username);
          //如果此映射包含指定键的映射关系，则返回 true
     }

     //判断一个已经存在的用户名的密码时候正确
     public static boolean confirmPassword(String username,String password){
        return userinfo.get(username).equals(password);
     }

}
```

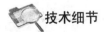

技术细节

```
boolean containsKey (Object key)
```

如果此映射包含指定键的映射关系，则返回 true。更确切地讲，当且仅当此映射包含针对满足 (key==null ? k==null : key.equals(k)) 的键 k 的映射关系时，返回 true（最多只能有一个这样的映射关系）。

6. 配置文件

本工程有两个配置文件：web.xml 和 applicationContext.xml，web.xml 是 Web Project 所必需的配置文件。为了使用 Spring MVC，需要在 web.xml 中配置一个分派器，将一些特定格式的请求交给 Spring MVC 来处理，这里主要进行了 dispatcherServlet 的配置，dispatcherServlet

是一个监听器，这个监听器包含了 Spring 的容器，负责拦截所有的请求并管理 Spring 中的 Bean，它在应用服务器启动时运行，角色类似于 Struts 中的 ActionServlet。

```
<?xml version="1.0" encoding="UTF-8"?>
<web-app version="3.0"
   xmlns="http://java.sun.com/xml/ns/javaee"
   xmlns:xsi="http://www.w3.org/2001/XMLSchema-instance"
   xsi:schemaLocation="http://java.sun.com/xml/ns/javaee
   http://java.sun.com/xml/ns/javaee/web-app_3_0.xsd">
   <!-- 配置 Spring 的后台 servlet -->
 ① <servlet>
    <servlet-name>dispatcherServlet</servlet-name>
    <servlet-class>org.springframework.web.servlet.DispatcherServlet
  </servlet-class>
  <!-- 指定 Spring 配置文件的路径 -->
 ② <init-param>
      <param-name>contextConfigLocation</param-name>
      <param-value>/WEB-INF/classes/applicationContext.xml </param-value>
    </init-param>
  <load-on-startup>1</load-on-startup>
  </servlet>
  <!-- 拦截所有以.do 结尾的请求，可以修改 -->
  ③ <servlet-mapping>
      <servlet-name>dispatcherServlet</servlet-name>
      <url-pattern>*.do</url-pattern>
    </servlet-mapping>

  <welcome-file-list>
    <welcome-file>login.jsp</welcome-file>
  </welcome-file-list>
</web-app>
```

采用以上配置，所有以.do 结尾的请求都会由名为 Dispatcher 的 DispatcherServlet 处理。

代码导读

① 定义了请求分发 Servlet，即 org.springframework.web.servlet. DispatcherServlet，Dispatcher Servlet 是 Spring MVC 中负责请求调度的核心引擎，所有的请求将由此 Servlet 根据配置分发至各个逻辑处理单元。其内部同时也维护了一个 ApplicationContext 实例。

② <init-param>节点中配置了名为“contextConfigLocation”的 Servlet 参数，此参数指定了 Spring 配置文件的位置“/WEB-INF/classes/applicationContext.xml”

③ 请求映射，将所有以.do 结尾的请求交给 Spring MVC 进行处理，也可以设为其他值，如.action 等。

核心控制器 DispatcherServlet

DispatcherServlet 是 Spring MVC 的核心控制器，其作用相当于 Struts 2 的 FilterDispatcher，负责对客户端的请求进行分发，把满足特定格式的请求交给业务控制器去处理。它负责接收 HTTP 请求，组织协调 Spring MVC 的各个组成部分。其主要工作有以下三项：

① 截获符合特定格式的 URL 请求。

② 初始化 DispatcherServlet 上下文对应的 WebApplicationContext，并将其与业务层、持久化层的 WebApplicationContext 建立关联。

③ 初始化 Spring MVC 的各个组成组件，并装配到 DispatcherServlet 中。

DispatcherServlet 处理过程从一个 HTTP 请求开始，如图 9-27 所示。

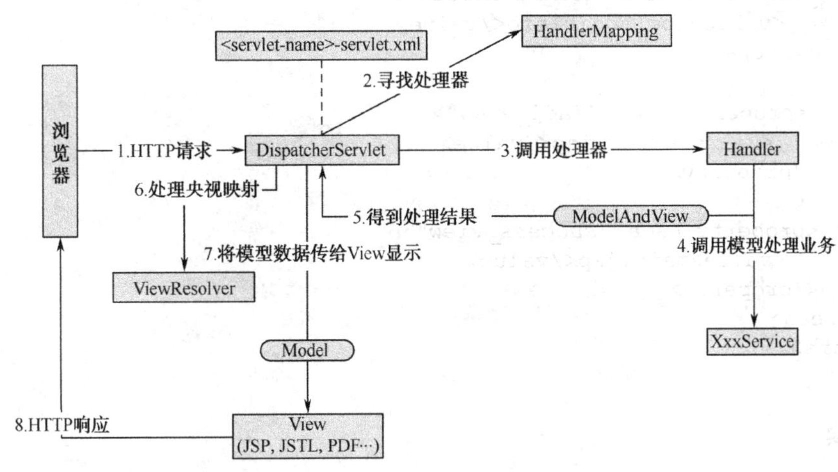

图 9-27　DispatcherServlet 处理过程

（1）Web 服务器将登录界面提交的请求转交给 Dispatcher 处理。

（2）DispatcherServlet 接收到请求后，根据对应配置文件中配置的处理器映射，找到对应的处理器映射项（HandlerMapping），根据配置的映射规则，找到对应的处理器（Handler）。

（3）调用相应处理器中的处理方法，处理该请求，处理器处理结束后会将一个 ModelAndView 类型的数据传给 DispatcherServlet，其中包含了处理结果的视图和视图中要使用的数据。

（4）DispatcherServlet 根据得到的 ModelAndView 中的视图对象，找到一个合适的 ViewResolver（视图解析器），根据视图解析器的配置，DispatcherServlet 将视图要显示的数据传给对应的视图，最后给浏览器构造一个 HTTP 响应。

Dispatcher 根据什么分发这些请求？这还需要一个配置文件加以设定，此文件包含了所有的“请求/处理单元”关系映射设定和返回时表现层的一些属性设置，这个文件即为 applicationContext.xml。

```
<?xml version="1.0" encoding="UTF-8"?>
<beans
   xmlns="http://www.springframework.org/schema/beans"
   xmlns:xsi="http://www.w3.org/2001/XMLSchema-instance"
   xmlns:p="http://www.springframework.org/schema/p"
   xsi:schemaLocation="http://www.springframework.org/schema/beans
    http://www.springframework.org/schema/beans/spring-beans-3.0.xsd">

① <bean id="urlMapping"

class="org.springframework.web.servlet.handler.SimpleUrlHandlerMapping">
        <property name="mappings">
```

```
            <props>
               <prop key="/login.do">LoginAction</prop>
            </props>
         </property>
    </bean>

    ②<bean id="LoginAction" class="com.LoginAction">
    ③   <property name="commandClass">
          <value>com.LoginInfo</value>
        </property>

    ④   <property name="fail_view">
           <value>error.jsp</value>
        </property>

        <property name="success_view">
          <value>main.jsp</value>
        </property>
    </bean>
</beans>
```

代码导读

① “请求/处理单元”关系映射。

可以看到，这里我们将“/login.do”请求映射到处理单元 urlMapping，<props>节点下可以有多个映射关系存在，目前我们只定义了一个。

② LoginAction 定义。

这里定义了逻辑处理单元 LoginAction 的具体实现，这里，LoginAction 的实现类为 com.LoginAction。

③ LoginAction 的请求数据对象。

commandClass 参数源于 LoginAction 的基类 BaseCommandController，BaseCommand Controller 包含了请求数据封装和验证方法，它将根据传入的 HttpServletRequest 构造请求数据对象。

这里指定 commandClass 为 net.xiaxin.action.LoginInfo，这是一个非常简单的 Java Bean，它封装了登录请求所需的数据内容，Spring 会根据 LoginAction 的 commandClass 定义自动加载对应的 LoginInfo 实例。之后，对 Http 请求中的参数进行遍历，并查找 LoginInfo 对象中是否存在与之同名的属性，如果找到，则将此参数值复制到 LoginInfo 对象的同名属性中。请求数据转换完成之后，得到了一个封装了所有请求参数的 Java 对象，并将此对象作为输入参数传递给 LoginAction。

④ 返回视图定义。

对于这里的 LoginAction 而言，有两种返回结果，即登录失败时返回错误界面，登录成功时进入系统主界面。对应地，我们配置了 fail_view、success_view 两个自定义参数。其返回路径分别是 error.jsp 和 main.jsp。

9.6 Spring 与 Struts 整合开发

Spring MVC 的设计的确非常详尽。然而，开发的时候，程序员需要了解的限制太多了，如必须继承自某个类、亲自读取表单参数、大量编写入口和出口配置、配置视图层等。本节仍然以登录程序为例讲述如何将 Spring 与 Struts 进行整合开发。

9.6.1 整合开发环境部署

1. 导入所需的组件包

新建 Web 工程 SS_Login，用 Struts 2 搭建好开发环境后，还需要将 Spring 开发所需的类库放到 Web 应用的“WEB-INF/lib”目录中，包括 Spring.jar 和 log4j-1.2.14.jar。将所需的 jar 文件复制至“WEB-INF/lib”目录下即可。

Spring 整合 Struts 开发所需的 jar 类库如图 9-28 所示。

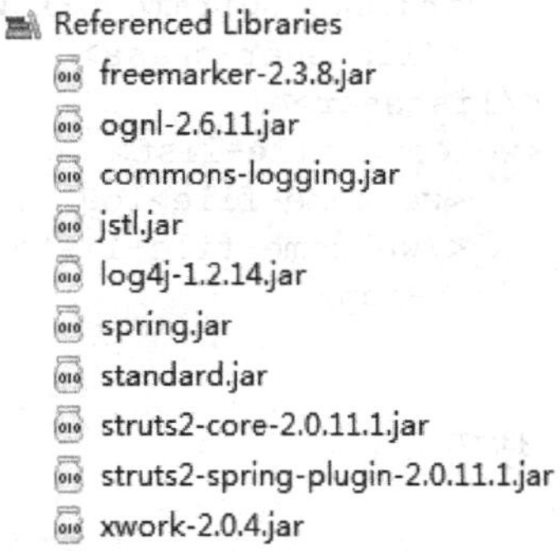

Referenced Libraries
- freemarker-2.3.8.jar
- ognl-2.6.11.jar
- commons-logging.jar
- jstl.jar
- log4j-1.2.14.jar
- spring.jar
- standard.jar
- struts2-core-2.0.11.1.jar
- struts2-spring-plugin-2.0.11.1.jar
- xwork-2.0.4.jar

图 9-28 Spring 整合 Struts 开发所需的 jar 类库

注意

MyEclipse 支持 Spring 开发，可以通过在该开发平台添加 Spring 开发功能向导来完成，Struts 2 开发所需的类库可以通过拷贝必需的 jar 文件至“WEB-INF/lib”，而这样做容易因类库包冲突而造成程序运行的错误。

2. 配置文件 web.xml

配置文件 web.xml 需要加入 Struts 2 的过滤器之外，还需要配置并启动 Spring 的 Web 容器，并指定哪些配置文件需要被加载。

- 利用参数来加载配置文件。
- 采用 Listener 完成 Spring 容器的初始化。

```
<?xml version="1.0" encoding="UTF-8"?>
<web-app version="2.5"
   xmlns="http://java.sun.com/xml/ns/javaee"
   xmlns:xsi="http://www.w3.org/2001/XMLSchema-instance"
   xsi:schemaLocation="http://java.sun.com/xml/ns/javaee
   http://java.sun.com/xml/ns/javaee/web-app_2_5.xsd">
 <!-- 用来定位 Spring XML 文件的上下文配置 -->
<context-param>

    <param-name>contextConfigLocation</param-name>
    <param-value>/WEB-INF/classes/applicationContext.xml</param-value>
</context-param>
<!-- 启动 Struts 2 的过滤器 -->
<filter>
    <filter-name>struts2</filter-name>
    <filter-class>org.apache.struts2.dispatcher.FilterDispatcher
```

```
        </filter-class>
    </filter>
    <filter-mapping>
        <filter-name>struts2</filter-name>
        <url-pattern>/*</url-pattern>
    </filter-mapping>

    <!-- 启动 Spring Bean 工厂的监听器 -->
    <listener>
        <listener-class>
        org.springframework.web.context.ContextLoaderListener
        </listener-class>
    </listener>
    <welcome-file-list>
        <welcome-file>login.jsp</welcome-file>
        </welcome-file-list>
    </web-app>
```

技巧

可以在 web.xml 文件中加载多个配置文件，文件之间用“,”分隔并初始化 Spring 容器，但参数名必须是 contextConfigLocation，例如：

```
    <context-param>
        <param-name>contextConfigLocation</param-name>
        <param-value>
    /WEB-INF/applicationContext*.xml,classpath*:applicationContext*.xml
        </param-value>
    </context-param>
```

如果要加载多个配置文件，在 applicationContext.xml 配置文件中使用<import>标签也能实现。

9.6.2 项目实现

登录页面 login.jsp 呈现登录的视图，当登录错误时，显示错误登录信息，其代码如下：

```
<%@ page contentType="text/html;charset=utf-8" %>
<%@ taglib prefix="s" uri="/struts-tags"%>
<html>
<head><title>登录系统</title></head>
<body><br><br><br>
  <div align="center">
      用户登录
      ${requestScope.message}
     <s:form action="Login" method="POST">
        <s:textfield name="username" label="用户名"/>
        <s:password name="password" size="21" label="密码"/>
        <s:submit value="提  交"/>
     </s:form>
  </div>
</body>
</html>
```

登录成功页面 success.jsp 用于显示成功登录的信息，代码如下。

```
<%@ page contentType="text/html;charset=utf-8" %>
<html>
<head><title>验证通过</title></head>
<body>
      ${message}
</body>
</html>
```

LoginBusiness.java 文件定义了 verify()方法，实现登录的验证逻辑。

```
package spring;

public class LoginBusiness {
   //验证用户名和密码是否正确
   public boolean verify(String username,String password){
       if(username.equals("fxc")&&password.equals("123456"))
           return true;
       else
           return false;
   }
}
```

LoginAction.java 是用户登录对应的 Action，通过调用业务逻辑 LoginBusiness.java 文件中的 verify()方法实现控制登录的结果。

```
package action;
import spring.LoginBusiness;
import com.opensymphony.xwork2.ActionSupport;

public class LoginAction extends ActionSupport {
   public String username;//用户名
   public String password;//密码
   public String message;//execute()执行完后返回的消息
   public LoginBusiness log;

   public String execute() throws Exception {
       if(log.verify(username, password))
           message=username+",恭喜您登录成功！";
       else{
           message=username+"登录失败，用户名或密码有误！";
           return INPUT;
       }
       return SUCCESS;
   }

   public String getUsername() {
       return username;
   }
   public void setUsername(String username) {
       this.username = username;
   }
   public String getPassword() {
       return password;
```

```
    }
    public void setPassword(String password) {
        this.password = password;
    }

    public String getMessage() {
        return message;
    }
    public void setMessage(String message) {
        this.message = message;
    }
    public LoginBusiness getLog() {
        return log;
    }
    public void setLog(LoginBusiness log) {
        this.log = log;
    }

}
```

applicationContext.xml 文件定义了两个 Bean，一个 Bean 是 LoginBusiness，表示业务处理逻辑，另一个 Bean 是 Login，对应 LoginAction，表示一个 Action，log 对应了 LoginBusiness 定义在 LoginAction 中定义的类变量，进行值的注入。

```
<?xml version="1.0" encoding="UTF-8"?>
<beans
   xmlns="http://www.springframework.org/schema/beans"
   xmlns:xsi="http://www.w3.org/2001/XMLSchema-instance"
   xsi:schemaLocation="http://www.springframework.org/schema/beans
    http://www.springframework.org/schema/beans/spring-beans-2.5.xsd">
    <bean id="loginBusiness" class="spring.LoginBusiness"/>
       <bean id="login" class="action.LoginAction">
           <property name="log" ref="loginBusiness"/>
    </bean>
</beans>
```

struts.xml 文件配置了 Action，其 class 属性值是 login，对应了 applicationContext.xml 中配置的 Bean 的 id 的名称，再根据这个名称即可对应 action.LoginAction 了。

```
<?xml version="1.0" encoding="UTF-8" ?>
<!DOCTYPE struts PUBLIC
    "-//Apache Software Foundation//DTD Struts Configuration 2.0//EN"
    "http://struts.apache.org/dtds/struts-2.0.dtd">
<struts>
   ① <constant name="struts.objectFactory.spring.autoWire" value="name" />
   ②<constant name="struts.objectFactory" value="spring" />
    <package name="default" extends="struts-default">
   ③   <action name="Login" class="login">
            <result>/success.jsp</result>
            <result name="input">/login.jsp</result>
        </action>
    </package>
</struts>
```

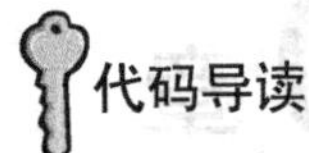

① 每当用户请求需要创建某个 Action 类时，会首先尝试从 Spring 中来获取，如果找到了，Spring 可以在 XML 配置文件中对其进行任意类型的注入。

② 设置 struts.objectFactory 属性值为 spring，如果①不能获取 Action 类，则由 Struts 2 负责生成这个对象。

③ 修改 Action 标签中的 class 属性为 Spring 中所定义的 Bean 的名字。如果不想用 Spring 来创建 Action 类的实例，保持 class 属性为原来的类的完整路径即可。

至此，项目开发完成，部署后在浏览器中输入：http://localhost:8083/SS_Login/，当输入正确的用户名“fxc”、密码“123456”时，跳转到成功页面，否则显示如图 9-29 所示的出错页面。

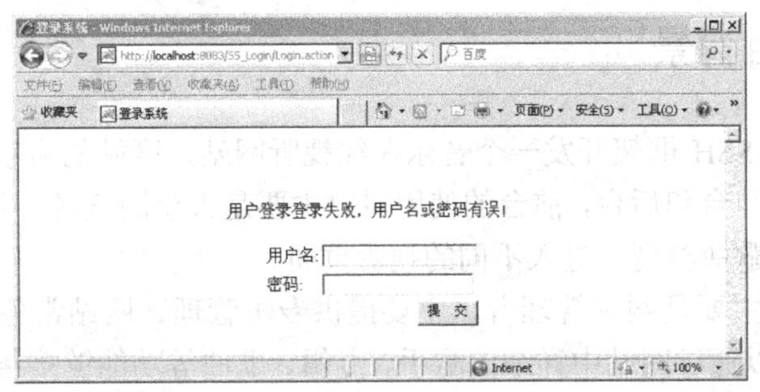

图 9-29 输入错误的用户名或密码时的出错页面

9.7 总结与提高

本章介绍了 J2EE 轻量级开发框架 Spring。Spring 是一个开源框架，是为了解决企业应用开发的复杂性而创建的。其功能是使用基本的 JavaBean 代替 EJB，并提供了更多的企业应用功能。应用范围是任何 Java 应用。简单来说，Spring 是一个轻量级的控制反转（IOC）和面向切面（AOP）的容器框架。

控制反转（IOC）是 Spring 的核心技术，IOC 组件主要专注于如何利用类、对象和服务去组成一个企业级应用，通过规范的方式，将各种不同的控件整合成一个完整的应用。当应用了 IOC，某一接口的具体实现类的选择控制权从调用类中移除，转交给第三方裁决。

Spring AOP 主要是通过切点指定在哪些类的哪些方法上施加横切逻辑，通过增强描述横切逻辑和方法的具体织入点，此外 Spring 通过切面将切点和增强或引介组装起来，有了切面信息，Spring 就可以通过 JDK 或 CGLib 的动态代理技术，采用统一的方式为目标 Bean 创建织入切面的代理对象了。

Spring MVC 提供了一个相当灵活和可扩展的 MVC 实现，通过在 web.xml 中过滤 URL 的方式，然后在[servlet-name]-servlet.xml 配置文件中去匹配，页面不拘泥于任何文件类型，所关心的只是 URL。

第10章 怀听音乐网

10.1 系统概述

10.1.1 项目背景

本章项目运用了SSH框架开发一个音乐在线视听网站，网站的名字是“怀听音乐网”。网站按使用对象分为前台和后台，前台的使用对象主要是大众浏览者，主要提供在线听歌。通过选择不同的歌手和歌曲类型，进入不同的视听页面。

后台的使用对象主要是网站管理者，主要提供专辑管理、网站常务管理。浏览者可以自由地听歌、收藏，可以通过网站中详细的歌手、专辑、歌曲等功能链接帮助用户快速地找到感兴趣的内容，注册用户还可进行编辑收藏。

网站结构严谨、性能稳定、使用方便，运行速度快、消耗系统资源少、操作容易。任何人都可以在网站上进行查询等功能的操作。维护简单，网站系统运行后几乎不需要专业系统管理员维护。

10.1.2 系统开发运行环境

主要开发环境工具：MyEclipse10.0、SQL Server 2005、JDK1.5以上。部署发布本项目工程可通过如下几步：

（1）导入项目工程huaiting。

（2）附加数据库。

打开SQL Server 2005的“SQL Server Management Studio Express”，选中“数据库”，并右击，选择弹出快捷菜单中的“所有任务”→“附加数据库”，选中文件db_huaiting，即可完成数据库的附加。

如果没有数据库文件，可运行本项目的一个文件，即可在数据库中生成对应的映射表，具体步骤如下：

■ 新建一个数据库，数据库名为db_huaiting，当然，数据库名也可为其他名字，只要在下面第（3）步的Hibernate.cfg.xml配置文件中正确定义即可。

■ 打开src目录下的org.szpt.test包内的Test.java文件，如图10-1所示。

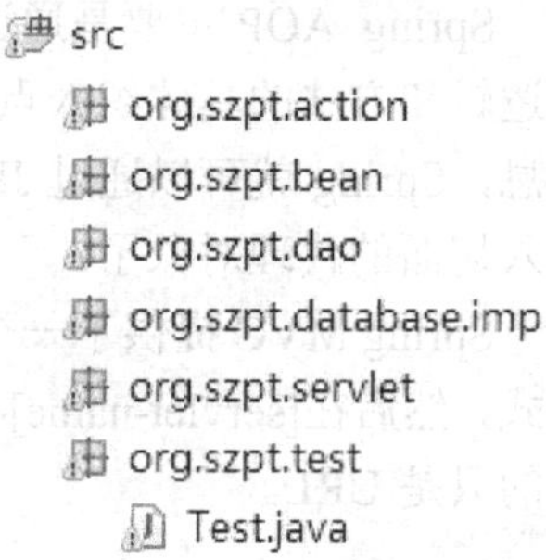

```
src
  org.szpt.action
  org.szpt.bean
  org.szpt.dao
  org.szpt.database.imp
  org.szpt.servlet
  org.szpt.test
    Test.java
```

图10-1　Test.java目录层次

选中该文件，右击，在弹出的快捷菜单中选择“Java

Application”命令，运行 Test.java 文件，即可在数据库中自动生成 Hibernate 映射文件对应的数据表。

（3）修改项目 Hibernate 配置文件。

在 src 目录下，双击打开 Hibernate.cfg.xml 文件，找到下面的代码片段：

```
    ……
    <property name="hibernate.dialect">
       org.hibernate.dialect.SQLServerDialect
    </property>
    <property name="hibernate.connection.driver_class">
       com.microsoft.sqlserver.jdbc.SQLServerDriver
    </property>
    <property name="hibernate.connection.url">
       jdbc:sqlserver://localhost:1433;databasename=db_huaiting;SelectMethod
=Cursor
    </property>
    <property name="hibernate.connection.username">sa</property>
    <property name="hibernate.connection.password">123456</property>
    ……
```

该段代码进行数据库连接，定义数据库服务器的 IP 地址、端口号、用户名和密码。把 127.0.0.1 改为项目运行的数据库服务器的 IP 地址，把 1433 改为你的数据库端口号（一般默认不用修改），把 sa 改为你的数据库登录用户名，把 123456 改为你数据库的登录密码。

完成上述工作后，本项目即可正常运行，发布工程，重启服务器，在浏览器中输入地址：http://localhost:8080/huaiting/ ，首页运行效果如图 10-2 所示。

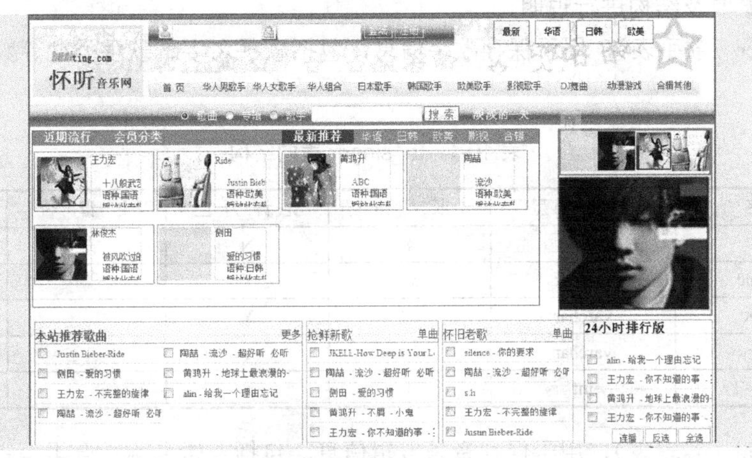

图 10-2　首页运行效果图

10.2　系统分析与设计

10.2.1　功能模块划分

怀听音乐网系统的功能结构如图 10-3 所示。用户如果没有登录前台页面，则在网站上可以在线欣赏音乐。如果用户进行了注册、登录，则可以进行专辑收藏。网站后台分为管理员登录模块、专辑管理模块、排行榜管理模块，为网站的数据提供了维护。

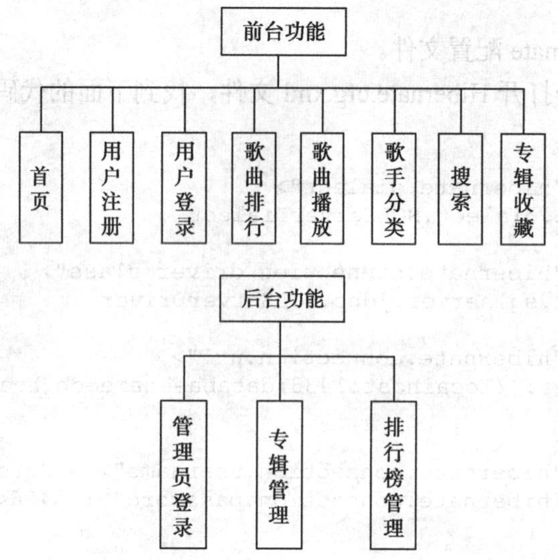

图 10-3　怀听音乐网功能结构

10.2.2 数据库设计

本系统数据存储采用 SQL Server 2005 数据库，数据库名为 db_huaiting，共包含 15 张表，下面从数据表概要及结构进行说明。

■ tb_singer（歌手表），用于保存歌手信息，包括歌手名字、歌手类型等数据，如表 10-1 所示。

表 10-1　tb_singer 表的结构

字段名	数据类型	长度	允许为空	主键否	说明
t_id	int	4	N	是	歌手 ID
t_singerName	varchar	50	Y		歌手名
t_singerType	varchar	50	Y		歌手类型
t_firstChar	varchar	10	Y		首字母
t_count	int	4	Y		单击率

■ tb_special（专辑表），用于保存音乐专辑信息，包括专辑名称、专辑语言、发行公司、发行时间等数据，如表 10-2 所示。

表 10-2　tb_special 表的结构

字段名	数据类型	长度	允许为空	主键否	说明
t_id	int	4	N	是	专辑 ID
t_specialName	varchar	50	Y		专辑名称
t_specialLanguage	varchar	50	Y		专辑语言
t_company	varchar	50	Y		发行公司
t_publicTime	numeric	(0,19)	Y		发行时间

续表

字段名	数据类型	长度	允许为空	主键否	说明
t_specialIntorduction	varchar	255	Y		专辑介绍
t_specialImg	varchar	255	Y		专辑图片
t_count	int	4	Y		专辑单击数
t_collectCount	int	4	Y		专辑收藏数
t_time	varchar	50	Y		发行时间（毫秒数）
t_month	varchar	50	Y		记录月份
t_count_month	varchar	50	Y		月收藏数
singer_id	int	4	Y		歌手号

■ tb_sing（歌曲表），用于保存歌曲信息，包括歌曲名、发行时间、所属专辑号等数据，如表 10-3 所示。

表 10-3　tb_sing 表的结构

字段名	数据类型	长度	允许为空	主键否	说明
t_id	int	4	N	是	歌曲 ID
t_singName	varchar	50	Y		歌曲名
t_count	int	4	Y		歌曲单击数
t_singerOtherName	varchar	100	Y		歌曲别名(存储文件名称)
t_addTime	varchar	50	Y		发行时间
t_count_24hour	int	4	Y		24 小时单击数
t_specialID	int	4	Y		专辑 ID

■ tb_singer（歌手表），用于保存歌手信息，包括歌手名、歌手类型、歌手名的拼音首字母、单击数等数据，如表 10-4 所示。

表 10-4　tb_singer 表的结构

字段名	数据类型	长度	允许为空	主键否	说明
t_id	int	4	N	是	歌手 ID
t_singerName	varchar	50	Y		歌手名
t_singerType	varchar	50	Y		歌手类型
t_firstChar	varchar	10	Y		首字母
t_count	int	4	Y		单击数

■ tb_user（用户表），用于保存用户信息，包括用户名称、密码、邮箱等数据，如表 10-5 所示。

表 10-5　tb_user 表的结构

字段名	数据类型	长度	允许为空	主键否	说明
t_id	int	4	N	是	用户 ID
t_userName	varchar	50	Y		用户名称

续表

字 段 名	数据类型	长　度	允许为空	主 键 否	说　明
t_password	varchar	50	Y		密码
t_secondPassword	varchar	50	Y		二级密码
t_email	varchar	50	Y		邮箱
t_province	varchar	50	Y		省份
t_city	varchar	50	Y		城市
t_commentCount	int	4	Y		评论数

■ tb_comment（评论表），用于保存评论信息，包括评论内容、评论用户、评论时间等数据，如表 10-6 所示。

表 10-6　tb_comment 表的结构

字 段 名	数据类型	长　度	允许为空	主 键 否	说　明
t_id	int	4	N	是	评论 ID
t_message	varchar	255	Y		评论内容
t_user	varchar	50	Y		评论用户
t_time	varchar	50	Y		评论时间
t_specialID	int	4	Y		专辑 ID
peopleIdx	int	4	Y		评论人是否匿名评论标志

■ 表 tb_orderList（排行表），用于保存各种排行歌曲 ID，与歌曲的排行表分离，方便管理，如表 10-7 所示。

表 10-7　tb_orderList 表的结构

字 段 名	数据类型	长　度	允许为空	主 键 否	说　明
t_ordered	int	4	N	是	排行 ID

■ tb_orderBybestNewSong（抢鲜新歌排行表），用于保存新歌排行榜的信息，包括排行 ID、歌曲 ID 等数据，如表 10-8 所示。

表 10-8　tb_orderBybestNewSong 表的结构

字 段 名	数据类型	长　度	允许为空	主 键 否	说　明
t_orderID	int	4	N		排行 ID
t_singID	int	4	Y		歌曲 ID
indexNum	int	4	N	是	索引号码

■ tb_orderBymissOldSong（怀旧老歌排行表），用于保存怀旧歌曲排行榜的信息，包括排行 ID、歌曲 ID 等数据，如表 10-9 所示。

表 10-9　tb_orderBymissOldSong 表的结构

字 段 名	数 据 类 型	长　度	允 许 为 空	主 键 否	说　明
t_orderID	int	4	N		排行 ID
t_singID	int	4	Y		歌曲 ID
indexNum	int	4	N	是	索引号码

■ tb_orderByChinese（华语排行表），用于保存华语歌曲排行榜的信息，包括排行 ID、歌曲 ID 等数据，如表 10-10 所示。

表 10-10　tb_orderByChinese 表的信息

字 段 名	数 据 类 型	长　度	允 许 为 空	主 键 否	说　明
t_orderID	int	4	N		排行 ID
t_singID	int	4	Y		歌曲 ID
indexNum	int	4	N	是	索引号码

■ tb_orderByEurope（欧美排行表），用于保存欧美歌曲排行榜的信息，包括排行 ID、歌曲 ID 等数据，如表 10-11 所示。

表 10-11　tb_orderByEurope 表的结构

字 段 名	数 据 类 型	长　度	允 许 为 空	主 键 否	说　明
t_orderID	int	4	N		排行 ID
t_singID	int	4	Y		歌曲 ID
indexNum	int	4	N	是	索引号码

■ tb_orderByJapen_Korea（日韩排行表），用于保存日韩歌曲排行榜的信息，包括排行 ID、歌曲 ID 等数据，如表 10-12 所示。

表 10-12　tb_orderByJapen_Korea 表的结构

字 段 名	数 据 类 型	长　度	允 许 为 空	主 键 否	说　明
t_orderID	int	4	N		排行 ID
t_singID	int	4	Y		歌曲 ID
indexNum	int	4	N	是	索引号码

■ tb_orderBytwo_4Hours（24 小时排行表），用于保存 24 小时的歌曲排行信息，包括排行 ID、歌曲 ID 等数据，如表 10-13 所示。

表 10-13　tb_orderBytwo_4Hours 表的结构

字 段 名	数 据 类 型	长　度	允 许 为 空	主 键 否	说　明
t_orderID	int	4	N		排行 ID
t_singID	int	4	Y		歌曲 ID
indexNum	int	4	N	是	索引号码

■ tb_specialList（专辑收藏表），用于保存用户保存的专辑信息，包括用户 ID、专辑 ID 等数据，如表 10-14 所示。

表 10-14 tb_specialList 表的结构

字段名	数据类型	长度	允许为空	主键否	说明
t_userID	int	4	N		用户 ID
t_specialID	int	4	Y		专辑 ID
indexNum	int	4	N	是	索引号码

■ tb_admin（管理员表），用于保存管理员登录的信息，包括的管理员登录的账号和密码数据，如表 10-15 所示。

表 10-15 tb_admin 表的结构

字段名	数据类型	长度	允许为空	主键否	说明
t_id	int	4	N	是	ID
t_adminName	nvarchar	50	N		管理员账号
t_password	nvarchar	50	N		管理员密码

10.3 配置 Hibernate

持久化类、映射文件和数据表之间一一对应，通过映射文件指定数据库表和映射类之间的关系，包括映射类和数据库表的对应关系、表字段和类属性类型的对应关系，以及表字段和类属性名称的对应关系等。下面以项目中的几个数据表对应的持久化类、映射文件为例，阐述项目的 Hibernate 映射。

10.3.1 持久化类

新建包 org.szpt.vo，表 tb_singer 对应的 JavaBean 为 Singer.java。

```
package org.szpt.vo;
import java.util.Set;

public class Singer {//歌手的 JavaBean
   private int id;
   private String singerName;
   private String singerType;
   private String firstChar;
   private int count;
   private Set specialSet;//专辑集合
/*省略 setter 和 getter 方法*/
}
```

表 tb_special 对应的 JavaBean 为 Special.java。

```
package org.szpt.vo;
import java.util.List;
import java.util.Set;
public class Special {
   private int id;
```

```
    private String specialName;
    private String specialLanguage;
    private String company;
    private long publicTime;
    private String time;
    private String specialIntorduction;
    private String specialImg;
    private int count;
    private int collectCount;
    private String month;
    private String count_month;
    private List comment;
    private Singer singer;
    private Set sing;
    /*省略setter和getter方法*/
}
```

表 tb_sing 对应的 JavaBean 文件为 Sing.java。

```
package org.szpt.vo;

public class Sing {
    private int id;
    private String singName;
    private String singerOtherName;
    private String addTime;
    private int count;
    private Special special;
    private int count_24hour;
    /*省略setter和getter方法*/
}
```

表 tb_user 对应的 JavaBean 为 User.java。

```
package org.szpt.vo;
import java.util.List;

public class User {
    private int id;
    private String userName;
    private String password;
    private String secondPassword;
    private String email;
    private String province;
    private String city;
    private List specialList;//收藏的专辑列表
    private Integer commentCount;
    /*省略setter和getter方法*/
}
```

表 tb_comment 对应的 JavaBean 文件为 Comment.java。

```
package org.szpt.vo;

public class Comment {
    private int id;
```

```
    private String message;
    private String user;
    private String time;
    private Special special;
    private String isMember;
    /*省略 setter 和 getter 方法*/
}
```

排行表 tb_orderList 对应的 JavaBean 为 OrderList.java

```
package org.szpt.vo;
import java.util.List;

public class OrderList {
    private int id;
    private List siteRecomment;
    private List bestNewSong;
    private List missOldSong;
    private List two_4Hours;
    private List orderByChinese;
    private List orderByJapen_Korea;
    private List orderByEurope;
    /*省略 setter 和 getter 方法*/
}
```

管理员表 tb_admin 对应的 JavaBean 为 Admin.java。

```
package org.szpt.vo;

public class Admin {
    private int id;
    private String adminName;
    private String apassword;
    /*省略 setter 和 getter 方法*/
}
```

10.3.2 Hibernate 配置文件配置

Singer.java 对应的配置文件为 Singer.hbm.xml。

```
<?xml version="1.0"?>
<!DOCTYPE hibernate-mapping PUBLIC
    "-//Hibernate/Hibernate Mapping DTD 3.0//EN"
    "http://hibernate.sourceforge.net/hibernate-mapping-3.0.dtd">

    <hibernate-mapping package="org.szpt.vo">
        <class name="Singer" table="tb_singer">
            <id name="id" column="t_id">
                <generator class="native"></generator>
            </id>
            <property name="singerName" column="t_singerName"></property>
            <property name="singerType" column="t_singerType"></property>
            <property name="firstChar" column="t_firstChar"></property>
            <property name="count" column="t_count"></property>
            <set name="specialSet" inverse="true" cascade="save-update">
                <key column="singer_id"></key>
```

```
            <one-to-many class="Special" />
        </set>
    </class>
</hibernate-mapping>
```

Special.java 对应的配置文件为 Special.hbm.xml。

```
<?xml version="1.0"?>
<!DOCTYPE hibernate-mapping PUBLIC
   "-//Hibernate/Hibernate Mapping DTD 3.0//EN"
   "http://hibernate.sourceforge.net/hibernate-mapping-3.0.dtd">
<hibernate-mapping package="org.szpt.vo">
   <class name="Special" table="tb_special">
       <id name="id" column="t_id">
       <generator class="native"></generator>
       </id>
       <property name="specialName" column="t_specialName"></property>
      <property name="specialLanguage" column="t_specialLanguage"></property>
       <property name="company" column="t_company"></property>
       <property name="publicTime" column="t_publicTime"></property>
       <property name="specialIntorduction" column="t_specialIntorduction">
       </property>
       <property name="specialImg" column="t_specialImg"></property>
       <property name="count" column="t_count"></property>
       <property name="collectCount" column="t_collectCount"></property>
       <property name="time" column="t_time"></property>
       <property name="month" column="t_month"></property>
       <property name="count_month" column="t_count_month"></property>
       <many-to-one name="singer" column="singer_id" ></many-to-one>
       <list name="comment" cascade="save-update" >
          <key column="t_specialID" not-null="true"></key>
       <list-index column="peopleIdx"/>
          <one-to-many class="Comment"/>
       </list>
       <set name="sing" cascade="save-update" inverse="true">
          <key column="t_specialID"></key>
          <one-to-many class="Sing"/>
       </set>
   </class>
</hibernate-mapping
```

Sing.java 对应的配置文件为 Sing.hbm.xml。

```
<?xml version="1.0"?>
<!DOCTYPE hibernate-mapping PUBLIC
   "-//Hibernate/Hibernate Mapping DTD 3.0//EN"
   "http://hibernate.sourceforge.net/hibernate-mapping-3.0.dtd">

<hibernate-mapping package="org.szpt.vo">
    <class name="Sing" table="tb_sing">
        <id name="id" column="t_id">
            <generator class="native"></generator>
        </id>
        <property name="singName" column="t_singName"></property>
        <property name="count" column="t_count"></property>
        <property name="singerOtherName" column="t_singerOtherName">
        </property>
```

```
        <property name="addTime" column="t_addTime"></property>
        <property name="count_24hour" column="t_count_24hour"> </property>
         <many-to-one name="special" class="Special" column="t_specialID"
         cascade="save-update" ></many-to-one>
    </class>
</hibernate-mapping>
```

User.java 对应的配置文件为 User.hbm.xml。

```
<?xml version="1.0"?>
<!DOCTYPE hibernate-mapping PUBLIC
    "-//Hibernate/Hibernate Mapping DTD 3.0//EN"
    "http://hibernate.sourceforge.net/hibernate-mapping-3.0.dtd">
<hibernate-mapping package="org.szpt.vo">
    <class name="User" table="tb_user">
        <id name="id" column="t_id">
            <generator class="native"></generator>
        </id>
        <property name="userName" column="t_userName"></property>
        <property name="password" column="t_password"></property>
        <property name="secondPassword" column="t_secondPassword">
        </property>
        <property name="email" column="t_email"></property>
        <property name="province" column="t_province"></property>
        <property name="city" column="t_city"></property>
        <property name="commentCount" column="t_commentCount"></property>
        <list name="specialList" table="tb_specialList">
            <key column="t_userID"></key>
            <index column="indexNum"></index>
            <element type="int" column="t_specialID"></element>
        </list>
    </class>
</hibernate-mapping>
```

Comment.java 对应的配置文件为 Comment.hbm.xml。

```
<?xml version="1.0"?>
<!DOCTYPE hibernate-mapping PUBLIC
    "-//Hibernate/Hibernate Mapping DTD 3.0//EN"
    "http://hibernate.sourceforge.net/hibernate-mapping-3.0.dtd">
<hibernate-mapping package="org.szpt.vo">
    <class name="Comment" table="tb_comment">
        <id name="id" column="t_id">
            <generator class="native"></generator>
        </id>
        <property name="message" column="t_message"></property>
        <property name="user" column="t_user"></property>
        <property name="time" column="t_time"></property>
         <many-to-one name="special" column="t_specialID" insert="false"
         update="false" >
        </many-to-one>
    </class>
</hibernate-mapping>
```

OrderList.java 对应的配置文件为 OrderList.hbm.xml。

```
<?xml version="1.0"?>
<!DOCTYPE hibernate-mapping PUBLIC
```

```
    "-//Hibernate/Hibernate Mapping DTD 3.0//EN"
    "http://hibernate.sourceforge.net/hibernate-mapping-3.0.dtd">
<hibernate-mapping package="org.szpt.vo">
   <class name="OrderList" table="tb_orderList">
       <id name="id" column="t_orderID">
           <generator class="native"></generator>
       </id>
       <list name="siteRecomment" table="tb_orderBysiteRecom">
           <key column="t_orderID"></key>
           <index column="indexNum"></index>
           <element type="int" column="t_singID"></element>
       </list>
       <list name="bestNewSong" table="tb_orderBybestNewSong">
           <key column="t_orderID"></key>
           <index column="indexNum"></index>
           <element type="int" column="t_singID"></element>
       </list>
       <list name="missOldSong" table="tb_orderBymissOldSong">
           <key column="t_orderID"></key>
           <index column="indexNum"></index>
           <element type="int" column="t_singID"></element>
       </list>
       <list name="two_4Hours" table="tb_orderBytwo_4Hours">
           <key column="t_orderID"></key>
           <index column="indexNum"></index>
           <element type="int" column="t_singID"></element>
       </list>
       <list name="orderByChinese" table="tb_orderByChinese">
           <key column="t_orderID"></key>
           <index column="indexNum"></index>
           <element type="int" column="t_singID"></element>
       </list>
       <list name="orderByJapen_Korea" table="tb_orderByJapen_Korea">
           <key column="t_orderID"></key>
           <index column="indexNum"></index>
           <element type="int" column="t_singID"></element>
       </list>
       <list name="orderByEurope" table="tb_orderByEurope">
           <key column="t_orderID"></key>
           <index column="indexNum"></index>
           <element type="int" column="t_singID"></element>
       </list>
   </class>
</hibernate-mapping>
```

Admin.java 对应的配置文件为 Admin.hbm.xml。

```
......
<hibernate-mapping package="org.szpt.vo">
       <class name="Admin" table="tb_admin">
           <id name="id" column="t_id">
               <generator class="native"></generator>
           </id>
           <property name="adminName"
column="t_adminName"></property>
           <property name="apassword"
column="t_password"></property>

       </class>
```

```
    </hibernate-mapping>
......
```

最后，在 hibernate.cfg.xml 中配置文件，该文件对数据库连接 URL、用户名和密码、JDBC 驱动类、数据库方言等进行配置，并指定对象—关系映射文件，代码如下：

```
<!DOCTYPE hibernate-configuration PUBLIC
    "-//Hibernate/Hibernate Configuration DTD 3.0//EN"
    "http://hibernate.sourceforge.net/hibernate-configuration-3.0.dtd">
<hibernate-configuration>
  <session-factory>
     <property name="hibernate.dialect">
        org.hibernate.dialect.SQLServerDialect
     </property>
     <property name="hibernate.connection.driver_class">
        com.microsoft.sqlserver.jdbc.SQLServerDriver
     </property>
     <property name="hibernate.connection.url">

    jdbc:sqlserver://localhost:1433;databasename=db_huaiting;SelectMethod
    =Cursor
     </property>
     <property name="hibernate.connection.username">sa</property>
     <property name="hibernate.connection.password">123456</property>
     <property name="hibernate.c3p0.min_size">5</property>
     <property name="hibernate.c3p0.max_size">20</property>
     <property name="hibernate.c3p0.timeout">1800</property>
     <property name="hibernate.c3p0.max_statements">50</property>
     <property name="hibernate.c3p0.acquire_increment">2</property>
     <property name="hibernate.c3p0.idle_test_period">120</property>
     <property name="hibernate.show_sql">true</property>
     <mapping resource="org/szpt/vo/Singer.hbm.xml" />
     <mapping resource="org/szpt/vo/Special.hbm.xml" />
     <mapping resource="org/szpt/vo/Comment.hbm.xml" />
     <mapping resource="org/szpt/vo/Sing.hbm.xml" />
     <mapping resource="org/szpt/vo/User.hbm.xml" />
     <mapping resource="org/szpt/vo/OrderList.hbm.xml" />
     <mapping resource="org/szpt/vo/Admin.hbm.xml" />
  </session-factory>
</hibernate-configuration>
```

10.4 Spring 整合 Hibernate

首先新建一个 Spring 配置文件 application-common.xml。

```
<?xml version="1.0" encoding="UTF-8"?>
<beans xmlns="http://www.springframework.org/schema/beans"
     xmlns:xsi="http://www.w3.org/2001/XMLSchema-instance"
     xmlns:aop="http://www.springframework.org/schema/aop"
     xmlns:tx="http://www.springframework.org/schema/tx"
     xsi:schemaLocation="http://www.springframework.org/schema/beans
http://www.springframework.org/schema/beans/spring-beans-2.0.xsd
      http://www.springframework.org/schema/aop
http://www.springframework.org/schema/aop/spring-aop-2.0.xsd
```

```
        http://www.springframework.org/schema/tx
    http://www.springframework.org/schema/tx/spring-tx-2.0.xsd">
        <bean id="sessionFactory"
            class="org.springframework.orm.hibernate3.LocalSessionFactoryBean">
            <property name="configLocation">
                <value>classpath:hibernate.cfg.xml</value>
            </property>
        </bean>
        <bean id ="transactionManager"

    class="org.springframework.orm.hibernate3.HibernateTransactionManager">
            <property name="sessionFactory" ref="sessionFactory"></property>
        </bean>
        <tx:advice id="advice" transaction-manager="transactionManager">
            <tx:attributes>
                <tx:method name="add*" propagation="REQUIRED"/>
                <tx:method name="delete*" propagation="REQUIRED"/>
                <tx:method name="update*" propagation="REQUIRED"/>
                <tx:method name="query*" propagation="REQUIRED"/>
                <tx:method name="update*" propagation="REQUIRED"/>
            </tx:attributes>
        </tx:advice>
        <aop:config>
            <aop:pointcut id="pointcut" expression="execution(* org.szpt.database.
imp.*.*(..))"/>
            <aop:advisor pointcut-ref="pointcut" advice-ref="advice"/>
        </aop:config>
    </beans>
```

技术细节

如果一个方法中既用了 HibernateTemplate，又用了 JdbcTemplate，应该怎样配单实例的 db 事务呢，用 DataSouceTransactionManager 是不行的，而用 HibernateTransactionManager 就可以保证。

再新建一个 Spring 配置文件 application.xml。

```
    <?xml version="1.0" encoding="UTF-8"?>
    <beans xmlns="http://www.springframework.org/schema/beans"
        xmlns:xsi="http://www.w3.org/2001/XMLSchema-instance"
        xmlns:aop="http://www.springframework.org/schema/aop"
        xmlns:tx="http://www.springframework.org/schema/tx"
        xsi:schemaLocation="http://www.springframework.org/schema/beans
    http://www.springframework.org/schema/beans/spring-beans-2.0.xsd
        http://www.springframework.org/schema/aop
    http://www.springframework.org/schema/aop/spring-aop-2.0.xsd
        http://www.springframework.org/schema/tx
    http://www.springframework.org/schema/tx/spring-tx-2.0.xsd">
        <bean id="OperationDataTools" class="org.szpt.database.imp. Operation
        DataTools">
            <property name="sessionFactory" ref="sessionFactory"/>
        </bean>
    </beans>
```

这个 OperationDataTools 是 Hibernate 操作类，后面会进行讲解。

链接

Spring 整合 Hibernate 还需要进行 web.xml 文件的配置，配置的代码见 10.5.1。

10.5 配置文件

10.5.1 web.xml

web.xml 配置文件加入 Struts 拦截器，每个 url 都会先经过 Struts 处理。通过配置并启动 Spring 的 Web 容器，指定哪些配置文件需要被加载。

```
<?xml version="1.0" encoding="UTF-8"?>
<web-app version="2.5"
   xmlns="http://java.sun.com/xml/ns/javaee"
   xmlns:xsi="http://www.w3.org/2001/XMLSchema-instance"
   xsi:schemaLocation="http://java.sun.com/xml/ns/javaee
   http://java.sun.com/xml/ns/javaee/web-app_2_5.xsd">
  <welcome-file-list>
   <welcome-file>/view/index.jsp</welcome-file>
  </welcome-file-list>
  <!-- 配置 servlet -->
  <!-- 注册 -->
  <servlet>
   <servlet-name>regiest</servlet-name>
   <servlet-class>org.szpt.servlet.RegisterServlet</servlet-class>
  </servlet>
  <servlet-mapping>
   <servlet-name>regiest</servlet-name>
   <url-pattern>/view/regiest</url-pattern>
  </servlet-mapping>
  <!-- 登录 -->
  <servlet>
   <servlet-name>loginAndLogout</servlet-name>
   <servlet-class>org.szpt.servlet.LoginAndLogoutServlet</servlet-class>
  </servlet>
  <servlet-mapping>
   <servlet-name>loginAndLogout</servlet-name>
   <url-pattern>/view/loginAndLogout</url-pattern>
  </servlet-mapping>
  <!-- 会员功能 -->
  <servlet>
   <servlet-name>menberServer</servlet-name>
   <servlet-class>org.szpt.servlet.MenberServerServlet</servlet-class>
  </servlet>
   <servlet-mapping>
   <servlet-name>menberServer</servlet-name>
   <url-pattern>/view/menberServer</url-pattern>
  </servlet-mapping>
  <!-- 管理员功能 -->
  <servlet>
   <servlet-name>adminServer</servlet-name>
   <servlet-class>org.szpt.servlet.AdminServerServlet</servlet-class>
  </servlet>
```

```
<servlet-mapping>
  <servlet-name>adminServer</servlet-name>
  <url-pattern>/view/adminServer</url-pattern>
</servlet-mapping>

<!-- 配置 contextLoadListener 监听器 -->
<context-param>
  <param-name>contextConfigLocation</param-name>

<param-value>classpath:application-common.xml,classpath:application.xml</
param-value>
</context-param>

<listener>

<listener-class>org.springframework.web.context.ContextLoaderListener</li
stener-class>
</listener>
<!-- 配置字符过滤器  -->
<filter>
  <filter-name>charset</filter-name>

<filter-class>org.springframework.web.filter.CharacterEncodingFilter</fil
ter-class>
  <init-param>
      <param-name>encoding</param-name>
      <param-value>UTF-8</param-value>
  </init-param>
  <init-param>
      <param-name>forceEncoding </param-name>
      <param-value>true </param-value>
  </init-param>
</filter>
<filter-mapping>
  <filter-name>charset</filter-name>
  <url-pattern>/*</url-pattern>
</filter-mapping>

<!-- 配置 openSessionInView -->
<filter>
  <filter-name>openSessionInView</filter-name>

<filter-class>org.springframework.orm.hibernate3.support.OpenSessionInVie
wFilter</filter-class>
</filter>
<filter-mapping>
  <filter-name>openSessionInView</filter-name>
  <url-pattern>/*</url-pattern>
</filter-mapping>

<!-- 配置拦截器 -->
<filter>
  <filter-name>huaiting</filter-name>

<filter-class>org.apache.struts2.dispatcher.FilterDispatcher</filter-class>
</filter>
<filter-mapping>
  <filter-name>huaiting</filter-name>
```

```
    <url-pattern>/*</url-pattern>
  </filter-mapping>

</web-app>
```

10.5.2 Struts 配置文件加入 Action 的 Bean 定义

```
<?xml version="1.0" encoding="UTF-8" ?>
<!DOCTYPE struts PUBLIC
    "-//Apache Software Foundation//DTD Struts Configuration 2.0//EN"
    "http://struts.apache.org/dtds/struts-2.0.dtd">
<struts>
    <!--上传文件大小限制-->
   <constant name="struts.multipart.maxSize" value="10000000000"/>
   <constant name="struts.multipart.saveDir" value="tempDir"/>
    <package name="public" namespace="/view" extends="struts-default">
       <global-results>
           <result name="error" >/view/error.jsp</result>
        </global-results>
        <global-exception-mappings>
            <exception-mapping result="error" exception="java.lang.
           Exception">
            </exception-mapping>
        </global-exception-mappings>
      <action name="addSpecial" class="org.szpt.action.SingerAction" method="
      addSpecial">
         <interceptor-ref name="fileUpload">
                <param name="allowedTypes">audio/mpeg,image/jpeg,image/pjpeg
                </param>
            </interceptor-ref>
            <interceptor-ref name="defaultStack"/>
             <!--设置上传文件目录-->
        <param name="savePath">singKit</param>
        <result name="success" >/view/success.jsp</result>
        <result name="input">/view/error.jsp</result>
        </action>
        <action name="queryInformation" class="org.szpt.action.SingerAction" method="queryInformation">
        <result name="success" >/view/showSpecial.jsp</result>
        </action>
       <action name="showSpecial" class="org.szpt.action.ShowSpecial Action" >
        <result name="success" >/view/detailSpecial.jsp</result>
        </action>
      <action name="updateSpecial" class="org.szpt.action.UpdateSpecial Action">
        <result name="success" type="redirect">/view/success.jsp</result>
        </action>
        <action name="uplodaSing" class="org.szpt.action.UpdateSpecialAction"
        method="uplodaSing">
            <interceptor-ref name="fileUpload">
                <param name="allowedTypes">audio/mpeg,image/jpeg,image/pjpeg
                </param>
            </interceptor-ref>
            <interceptor-ref name="defaultStack"/>
            <param name="savePath">singKit</param>
        <result name="success" type="redirect">/view/success.jsp</result>
        </action>
        <action name="showKindSinger" class="org.szpt.action.Show
```

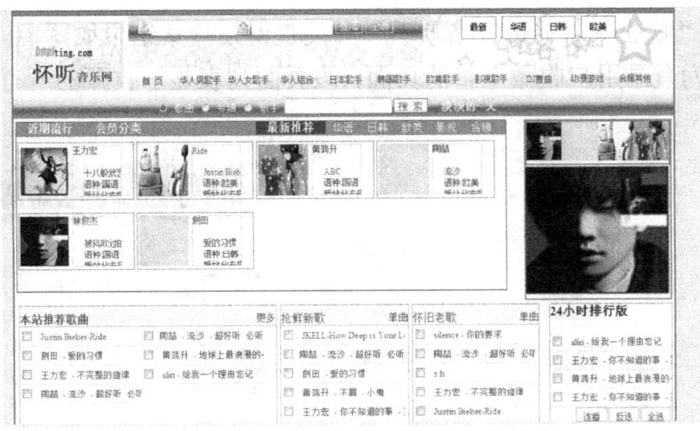

图 10-4　怀听音乐网首页

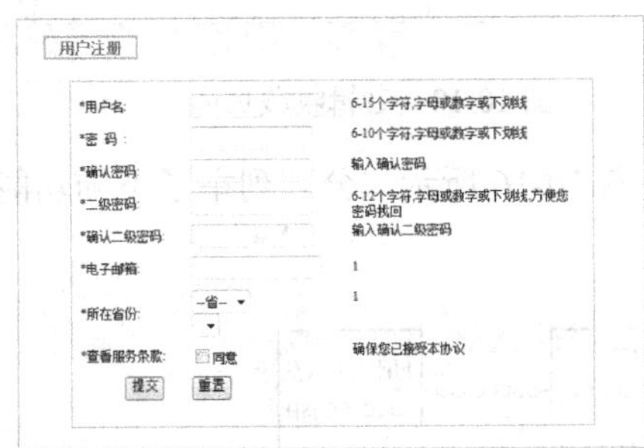

图 10-5　新用户注册页面

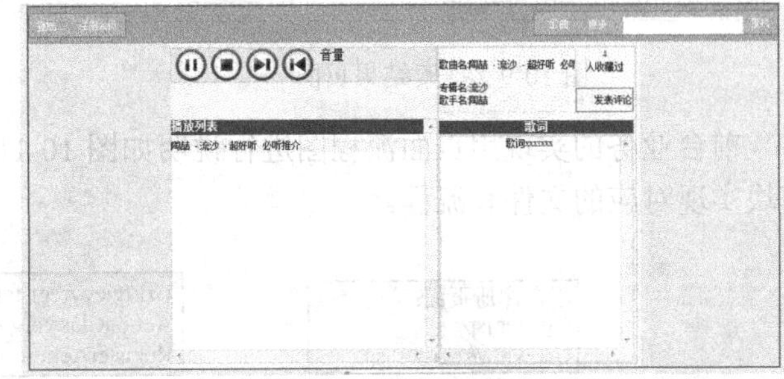

图 10-6　歌曲播放页面

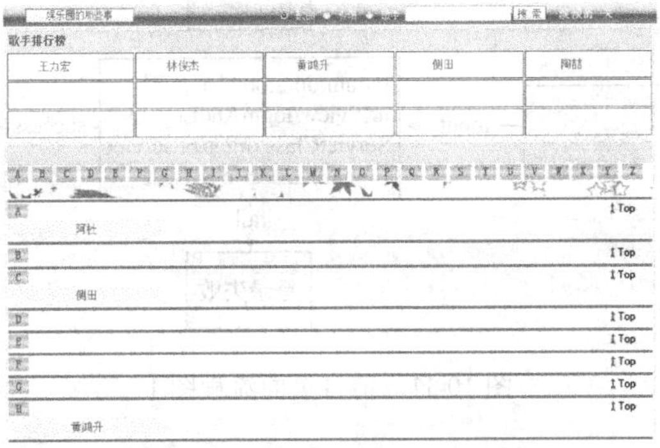

图 10-7　歌手分类列表页面

通过单击歌手可进入对应歌手专辑列表页面，如图 10-8 所示，按照该歌手发行的专辑进行排列显示。

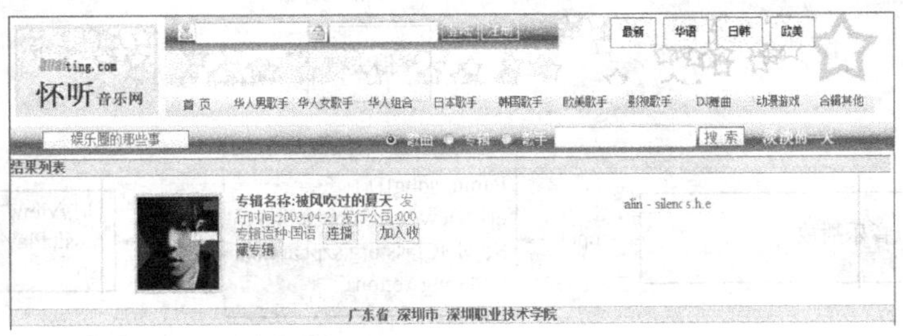

图 10-8　歌手专辑列表页面

网站可以根据“歌曲”、“专辑”、“歌手”分类查询，搜索结果如图 10-9 所示。

图 10-10 所示为登录用户收藏专辑的页面，该页面列表显示收藏的所有页面，可以进行删除和连播的操作。

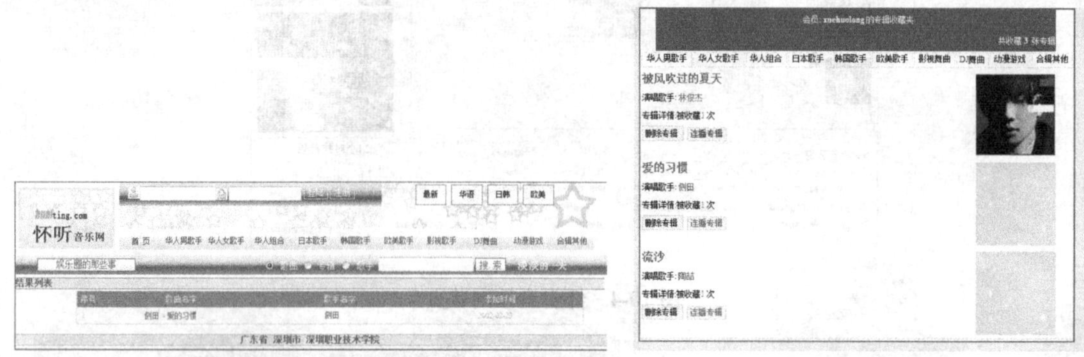

图 10-9 搜索结果页面

图 10-10 专辑收藏页面

前台业务的实现用页面流程图进行说明如图 10-11～图 10-16 所示，分别列举了不同功能模块实现对应的文件和流程。

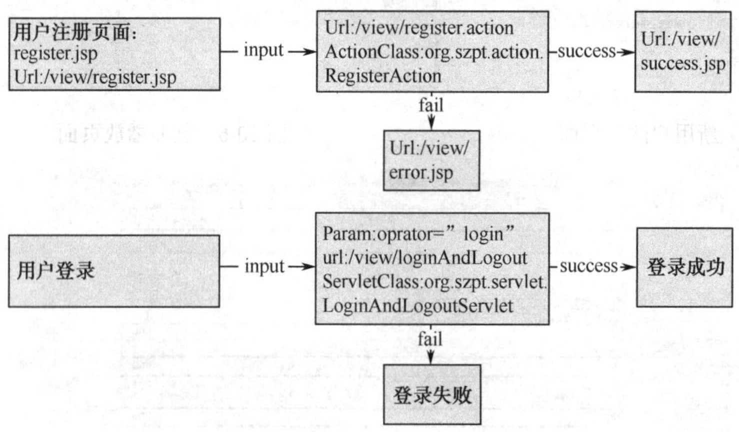

图 10-11 前台页面流程图 1

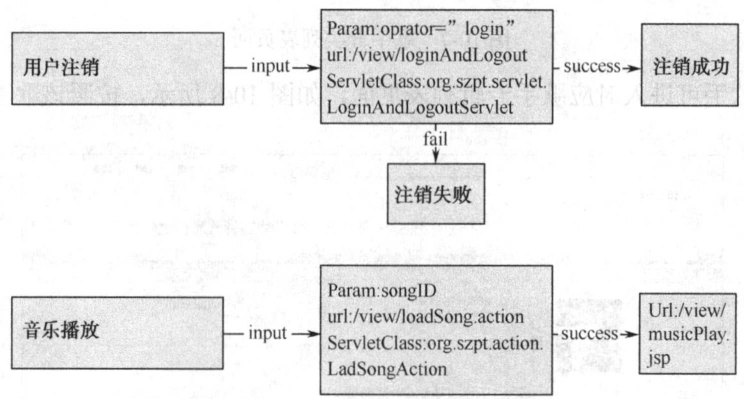

图 10-12 前台页面流程图 2

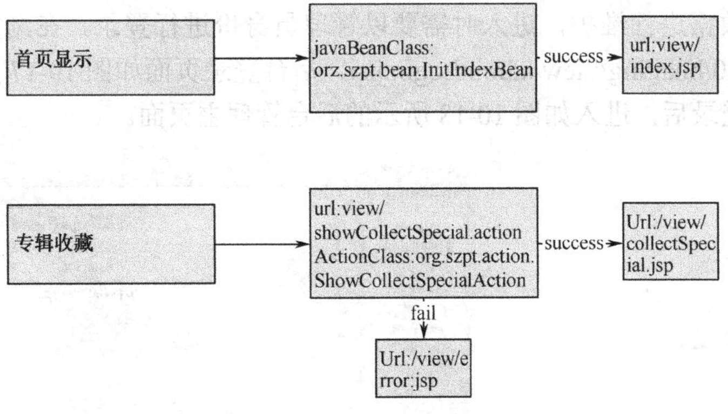

图 10-13　前台页面流程图 3

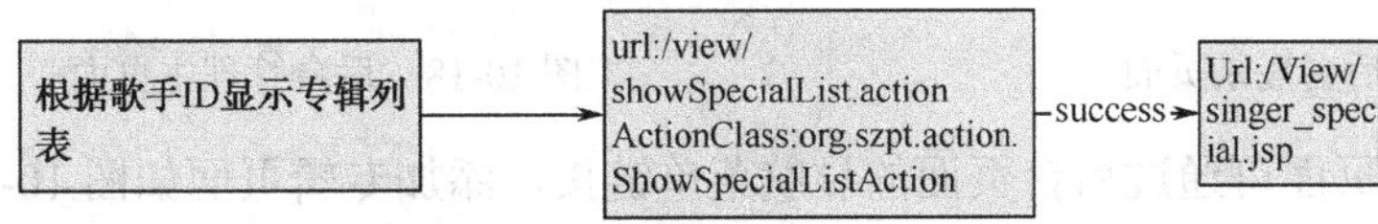

图 10-14　前台页面流程图 4

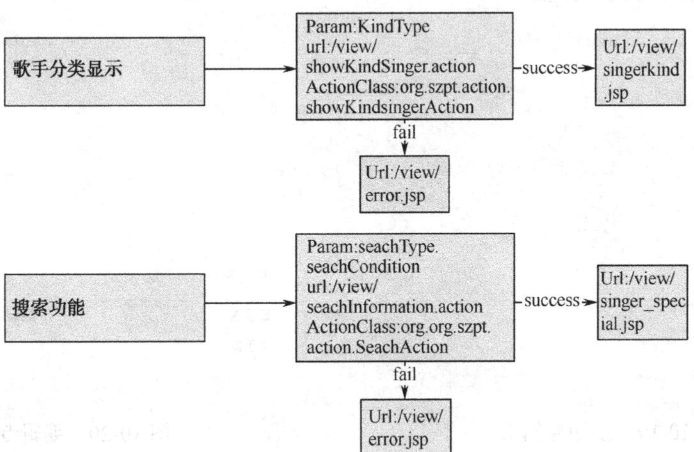

图 10-15　前台页面流程图 5

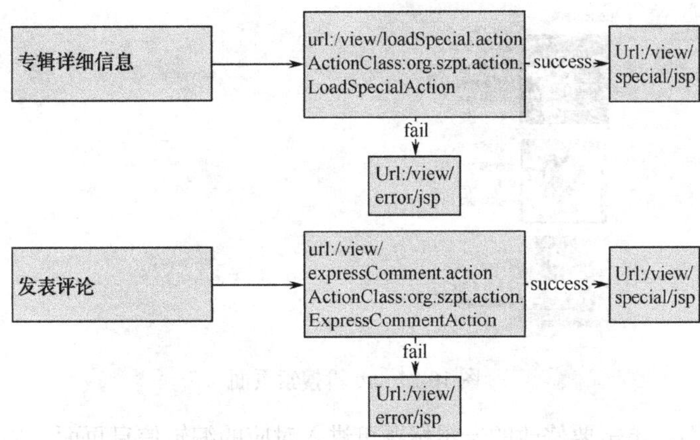

图 10-16　前台页面流程图 6

网站后台对数据进行维护，进入时需要以管理员身份进行登录，在浏览器中输入地址：http://localhost:8080/huaiting/view/adminLogin.jsp，后台登录页面如图 10-17 所示。

管理员成功登录后，进入如图 10-18 所示的后台管理主页面。

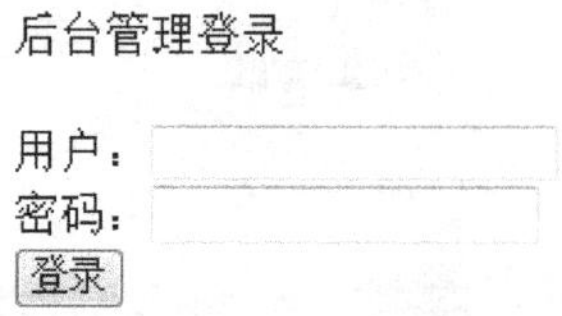

后台管理登录
用户：
密码：
登录

图 10-17　后台登录页面

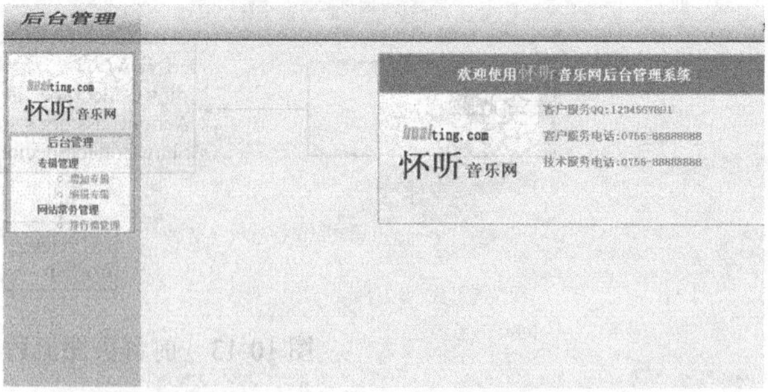

后台管理
怀听音乐网
后台管理
专辑管理
网站業务管理
欢迎使用怀听音乐网后台管理系统
怀听音乐网

图 10-18　后台管理主页面

专辑的管理页面可通过后台页面的导航菜单链接，添加专辑页面如图 10-19 所示，

编辑专辑页面的首页如图 10-20 所示，该页面需要进行复合查询，管理员需要填写至少一项搜索关键字或选取歌手类型。

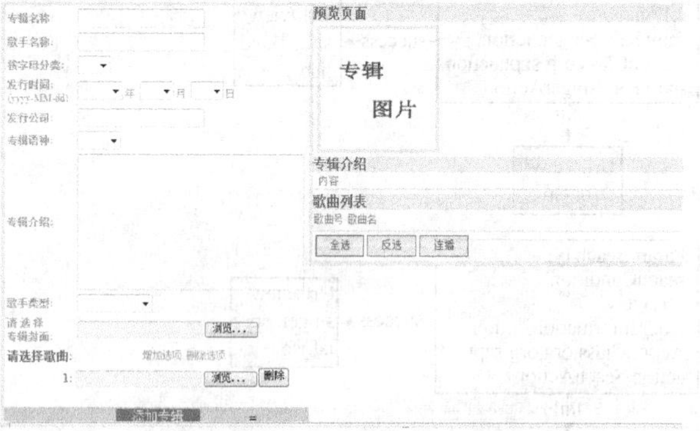

预览页面
专辑
图片
专辑介绍
歌曲列表
全选
反选
请选择歌曲:
浏览...
删除

图 10-19　添加专辑页面

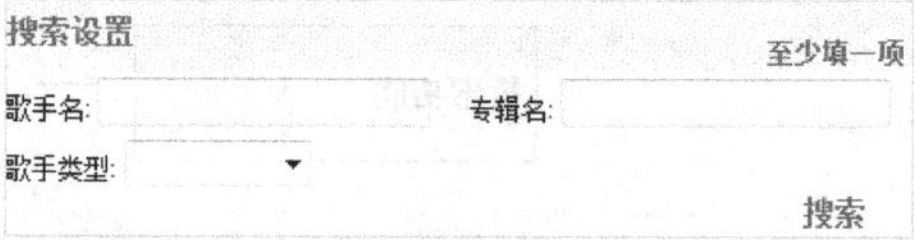

搜索设置
至少填一项
歌手名:
专辑名:
歌手类型:
搜索

图 10-20　编辑专辑页面

单击“搜索”进入如图 10-21 所示的搜索结果页面。

专辑搜索结果
被风吹过的夏天
十八般武艺
ABC

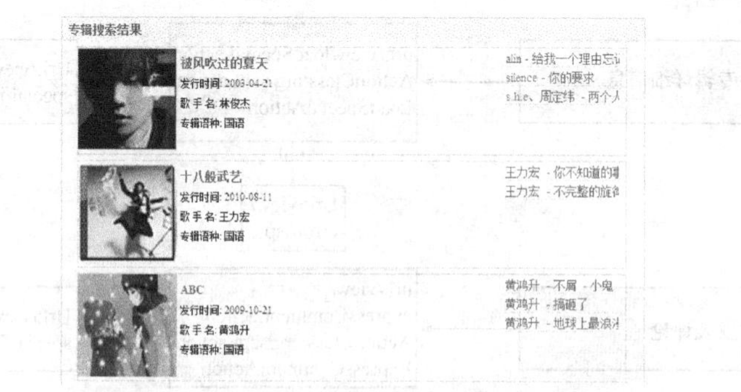

图 10-21　专辑搜索页面

在搜索结果页面，单击要修改的专辑标题可进入对应的编辑信息页面，如图 10-22 所示。

在专辑编辑页面中，对有关信息的修改操作，可直接单击要修改的信息，如专辑介绍文

字，弹出修改框，在修改的文本框视图中输入新的内容即可。完成修改后，单击“更改专辑信息”即可完成专辑编辑，如图 10-23 所示。

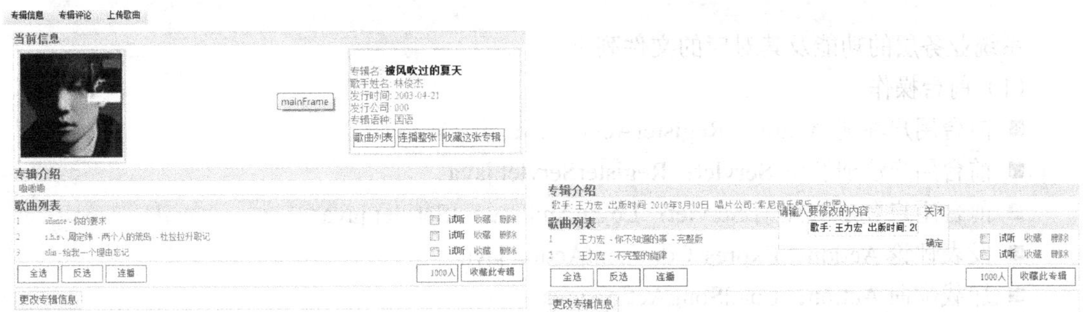

图 10-22　编辑信息页面　　　　图 10-23　编辑信息修改

选择“网站常务管理”的二级菜单“排行榜管理”，页面效果如图 10-24 所示，单击“未有记录”链接，根据提示，可对排行榜进行管理。

抢鲜新歌排行榜　怀旧老歌排行榜　24小时排行榜　华语排行榜　日韩排行榜　欧美排行榜　专辑收藏排行榜　月收藏排行榜　会员排行榜

本站推荐歌曲	自动生成
Justin Bieber-Ride	陶喆 - 流沙 - 超好听 必听...
刘田 - 爱的习惯	黄鸿升 - 地球上最浪漫的一...
王力宏 - 不完整的旋律	alin - 给我一个理由忘记
陶喆 - 流沙 - 超好听 必听...	未有记录
未有记录	未有记录
未有记录	未有记录
未有记录	未有记录
未有记录	未有记录
未有记录	未有记录
未有记录	未有记录
未有记录	未有记录
未有记录	未有记录
未有记录	未有记录

图 10-24　排行榜页面

后台业务的实现用页面流程图进行说明如图 10-25 所示，列举了功能模块实现对应的文件和流程。

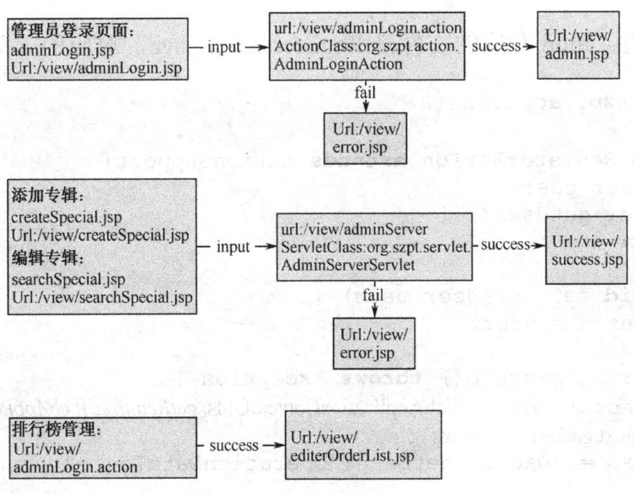

图 10-25　后台页面流程

10.6.2 设计业务层功能

系统业务层的功能及其对应的文件列举如下。

（1）前台操作

- 前台用户注册 Action：RegisterAction.java
- 前台用户注册验证 Servlet：RegisterServlet.java
- 前台用户登录与注销 Servlet：LoginAndLogoutServlet.java
- 发表评论 Action：ExpressCommentAction.java
- 加载歌曲 Action：LoadSongAction.java
- 加载专辑的信息 Action：LoadSpecialAction.java
- 前台搜索功能 Action：SeachAction.java
- 会员功能，查看会员收藏的专辑 Action：ShowCollectSpecialAction.java
- 歌手类型 Action：ShowKindSingerAction.java
- 按最新、华人、日韩、欧美、显示最新的前 200 歌曲 Action：ShowKindSpecial_200Action.java
- 显示专辑详细信息 Action：ShowSpecialAction.java
- 根据歌手 ID 显示其所有专辑 Action：ShowSpecialListAction.java

（2）管理员后台

- 管理员登录 Action：AdminLoginAction.java
- 后台创建专辑 Action：SingerAction.java
- 后台修改专辑 Action：UpdateSpecialAction.java
- 管理员编辑各种排行版页面，显示各种排行版 Action：LoadOrderListAction.java
- 管理员操作 Servlet：AdminServerServlet.java

10.6.3 开发业务层和 DAO 层代码

1. 前台实现

前台用户注册的 Action 对应的文件是 RegisterAction.java，对应的关键代码如下。

```
package org.szpt.action;
……
public class RegisterAction extends ActionSupport{
   private User user;
   public User getUser() {
       return user;
   }
   public void setUser(User user) {
       this.user = user;
   }
   public String execute() throws Exception {
       BeanFactory bf = WebApplicationContextUtils.getRequiredWebApplicationContext
(ServletActionContext.getServletContext());
       Dao dao = (Dao)bf.getBean("OperationDataTools");
       try{
           //利用 dao 层的 addUser 方法，直接添加注册用户
           dao.addUser(user);
```

```
        }catch(Exception e){
            this.addActionError("注册用户失败");
            e.printStackTrace();
        }
        return super.execute();
    }
}
```

前台用户注册验证的 Servlet 文件是 RegisterServlet.java，对应的关键代码如下。

```
package org.szpt.servlet;
……

public class RegisterServlet extends HttpServlet{
……
   protected void doPost(HttpServletRequest req, HttpServletResponse resp)
   throws
     ServletException, IOException {
        resp.setContentType("test/html;charset=utf-8");
        PrintWriter pw = resp.getWriter();
        String backTarget = null;
        String message = null;
        String color = null;
        String backState ="";
        StringBuilder sb = new StringBuilder();
        String information = req.getParameter("param");
        StringTokenizer st = new StringTokenizer(information,":");
        String validationKind = st.nextToken();
        String content=st.nextToken();
        if(validationKind.equals("userName")){
             BeanFactory bf = WebApplicationContextUtils.
             getRequiredWebApplicationContext(ServletActionContext.
             getServletContext());
             Dao dao = (Dao)bf.getBean("OperationDataTools");
             List list = dao.queryUser(content);
             if(list==null){
                 boolean decide = content.matches("[0-9a-zA-Z!_*]{6,15}");
                 if(decide==false){
                     message = "请输入合法用户名,字母或数字或!_*";
                     color = "red";
                     backState = "false";
                 }else{
                      message = "可以使用此用户名";
                      color = "#22d733";
                      backState = "true";
                     }
                 }else{
                      message = "此用户名以存在,请换一个";
                      color = "red";
                      backState = "false";
                 }
                 backTarget = "userNameBack";
             }else if(validationKind.equals("password")){
                 savePassword = content;
                 boolean decide = content.matches("[0-9a-zA-Z!_*]{6,10}");
                 if(decide==false){
                     message = "请输入合法密码,字母或数字或!_*";
                     color = "red";
```

```
                backState = "false";
            }else{
                message = "可以使用此密码";
                color = "#22d733";
                backState = "true";
            }
            backTarget = "passwordBack";
        }else if(validationKind.equals("surePassword")){
            if(savePassword!=null){
                boolean decide = content.equals(savePassword);
                System.out.println("password:"+savePassword);
                if(decide==false){
                    message = "两次输入密码不一致";
                    color = "red";
                    backState = "false";
                }else{
                    message = "请牢记次密码";
                    color = "#22d733";
                    backState = "true";
                }
            }else{
                message = "请先输入密码然后再输入确认密码";
                color = "red";
            }
            backTarget = "surePasswordBack";
        }else if(validationKind.equals("secondPassword")){
            saveSecondPassword = content;
            boolean decide = content.matches("[0-9a-zA-Z!_*]{6,12}");
            if(decide==false){
                message = "请输入合法的二级密码,字母或数字或!_*";
                color = "red";
                backState = "false";
            }else{
                message = "可以使用此二级密码";
                color = "#22d733";
                backState = "true";
            }
            backTarget = "secondPasswordBack";
        }else if(validationKind.equals("sureSecondPassword")){
            boolean decide = content.equals(saveSecondPassword);
            if(saveSecondPassword!=null){
                if(decide==false){
                    message = "两次输入密码不一致";
                    color = "red";
                    backState = "false";
                }else{
                    message = "请牢记次二级密码";
                    color = "#22d733";
                    backState = "true";
                }
            }else{
                message = "请先输入二级密码然后再输入确认二级密码";
                color = "red";
                backState = "false";
            }
            backTarget = "sureSecondPasswordBack";
        }else if(validationKind.equals("email")){
            boolean decide = content.matches("[\\w[.-]]+@[\\w[.-]]+\\.
            [\\w]+");
```

```
                if(decide==false){
                    message = "请输入合法的电子邮箱";
                    color = "red";
                    backState = "false";
                }else{
                    message = "请牢记次邮箱";
                    color = "#22d733";
                    backState = "true";
                }
                backTarget = "emailBack";
            }
            sb.append("(" +"{back:{backTarget:\""+backTarget+""
            +"\","+"information:\""+message+"" +"\","+"color:\""+color+"\","
            +"backState:\""+backState+"\""+"}" +"})");
            System.out.println("json:"+sb.toString());
            pw.write(sb.toString());
        }
    }
```

要在前台使用无刷新验证，要用到javascript模拟Post方法传送给验证的servlet文件，对应关键代码如下。

```
……
function validation(){
    var target = obj;
    var parameterHead;
    if(target.val()!==null){
        if(target.attr("id")=="userNameInput"){
            parameterHead = "userName";
        }else if(target.attr("id")=="passwordInput"){
            parameterHead = "password";
        }elseif(
             target.attr("id")=="surePasswordInput"){
             parameterHead = "surePassword";
        }elseif(
              target.attr("id")=="secondPasswordInput"){
              parameterHead = "secondPassword";
        }elseif(
              target.attr("id")=="sureSecondPasswordInput"){
              parameterHead = "sureSecondPassword";
        }else if(target.attr("id")=="emailInput"){
              parameterHead = "email";
        }
        parameterHead = parameterHead + ":" + target.val();
    $.post("view/regiest",{"param":parameterHead},callback);
    }
}
……
```

Param是参数，在Servlet里通过req.getParameter("param")获取参数的值，然后进行验证，前台用户登录与注销的Servlet文件是LoginAndLogoutServlet.java。

```
package org.szpt.servlet;
……
public class LoginAndLogoutServlet extends HttpServlet {
```

```
......
    protected void doPost(HttpServletRequest req, HttpServletResponse resp)
    throws
         ServletException, IOException {
        resp.setContentType("test/html;charset=utf-8");
        String userName = req.getParameter("userName");
        String password = req.getParameter("password");
        //通过定义一个参数 oprator 来判断是登录还是注销
        String oprator = req.getParameter("oprator");
        StringBuffer sb = new StringBuffer();
        BeanFactory bf = WebApplicationContextUtils.
        getRequiredWebApplicationContext(ServletActionContext.getServlet
        Context());
        if(oprator.equals("login")){
            System.out.println("userName:"+userName);
            System.out.println("password:"+password);
            Dao dao = (Dao)bf.getBean("OperationDataTools");
            List list = dao.queryUser(userName,password);
            //判断是否存在用户
            if(list != null&&list.size()!=0){
                Map session = ActionContext.getContext().getSession();
                User user = (User)list.get(0);
                String tempUserName = user.getUserName();
                String tempPassword = user.getPassword();
                String id = user.getId()+"";
                session.put("userID",id);
                session.put("userName", tempUserName);
                sb.append("({");
                sb.append("user:{isLogin:\"true\",userName:"+"\""+

tempUserName+"\",password:"+"\""+tempPassword+"\",id:\""+id+"\"}})");
            }else{
                 sb.append("({");
                 sb.append("user:{isLogin:\"false\"}})");
            }
            System.out.println("callbackString:"+sb.toString());
            PrintWriter pw = resp.getWriter();
            pw.println(sb.toString());
        //注销功能，把 session 值清空
        }else if(oprator.equals("logout")){
            Map session = ActionContext.getContext().getSession();
            session.clear();
            System.out.println("清除 session");
            PrintWriter pw = resp.getWriter();
            pw.write("true");
        }
    }
}
```

发表评论的 Action 对应的文件是 ExpressCommentAction.java，对应的关键代码如下。

```
package org.szpt.action;

......
public class ExpressCommentAction extends ActionSupport {
   private int specialID;
   private String singerName;
   private String message;
```

```
    private boolean anonymity;

    public String execute() throws Exception {
        try{
            BeanFactory bf = WebApplicationContextUtils.
             getRequiredWebApplicationContext(ServletActionContext.
             getServletContext());
            Dao dao = (Dao)bf.getBean("OperationDataTools");
            Special special = dao.querySpecial(specialID);
            Map session = ActionContext.getContext().getSession();
            List comment = special.getComment();
            Comment tempComment = new Comment();
            tempComment.setMessage(this.message);
            //判断是否是匿名评论
            if(anonymity==true){
              tempComment.setUser(getHideRemoteAddress(Servlet
              ActionContext.
               getRequest(). getRemoteAddr()));
            }else{
               tempComment.setUser(session.get("userName")+"");
        }
        tempComment.setTime(getWriteTime());
        comment.add(tempComment);
        String userID = (String)session.get("userID");
        User targetUser = dao.queryUser(Integer.parseInt(userID));
        if(targetUser != null){
            if(targetUser.getCommentCount()==null){
                targetUser.setCommentCount(Integer.parseInt("0"));
            }
          targetUser.setCommentCount(targetUser.getCommentCount()+1);
        }
        }catch(Exception e){
            e.printStackTrace();
        }
        return this.SUCCESS;
    }
    /*------------省略 setter 和 getter 方法---------*/
    public String getWriteTime(){
        Date date = new Date();
        DateFormat df = new SimpleDateFormat("yyyy-MM-dd");
        return df.format(date);
    }
    //获取一个隐藏了的 IP
    public String getHideRemoteAddress(String ip){
        int location = 0 ;
        for(int i = 0 ; i < ip.length();i++){
            if(ip.charAt(i)=='.'){
                location = i;
            }
        }
        return ip.substring(0, location)+".XXX";
    }
}
```

加载歌曲的 Action 对应的文件是 LoadSongAction.java，对应的关键代码如下。

```
package org.szpt.action;

/*---------------省略 import 语句------------------*/
```

```
public class LoadSongAction extends ActionSupport implements SessionAware{
    private List songIDList;//应对多首歌播放
    private List songList ;
    private Sing page_song;
    private String songID;
    private Map session;
    private int specialId;

    public String execute() throws Exception {
        BeanFactory bf = WebApplicationContextUtils.
        getWebApplicationContext(ServletActionContext.get
        ServletContext());
        Dao dao = (Dao)bf.getBean("OperationDataTools");
        try{
            songList = new ArrayList();
            if(songIDList != null && songIDList.size() != 0){
                for(int i = 0 ; i < songIDList.size() ; i++){
                    System.out.println("song===id:"+songIDList.get(i));
                    System.out.println("songID===id:"+songID);
                    Sing targetSing = dao.querySing(songIDList.get(i). toString().
                    trim());
                    Sing newSing = new Sing();
                    newSing.setId(targetSing.getId());
                    newSing.setSingName(deleteExtendsName(targetSing.get
                    SingName()));
                    songList.add(newSing);
                }
            }
            if(songID != null && !songID.equals("")){
                System.out.println("here2");
                String path = "";//储存当前歌曲的路径
                System.out.println("id=~~~~:"+songID);
                Sing targetSing = dao.querySing(songID.trim());
                boolean isSave = true;
                page_song = new Sing();
                page_song.setAddTime(targetSing.getAddTime());
                page_song.setCount(targetSing.getCount());
                page_song.setCount_24hour(targetSing.getCount_24hour());
                page_song.setId(targetSing.getId());
                page_song.setSingerOtherName(targetSing.getSingerOtherName()
                page_song.setSingName(deleteExtendsName(targetSing.
                getSingName()));
                page_song.setSpecial(targetSing.getSpecial());
                path = "singKit/"+targetSing.getSpecial().getSinger().
                getSingerName()+"/"+targetSing.getSpecial().getSpecialName()
                + "/" + targetSing. getSingerOtherName();
                System.out.println("路径===1:"+path);
                path = secondEnCodeTool(path);//编码
                System.out.println("路径===2:"+path);
                session.put("currentSongPath", path);
                for(int i = 0 ; i < songList.size() ; i++){
                Sing tempSing = (Sing)songList.get(i);
                if(tempSing.getSingName().equals(page_song.get
                SingName())){
                    isSave = false;
                    }
                }
```

```
                if(isSave == true){
                    songList.add(page_song);
                }
            }
            session.put("songList", songList);
           if(specialId != 0){System.out.println("here3");
                songList = new ArrayList();
                Special targetSpecial = dao.querySpecial(specialId);
                Set songSet = targetSpecial.getSing();
                for(Iterator iterator = songSet.iterator() ; iterator.
                hasNext() ; ){
                  int count = 0;
                  Sing targetSing = (Sing)iterator.next();
                  if(count == 0 ){
                       String path = "";//储存当前歌曲的路径
                       System.out.println("id=~~~~:"+songID);
                       page_song = new Sing();
                       page_song.setAddTime(targetSing.getAddTime());
                       page_song.setCount(targetSing.getCount());
                       page_song.setCount_24hour(targetSing.getCount_
                       24hour());
                       page_song.setId(targetSing.getId());
                       page_song.setSingerOtherName(targetSing.get
                       SingerOtherName());
                       page_song.setSingName(deleteExtendsName(targetSing.
                       getSingName()));
                       page_song.setSpecial(targetSing.getSpecial());
                       path = "singKit/"+targetSing.getSpecial(). getSinger().
                       getSingerName()+"/"+targetSing.getSpecial().get
                       SpecialName() + "/" +
                       targetSing.getSinger OtherName();
                       System.out.println("路径===1:"+path);
                       path = secondEnCodeTool(path);//编码
                       System.out.println("路径===2:"+path);
                       session.put("currentSongPath", path);
                 }
                 songList.add(targetSing);
                 count ++;
            }
            if(targetSpecial.getSing() != null){
                 songID = ((Sing)songList.get(0)).getId()+"";
            }
            session.put("songList", songList);
        }
        }catch(Exception e){
            e.printStackTrace();
        }
        return this.SUCCESS;
    }
    /*---------------setter和getter方法------------------*/
    //二次编码方法
    public String secondEnCodeTool(String context){
        String newContext = "";
        StringBuffer sb = new StringBuffer();
        try {
            for(int i = 0 ; i < context.length();i++){
                char saveChar = context.charAt(i);
                if(context.charAt(i)!='/'){
                    newContext = URLEncoder.encode(URLEncoder.
```

```
                    encode(saveChar+"", "utf-8"),"utf-8");
                    sb.append(newContext);
                }else{
                    sb.append(saveChar);
                }
            }
        } catch (UnsupportedEncodingException e) {
            e.printStackTrace();
        }
        return sb.toString();
    }
    //去除歌曲列表中歌曲的扩展名
    public String deleteExtendsName(String name){
        int lastLocation = 0;
        for(int i = 0 ; i < name.length(); i ++){
            if(name.charAt(i)=='.'){
                lastLocation = i;
            }
        }
        if(lastLocation != 0){
            name = name.substring(0, lastLocation);
        }
        return name;
    }
}
```

在首页单击要播放的歌曲时，会直接播放，音乐播放功能实现的是 JavaScript 方法，对应的文件是 index 文件夹下的 banner1Javascript.jsp，关键代码如下。

```
......
//给页面中的所有歌曲列表添加click事件
$(document).ready(function (){
    $(".songItem").find("label").click(function (){
        var songID = $(this).parent().find("input").eq(1).val();
        window.open("view/loadSong.action?songID="+songID,"musicPlay");
    });

});
......
```

上面的代码是首先传送 SongID 值给 Action 处理，然后 Action 会把所获取的歌曲信息保存在 Session 中，之后在 musicplay.jsp 页面使用隐藏 div 设置，遍历歌曲列表值。

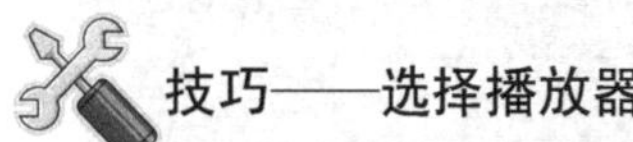

技巧——选择播放器

在 Dreamweaver 中有 Windows Media Player 的控件可以使用，在 IE 中可以通过 JavaScript 来操控播放器，但我们需要考虑通用性，如果用户使用的 Firefox 游览器，那就不能通过 JavaScript 来操控播放器。

我们可以使用完全独立于游览器的 Flash 文件，使用由 Flash 制作的播放器不会受浏览器的影响，本项目使用的是 niftyplayer.swf。

播放器通常要有以下的功能：播放、暂停、停止、上一首、下一首。经测试在 Firefox 下也能使用 js 炒作 niftyplayer 播放器，分别调用下列方法：

- 播放歌曲:niftyplayer('niftyPlayer1').play();
- 暂停播放:niftyplayer('niftyPlayer1').pause();
- 停止播放 niftyplayer('niftyPlayer1').stop();
- 加载歌曲: niftyplayer('niftyPlayer1').load('betty.mp3');
- 加载并且播放: niftyplayer('niftyPlayer1').loadAndPlay('creeeeak.mp3');

至于播放【上一首】和【下一首】歌的解决方法是在页面添加一个层，层里储存 id 信息，当层本身不显示：

```
<div id="songIdListDiv" style="display: none;" >
   <s:iterator value="songList">
       <div><s:property value="id"/></div>
   </s:iterator>
</div>
```

然后单击【上一首】和【下一首】是去取这个层里的歌曲 id;

```
function (){
   ...
   if( currentSongID === tempSongId){
       url += "&songID="+songIdList.eq(i+1).html();
       window.open(url,"musicPlay");
}
   ...
}
```

关键在于 if(currentSongID === tempSongId)判断存储 id 的层里的 id 与当前播放的 id 位置是否相等，并记录下这个相等的位置，然后如果是【下一首】就是 songIdList.eq(i+1)1，如果是【上一首】就是 songIdList.eq(i-1)。

2. DAO 层

首先定义接口 Dao.java，对应的关键代码如下。

```
package org.szpt.dao;

   /*---------------省略 import 语句-----------------*/
public interface Dao {
   public void addUser(User user);//添加用户
   public void addSingList(User user);//添加歌曲
   public void addSinger(Singer singer);//添加歌手
   public void addSingerSingList(Singer singer);//添加
   public void addSing(Sing sing);//添加歌曲
   public void addOrderList(OrderList orderList);
   //添加一个 orderList 该对象用以管理所有的排行版
   public List queryUser(String userName);//查找用户
   public List queryUser(String userName,String password);
   public User queryUser(int userID);
   public List querySinger(String singerName);//查询歌手
   public List querySinger(String queryCondition,int firstResult,int
   maxResult);
   public Singer querySinger(int singerID);
   public List querySpecial(String specialName);//查询专辑
   public Sing querySing(String singId);//查询歌曲
```

```
    public OrderList queryOrderList();//查询一个页面列表对象 该页面列表对象用以存
    放各种列表
    public Special querySpecial(int specialID);//查询专辑
    public List queryListByHQL(String hql);
    public void updateSinger(Singer singer);
    public void updateSing(Sing sing);
    public void updateSpecial(Special special);//跟新专辑
    public void updateUser(User user);
    public void updateOrderList(OrderList orderList);
    public void deleteLeaveMessage(String messageID);
    public void deleteSing(String singID);
    public String adminLogin(String adminName,String password);
}
```

然后，OperationDataTools.java 类继承 HibernateDaoSupport 类并实现 DAO 接口，对应的关键代码如下。

```
package org.szpt.database.imp;
   /*---------------省略 import 语句------------------*/

public class OperationDataTools extends HibernateDaoSupport implements Dao{
   public void addSinger(Singer singer) {
       this.getHibernateTemplate().save(singer);
   }
   public void addSingerSingList(Singer singer) {
       this.getHibernateTemplate().save(singer);
   }
   public void addSingList(User user) {
       this.getHibernateTemplate().save(user);
   }
   public void addSing(Sing sing) {
       this.getHibernateTemplate().save(sing);
   }
   public void addUser(User user) {
       this.getHibernateTemplate().save(user);
   }
   public void addOrderList(OrderList orderList) {
       this.getHibernateTemplate().save(orderList);
   }
   public List queryUser(String userName) {
       List list = this.getHibernateTemplate().find("from User where
       userName = '"+userName+"'");
       if(list != null && list.size() != 0){System.out.println("返回 1");
           return list;
       }System.out.println("返回 2");
       return null;
   }
       public List queryUser(String userName, String password) {
       List list = this.getHibernateTemplate().find("from User where
       userName='"+userName+"' and password='"+password+"'");
       if(list != null && list.size() != 0){
           return list;
       }
       return null;
   }
   public User queryUser(int userID) {
       User user = (User)this.getHibernateTemplate().load(User.class, userID);
       if(user != null){
```

```
        return user;
    }
    return null;
}
public List querySinger(String singerName) {
    List list = this.getHibernateTemplate().find("from Singer where
    singerName = '"+singerName+"'");
    if(list != null && list.size() != 0){
        return list;
    }
    return null;
}

public Singer querySinger(int singerID) {
     Singer singer = (Singer)this.getHibernateTemplate().load(Singer.
     class, singerID);
    if(singer != null ){
        return singer;
    }
    return null;
}

  public List querySinger(String queryCondition,int firstResult,int
  maxResult) {
    List list = this.getHibernateTemplate().find(queryCondition);
    if(list != null && list.size() != 0){
        System.out.println("返回一个 list");
            return list;
    }
    System.out.println("返回一个 null");
    return null;
}
public List querySpecial(String specialName) {
    List list = this.getHibernateTemplate().find("from Special where specialName = '"+specialName+"'");
    if(list != null && list.size() != 0){
        return list;
    }
    return null;
}
public List querySpecial(String condition, int maxResult) {
    List list = this.getHibernateTemplate().find(condition);
    if(list != null && list.size() != 0){
        if(list.size()>=4){
            list.subList(0, maxResult);
        }else{
            list.subList(0, list.size());
        }
        return list;
    }
    return null;
}
public Sing querySing(String singId) {
     Sing sing = (Sing)this.getHibernateTemplate().load(Sing.class, new
     Integer(singId));
    return sing;
}
public Special querySpecial(int specialID) {
     Special special = (Special)this.getHibernateTemplate().load(Special.
     class, specialID);
    return special;
```

```
    }
    public OrderList queryOrderList() {
        String findSql = "from OrderList";
        List targetList = this.getHibernateTemplate().find(findSql);
        if(targetList != null && targetList.size()!=0){
            return (OrderList)targetList.get(0);
        }
        return null;
    }
    public List queryListByHQL(String hql) {
        List queryList = this.getHibernateTemplate().find(hql);
        if(queryList != null){
            return queryList;
        }
        return null;
    }
    public void updateSinger(Singer singer) {
        this.getHibernateTemplate().update(singer);
    }
    public void updateSpecial(Special special) {
        this.getHibernateTemplate().update(special);
    }
    public void updateUser(User user) {
        this.getHibernateTemplate().update(user);
    }
    public void updateOrderList(OrderList orderList) {
        this.getHibernateTemplate().update(orderList);
    }
    public void updateSing(Sing sing) {
        this.getHibernateTemplate().update(sing);
    }
    public void deleteLeaveMessage(String messageID) {
        Comment comment = (Comment)this.getHibernateTemplate().
        load(Comment.class, new Integer(messageID));
        this.getHibernateTemplate().delete(comment);
    }
    public void deleteSing(String singID) {
        Sing sing = (Sing)this.getHibernateTemplate().load(Sing.class, new
        Integer(singID));
        this.getHibernateTemplate().delete(sing);
    }
    public String adminLogin(String adminName, String password) {
        List admin=this.getHibernateTemplate().find("from Admin where
        adminName='"+adminName+"' and apassword='"+password+"'");
        if(admin.size()!=0){
            return "success";
        }
        return "false";
    }
}
```

3. 后台管理

管理员登录 Action 的文件是 AdminLoginAction.java，对应的关键代码如下。

```
package org.szpt.action;

import javax.servlet.http.HttpServletRequest;
import org.apache.struts2.ServletActionContext;
import org.springframework.beans.factory.BeanFactory;
```

```
import org.springframework.web.context.support.WebApplication
ContextUtils;
import org.szpt.dao.Dao;
import org.szpt.vo.Admin;
import com.opensymphony.xwork2.ActionSupport;

public class AdminLoginAction extends ActionSupport{
    private Admin admin;
    public void setAdmin(Admin ad){
        this.admin=ad;
    }
    public Admin getAdmin(){
        return admin;
    }
    public String adminLogin() throws Exception{
        System.out.println(admin.getAdminName()+","+admin.get
        Apassword());
        BeanFactory bf = WebApplicationContextUtils.getRequiredWeb
        ApplicationContext
        (ServletActionContext.getServletContext());
        Dao dao = (Dao)bf.getBean("OperationDataTools");
        try{
            String mark=dao.adminLogin(admin.getAdminName(),admin.get
            Apassword());
          if(mark.equals("success")){
              System.out.println("登录成功");
          HttpServletRequest request=  ServletActionContext.getRequest();
          request.getSession().setAttribute("admin","admin");
          return "success";
        }
        else{
            this.addActionError("登录失败");
        }
        }catch(Exception e){
            System.out.println("登录失败");
            this.addActionError("登录失败");
        }
        return "false";
    }
}
```

管理员登录对应DAO层的方法是OperationDataTools.java类里面的adminLogin方法，对应的关键代码如下。

```
package org.szpt.database.imp;
......
public class OperationDataTools extends HibernateDaoSupport implements Dao{
......
public String adminLogin(String adminName, String password) {
        List admin=this.getHibernateTemplate().find("from Admin where
        adminName='"+ adminName+"' and apassword='"+password+"'");
        if(admin.size()!=0){
            return "success";
        }
        return "false";
    }
    ......
}
```

注意

在 adminLogin.jsp 登录页面中

```
<body>
   后台管理登录 <br>
   <form action="<%=basePath%>view/adminLogin.action" Method="post">
   用户：<input type="text" name="admin.adminName"/><br/>
   密码：<input type="password" name="admin.apassword"/><br/>
   <input type="Submit" value="登录">
   </form>
</body>
```

以上输入框中的 name 值要注意，admin 就是 AdminLoginAction 里面的 admin 对象。

技巧

判断是否登录成功，采用的是返回一个 List 对象的方法，可以采用 List 对象的 size()!=0 来判断是否在数据库中存在值。

后台创建专辑 Action 的文件是 SingerAction.java，添加专辑的方法是 addSpecial()，代码如下。

```
package org.szpt.action;
public class SingerAction extends ActionSupport implements SessionAware{
……
    /*添加专辑的方法*/
public String addSpecial()throws Exception{
        session.put("errorToWhere", "view/createSpecial.jsp");
        String realPath = ServletActionContext.getServletContext().
        getRealPath(this.getSavePath());
        BufferedInputStream bis = null;
        BufferedOutputStream bos = null;
        try{
            createSpecilaRecord();
            //上传图像
            if(specialImg != null){
                bis = new BufferedInputStream( new FileInputStream
                (specialImg));
                System.out.println(realPath);
                bos = new BufferedOutputStream(new

FileOutputStream(realPath+"\\"+enCodeTool(this.singerName)+"
\\"+enCodeTool(this.specialName)+"\\"+specialImgOtherName));
                byte bufferImg[] = new byte[(int)specialImg.length()];
                int lenImg = 0 ;
                while((lenImg =bis.read(bufferImg))!=-1){
                    bos.write(bufferImg,0,lenImg);
                }
                if(bis != null)
                    bis.close();
                if(bos != null)
                    bos.close();
            }
```

```
        //上传歌曲
        for(int i = 0 ; i < sing.length ; i++ ){
            bis = new BufferedInputStream( new FileInputStream
            (sing[i]));
            String extendsName = getExtendsName(singFileName[i]);
            String filePath = realPath +
"\\"+enCodeTool(this.singerName)+"\\"+enCodeTool(this.specialName)+
            "\\"+fileOtherName[i]+extendsName;
             bos = new BufferedOutputStream(new FileOutputStream
             (filePath));
            byte buffer[] = new byte[(int)sing[i].length()];
            int len = 0 ;
            while((len =bis.read(buffer))!=-1){
                bos.write(buffer,0,len);
            }
            if(bis != null)
                bis.close();
            if(bos != null)
                bos.close();
        }

    }catch(Exception e){
        this.addActionError("添加歌曲出错！前联系管理员");
        e.printStackTrace();
        throw new RuntimeException();
    }finally{
        if(bis != null)
            bis.close();
        if(bos != null)
            bos.close();
    }
    return this.SUCCESS;
  }
……
}
```

后台修改专辑 Action 的文件是 UpdateSpecialAction.java，对应的关键代码如下。

```
package org.szpt.action;

……
public class UpdateSpecialAction extends ActionSupport{
……
   public String execute() throws Exception {
        BeanFactory beanFactory =
WebApplicationContextUtils.getRequiredWebApplicationContext(ServletActio
nContext.getServletContext());
        Dao odt = (Dao)beanFactory.getBean("OperationDataTools");
        if(operationType.equals("Information")){
            Special special = odt.querySpecial(specialID);
            Singer singer = special.getSinger();
            if(specialName!=null&&specialName.equals("")==false){
                special.setSpecialName(specialName);
            }
            if(singerName!=null&&singerName.equals("")==false){
                singer.setSingerName(singerName);
            }
```

```
            if(publicTime!=null&&publicTime.equals("")==false){
                special.setPublicTime(getMillisecond(publicTime));
            }
            if(company!=null&&company.equals("")==false){
                special.setCompany(company);
            }
            if(specialLanguage!=null&&specialLanguage.equals("")==false){
                special.setSpecialLanguage(specialLanguage);
            }
            if(specialIntorduction!=null&&specialIntorduction.equals
            ("")==false){
                special.setSpecialIntorduction(specialIntorduction);
            }
            if(singerList!=null && singerList.equals("")==false){
                System.out.println("come here1");
                StringTokenizer deleteList = new StringTokenizer(singer
               List,",");
                String deleteTempSing = "";
                List deleteSing = new LinkedList();
                String newSingList = "";
                Sing sing = null;
                while(deleteList.hasMoreTokens()){
                    String deleteSingId = deleteList.nextToken();
                    sing = odt.querySing(deleteSingId);
                    String singerName = enCodeTool(singer.getSingerName());
                    String specialName = enCodeTool(special.getSpecial Name());
                    String singName = sing.getSingerOtherName();
                    deleteFile(singerName,specialName,singName);
                    odt.deleteSing(deleteSingId);//删除数据库的中记录
                }
            }
        }else if(operationType.equals("specailComment")){
            if(commentID!=null&&commentID.equals("")==false){
              StringTokenizer stk = new StringTokenizer(commentID,",");
              while(stk.hasMoreTokens()){
                  String messageID = stk.nextToken();
                  odt.deleteLeaveMessage(messageID);
              }
            }
        }else if(operationType.equals("uploadSing")){

        }
        return this.SUCCESS;
    }
    //编辑专辑时添加歌曲
    public String uplodaSing()throws Exception{
        //上传歌曲
        String realPath = ServletActionContext. getServletContext().
        getRealPath(this.getSavePath());
        BufferedInputStream bis = null;
        BufferedOutputStream bos = null;
        try{
            createSpecilaRecord();
        for(int i = 0 ; i < sing.length ; i++ ){
            bis = new BufferedInputStream( new FileInputStream(sing[i]));
            String extendsName = getExtendsName(singFileName[i]);
            String filePath = realPath +
"\\"+enCodeTool(this.singerName)+"\\"+enCodeTool(this.specialName)+
```

```
            "\\"+fileOtherName[i]+extendsName;
            bos = new BufferedOutputStream(new FileOutputStream
            (filePath));
            byte buffer[] = new byte[(int)sing[i].length()];
                int len = 0 ;
                while((len =bis.read(buffer))!=-1){
                    bos.write(buffer,0,len);
                }
                if(bis != null)
                    bis.close();
                if(bos != null)
                    bos.close();
            }
        }catch(Exception e){
        this.addActionError("添加歌曲出错！前联系管理员");
        e.printStackTrace();
        throw new RuntimeException();
    }finally{
        if(bis != null)
            bis.close();
        if(bos != null)
            bos.close();
    }
        return this.SUCCESS;
    }
......
}
```

管理员编辑各种排行版页面、显示各种排行版的 Action 对应的文件是 LoadOrderList Action.java，对应的关键代码如下。

```
package org.szpt.action;
......
public class LoadOrderListAction extends ActionSupport implements
SessionAware{
......
        public String createList() throws Exception {
        String queryCondition = "";
        BeanFactory bf =
        WebApplicationContextUtils.getWebApplicationContext(ServletAction
        Context.
        getServletContext());
        Dao dao = (Dao)bf.getBean("OperationDataTools");
        OrderList orderList = dao.queryOrderList();
        if(orderList == null){
            orderList = new OrderList();
            dao.addOrderList(orderList);
        }
       if(operateWho.equals("recommendSing")){//推荐榜
            queryCondition = "from Special order by id desc";
            List specialList = dao.queryListByHQL(queryCondition);
            if(specialList != null && specialList.size()!=0){System.out.
            println("gggggg====1");
                if(specialList.size() > 30){
                    specialList = specialList.subList(0, 30);
                }
                List recommendSingList = orderList.getSiteRecomment();
```

```
recommendSingList.clear();System.out.println("gggggg====2");
                Random random = new Random();
                for(int i = 0 ; i < specialList.size() ; i++){
                    System.out.println("gggggg====3");
                    Special tempSpecial = (Special)specialList.get(i);
                    int specialSize = tempSpecial.getSing().size();
                    if(specialSize != 0){
                        int randomNum = random.nextInt(specialSize);
                        Iterator iterator = tempSpecial.getSing().
                        iterator();
                        List targetSongList = new ArrayList();
                        while(iterator.hasNext()){
                            targetSongList.add((Sing)iterator.next());
                        }
                        Sing targetSing = (Sing)targetSongList.get
                        (randomNum);
                        recommendSingList.add(targetSing.getId());
                        orderList.setSiteRecomment(recommendSingList);
                        dao.updateOrderList(orderList);
                    }
                }
            }
        }else if(operateWho.equals("newSing")){//最新榜
            queryCondition = "from Special order by id desc";
            List specialList = dao.queryListByHQL(queryCondition);
            if(specialList != null && specialList.size() != 0){
                if(specialList.size() > 15){
                    specialList = specialList.subList(0, 15);
                }
                List bestNewSongList = orderList.getBestNewSong();
                bestNewSongList.clear();
                Random random = new Random();
                for(int i = 0 ; i < specialList.size() ; i++){
                    Special tempSpecial = (Special)specialList.get(i);
                    int specialSize = tempSpecial.getSing().size();
                    if(specialSize != 0){
                        int randomNum = random.nextInt(specialSize);
                        Iterator iterator = tempSpecial.getSing().
                        iterator();
                        List targetSongList = new ArrayList();
                        while(iterator.hasNext()){
                            targetSongList.add((Sing)iterator.next());
                        }
                       Sing targetSing = (Sing)targetSongList.get
                       (randomNum);
                        bestNewSongList.add(targetSing.getId());
                        orderList.setBestNewSong(bestNewSongList);
                    }
                }
                dao.updateOrderList(orderList);
            }
        }else if(operateWho.equals("oldSing")){//要确定哪张专辑哪首歌
            queryCondition = "from Special order by publicTime asc";
            List specialList = dao.queryListByHQL(queryCondition);
            if(specialList != null && specialList.size()!= 0){
                if(specialList.size() > 100){
                    specialList = specialList.subList(0, 100);
                }
```

```
            List missOldSongList = orderList.getMissOldSong();
            missOldSongList.clear();
            Random random = new Random();
            int j = (specialList.size() > 15) ? 15 : specialList.size();
            for(int i = 0 ; i < j; i ++){
                Special targetSpecial = (Special)specialList.
                get(random.nextInt(specialList.size()));
                Iterator iterator = targetSpecial.getSing().
                iterator();
                List targetSongList = new ArrayList();
                while(iterator.hasNext()){
                    targetSongList.add((Sing)iterator.next());
                }
                Sing targetSing = (Sing)targetSongList.
                get(random.nextInt(targetSongList.size()));
                missOldSongList.add(targetSing.getId());
            }
            orderList.setMissOldSong(missOldSongList);
            dao.updateOrderList(orderList);
        }
    }else if(operateWho.equals("headDivChinese")){//华语榜
     queryCondition = "from Special sp inner join sp.singer si inner join sp.
     sing so where si.singerType ='华人男歌手'" +
     "or si.singerType='华人女歌手' or si.singerType='华人组合' order by
     so.count";
        List singList = dao.queryListByHQL(queryCondition);
        if(singList != null && singList.size() != 0){
            if(singList.size() > 20){
                singList = singList.subList(0, 20);
            }
            List orderByChinese = orderList.getOrderByChinese();
            orderByChinese.clear();
            for(int i = 0 ; i < singList.size(); i++){
                Object[] targetObject = (Object[])singList.get(i);
                Sing targetSing = (Sing)targetObject[2];
                orderByChinese.add(targetSing.getId());
            }
            orderList.setOrderByChinese(orderByChinese);
            dao.updateOrderList(orderList);
        }

    }else if(operateWho.equals("headDivJapanOrKorea")){//日韩榜
        queryCondition = "from Special sp inner join sp.singer si inner join
        sp.sing so where si.singerType ='韩国歌手'" +
        "or si.singerType='日本歌手' order by so.count";
        List singList = dao.queryListByHQL(queryCondition);
        if(singList != null && singList.size() != 0){
            if(singList.size() > 20){
                singList = singList.subList(0, 20);
            }
            List orderByJapen_Korea = orderList.getOrderByJapen_ Korea();
            orderByJapen_Korea.clear();

            for(int i = 0 ; i < singList.size(); i++){
                Object[] targetObject = (Object[])singList.get(i);
                Sing targetSing = (Sing)targetObject[2];
                orderByJapen_Korea.add(targetSing.getId());
            }
            orderList.setOrderByJapen_Korea(orderByJapen_Korea);
```

```
                    dao.updateOrderList(orderList);
                }
            }else if(operateWho.equals("headDivEuopre")){//欧美榜
                queryCondition = "from Special sp inner join sp.singer si inner join
                sp.sing so where si.singerType ='欧美歌手'" +
                "order by so.count";
                List singList = dao.queryListByHQL(queryCondition);
                if(singList != null && singList.size() != 0){
                    if(singList.size() > 20){
                      singList = singList.subList(0, 20);
                    }
                    List orderByEurope = orderList.getOrderByEurope();
                    orderByEurope.clear();
                    for(int i = 0 ; i < singList.size(); i++){
                        Object[] targetObject = (Object[])singList.get(i);
                        Sing targetSing = (Sing)targetObject[2];
                        orderByEurope.add(targetSing.getId());
                    }
                    orderList.setOrderByEurope(orderByEurope);
                    dao.updateOrderList(orderList);
                }
            }else if(operateWho.equals("the24HoursOrder")){//24 小时排行榜
                try{
                queryCondition = "from Sing si order by si.count_24hour desc";
                List singList = dao.queryListByHQL(queryCondition);
                if(singList != null && singList.size() != 0){

                    List two_4Hours = orderList.getTwo_4Hours();
                    two_4Hours.clear();
                    int sun = (singList.size() > 30) ? 30 : singList.size();
                    for(int i = 0 ; i < sun ; i++){
                        Sing targetSing = (Sing)singList.get(i);
                        two_4Hours.add(targetSing.getId());
                    }
                    orderList.setTwo_4Hours(two_4Hours);
                    dao.updateOrderList(orderList);
                    for(int i = 0 ; i < singList.size() ; i++){
                        //点了自动生成后将每一首歌原有的 24 小时收藏记录刷新 即删除
                        Sing targetSing = (Sing)singList.get(i);
                        targetSing.setCount_24hour(0);
                        dao.updateSing(targetSing);
                    }

                }
                }catch(Exception e){
                    e.printStackTrace();
                }
            }
            return super.execute();
        }
    ......
    }
```

管理员操作的 Servlet 文件是 AdminServerServlet.java，对应的关键代码如下。

```
package org.szpt.servlet;
......
public class AdminServerServlet extends HttpServlet {
   protected void doPost(HttpServletRequest req, HttpServletResponse
resp)throws ServletException, IOException {
       BeanFactory bf = WebApplicationContextUtils.
       getRequiredWebApplicationContext(ServletActionContext.getServlet
       Context());
       Dao dao = (Dao)bf.getBean("OperationDataTools");
       OrderList orderList = dao.queryOrderList();
       PrintWriter pw = resp.getWriter();
       if(orderList == null){
           orderList = new OrderList();
           dao.addOrderList(orderList);
       }
       String operateType = req.getParameter("operateType");
       System.out.println("operateType:"+operateType);
       if(operateType.equals("create")){
           String operateWho = req.getParameter("operateWho");
           String querCondition = "";
           if(operateWho.equals("memberComment")){
               querCondition = "from User order by commentCount desc";
               List userList = dao.queryListByHQL(querCondition);
               if(userList != null && userList.size() != 0){
                   if(userList.size() >= 10){
                       userList = userList.subList(0, 10);
                   }
               }
           }
       }else if(operateType.equals("update")){
           try{
               String oldID = req.getParameter("oldID");
               String newID = req.getParameter("newID");
               dao.updateOrderList(orderList);

pw.print("{backObj:{option:\"update\",state:\"success\"}}");
           }catch(Exception e){
               pw.print("{backObj:{option:\"update\",state:\"fail\"}}");
           }
       }else if(operateType.equals("querySpecial")){
           String singerID = req.getParameter("singerID");
        Set specialSet = ((Singer)dao.querySinger(Integer.parseInt (singerID))).
        getSpecialSet();
           StringBuffer specialBf = new StringBuffer();
           specialBf.append("{specialObj:{specialID:\"");
           for(Iterator i = specialSet.iterator() ; i.hasNext() ; ){
               Special tempSpecial = (Special)i.next();
               String specialID = tempSpecial.getId()+"";
               String specialName = tempSpecial.getSpecialName();
                       specialName = secondEnCodeTool(specialName);
               specialBf.append(specialID+",");
               if(i.hasNext() == false){
                   specialBf.append("\"");
               }
           }
           specialBf.append(",specialName:\"");
           for(Iterator i = specialSet.iterator() ; i.hasNext() ; ){
               Special tempSpecial = (Special)i.next();
               String specialName = tempSpecial.getSpecialName();
```

```
                specialName = secondEnCodeTool(specialName);
            specialBf.append(specialName+",");
            if(i.hasNext() == false){
                specialBf.append("\"");
            }
        }
        specialBf.append("}}");
        System.out.println("返回的是:"+specialBf.toString());
        pw.print(specialBf.toString());
    }else if(operateType.equals("loadSpecial")){
        String specialID = req.getParameter("specialID");
        Special targetSpecial = (Special)dao.querySpecial(Integer.
        parseInt(specialID));
        String songNameList = "";
        String songIdList = "";
        for(Iterator i = targetSpecial.getSing().iterator();
        i.hasNext() ;){
            Sing tempSing = (Sing)i.next();
            songNameList += secondEnCodeTool(tempSing.getSingName
            ())+",";
        }
            for(Iterator i = targetSpecial.getSing().iterator();
            i.hasNext() ;){
            Sing tempSing = (Sing)i.next();
            songIdList += tempSing.getId()+",";
        }
        StringBuffer specialBf = new StringBuffer();
        specialBf.append("({specialObj:{specialID:\""+target
        Special.get
        Id()+"\","+"specialName:\""+secondEnCodeTool
        (targetSpecial.getSpecialName())+"\","+"singerName:\""
         +secondEnCodeTool(targetSpecial.getSinger().getSingerName())
        +"\","+"companyName:\""
        +secondEnCodeTool(targetSpecial
        .getCompany())+"\","    +"publicTime:\""+getNormalTime
        (targetSpecial.getPublicTime())+"\","+"songNameList:\"" +
        songNameList+"\","+"songIdList:\""+songIdList+"\",
        "+"imgPath:\"
        +secondEnCodeTool(targetSpecial.getSpecialImg())+"\"}})");
        pw.write(specialBf.toString());
    }else if(operateType.equals("updateOrderList")){
        String song_special = req.getParameter("song_special");
        if(song_special.equals("song")){
            String oldSongID = req.getParameter("oldSongID");
            String newSongID = req.getParameter("newSongID");
            String tableName = req.getParameter("tableName");
            OrderList ol = dao.queryOrderList();
            List targetList = null;
            if(tableName.equals("recommendSingDiv")){
                targetList = ol.getSiteRecomment();
            }else if(tableName.equals("newSingDiv")){
                targetList = ol.getBestNewSong();
            }else if(tableName.equals("oldSingDiv")){
                targetList = ol.getMissOldSong();
            }else if(tableName.equals("the24HoursOrderDiv")){
                targetList = ol.getTwo_4Hours();
            }else if(tableName.equals("headDivChineseDiv")){
                targetList = ol.getOrderByChinese();
            }else if(tableName.equals("headDivJapanOrKoreaDiv")){
```

```
                targetList = ol.getOrderByJapen_Korea();
            }else if(tableName.equals("headDivEuopreDiv")){
                targetList = ol.getOrderByEurope();
            }
            if(oldSongID == null || oldSongID == ""){
                targetList.add(Integer.parseInt(newSongID));
            }else{
                for(int i = 0 ; i < targetList.size() ; i++){
                    String recodeID = targetList.get(i).toString();
                    if(recodeID.equals(oldSongID)){
                        targetList.set(i, Integer.parseInt(newSongID));
                    }
                    break;
                }
            }
            dao.updateOrderList(ol);
            pw.write("ok");
        }else if(song_special.equals("special")){
            String oldSpecialID = req.getParameter("oldSpecialID");
            String newSpecialID = req.getParameter("newSpecialID");
            String tableName = req.getParameter("tableName");
            OrderList ol = dao.queryOrderList();
            List targetList = null;
        }
    }
}
......
}
```

10.7 总结与提高

怀听音乐网基于 Struts 2、Hibernate 和 Spring 相结合的框架开发，分别专注于显示层、数据持久层和业务逻辑层，Struts 2 在表示层控制页面的跳转，Hibernate 负责对数据库的访问及操作，Spring 负责注入组件及组件管理工作。通过本章的实战演练，读者应该对流行的 SSH 框架有所了解并能运用到项目实践中，学会如何搭建 Web 应用的基本框架和如何组织开发结构，使开发的系统具有良好的复用性、可读性。

反侵权盗版声明

举报电话：（010）88254396；（010）88258888

传　　真：（010）88254397

E-mail：　dbqq@phei.com.cn

通信地址：北京市万寿路 173 信箱

　　　　　电子工业出版社总编办公室

邮　　编：100036